排污单位自行监测技术指南教程
——肥料制造

生态环境部生态环境监测司
中国环境监测总站　编著
重庆市生态环境监测中心

中国环境出版集团·北京

图书在版编目（CIP）数据

排污单位自行监测技术指南教程. 肥料制造/生态环
境部生态环境监测司，中国环境监测总站，重庆市生态环
境监测中心编著. —北京：中国环境出版集团，2022.9
ISBN 978-7-5111-5348-7

Ⅰ. ①排…　Ⅱ. ①生…②中…③重…　Ⅲ. ①化学肥
料污染—环境监测—教材　Ⅳ. ①X592②X786

中国版本图书馆 CIP 数据核字（2022）第 176846 号

出 版 人	武德凯	
责任编辑	曲　婷	
责任校对	薄军霞	
封面设计	宋　瑞	

出版发行　中国环境出版集团
　　　　　（100062　北京市东城区广渠门内大街 16 号）
　　　　　网　　　址：http://www.cesp.com.cn
　　　　　电子邮箱：bjgl@cesp.com.cn
　　　　　联系电话：010-67112765（编辑管理部）
　　　　　发行热线：010-67125803，010-67113405（传真）
印　　刷　北京中科印刷有限公司
经　　销　各地新华书店
版　　次　2022 年 9 月第 1 版
印　　次　2022 年 9 月第 1 次印刷
开　　本　787×960　1/16
印　　张　26.25
字　　数　430 千字
定　　价　105.00 元

《排污单位自行监测技术指南教程》
编审委员会

主　任　　蒋火华　　陈善荣

副主任　　刘舒生　　毛玉如

委　员　　董明丽　　敬　红　　王军霞　　何　劲

《排污单位自行监测技术指南教程——肥料制造》
编写委员会

主　　编　李　曼　　刘　强　　夏　青　　皮宁宁　　汪晨霖

　　　　　王军霞　　敬　红　　董明丽　　黄忠辉

编写人员　（以姓氏笔画排序）

　　　　　王伟民　　王春明　　冯亚玲　　吕　卓　　刘佳泓

　　　　　刘姣姣　　刘通浩　　李文君　　李斗果　　李莉娜

　　　　　杨伟伟　　杨海蓉　　邱立莉　　何　劲　　张　莹

　　　　　张冬冬　　张守斌　　陈　飞　　陈乾坤　　陈敏敏

　　　　　罗财红　　金　旺　　周　晶　　赵　畅　　赵　菲

　　　　　饶　君　　闻　欣　　秦承华　　董立鹏　　董艳平

序

　　生态环境是关系党的使命宗旨的重大政治问题,也是关系民生的重大社会问题。党中央、国务院高度重视生态环境保护工作,党的十八大将生态文明建设作为中国特色社会主义事业"五位一体"总体布局的重要组成部分。党的十九大报告全面阐述了加快生态文明体制改革、推进绿色发展、建设美丽中国的战略部署。习近平生态文明思想开启了新时代生态环境保护工作的新阶段,习近平总书记在全国生态环境保护大会上指出,生态文明建设是关系中华民族永续发展的根本大计。党的十八大以来,党中央以前所未有的力度抓生态文明建设,全党全国推动绿色发展的自觉性和主动性显著增强,美丽中国建设迈出重大步伐,我国生态环境保护发生历史性、转折性、全局性变化。

　　生态环境部组建以来,统一行使生态和城乡各类污染排放监管与行政执法职责,提高污染排放标准,强化排污者责任,健全环保信用评价、信息强制性披露、严惩重罚等制度,形成了政府为主导、企业为主体、社会组织和公众共同参与的环境治理体系。生态环境监测是生态环境保护工作的重要基础,是环境管理的基本手段。我国相关法律法规中明确要求排污单位对自身排污状况开展监测,排污单位开展自行监测是法定的责任和义务。

为规范和指导排污单位开展自行监测工作，生态环境部发布了一系列排污单位自行监测技术指南。同时，为让各级生态环境主管部门和排污单位更好地应用技术指南，生态环境部生态环境监测司组织中国环境监测总站等单位编写了排污单位自行监测技术指南教程系列图书，将排污单位自行监测技术指南分类解析，既突出对理论的解读，又兼顾实践的应用，具有很强的指导意义。本系列图书既可以作为各级生态环境主管部门、各研究机构、企事业单位环境监测人员的工作用书和培训教材，还可以作为大众学习的科普图书。

自行监测数据承载了大量污染排放和治理信息，是生态环保大数据建设重要的信息源，是排污许可证申请与核发等新时期环境管理的有力支撑。随着生态环境质量的不断改善、环境管理的不断深化，排污单位自行监测制度也将不断完善和改进。希望本系列图书的出版能为提高排污单位自行监测管理水平、落实企业自行监测主体责任发挥重要作用，为深入打好污染防治攻坚战做出应有的贡献。

编　者

2021 年 3 月

前　言

自 1972 年以来，我国生态环境保护工作从最初的意识启蒙阶段，经历了环境污染蔓延和加剧期的规模化、综合化治理，主要污染物总量控制等阶段，逐渐发展到以环境质量改善为核心的环境保护思路上来。为顺应生态环境保护工作的发展趋势，进一步规范企事业单位和其他生产经营者排污行为，控制污染物排放，自 2016 年以来，我国实施以排污许可制度为核心的固定污染源管理制度，在政府部门监督/执法监测基础上，强化了排污单位自行监测要求，排污单位自行监测是污染源监测的重要组成部分。

排污单位自行监测是排污单位依据相关法律、法规和技术规范对自身的排污状况开展监测的一系列活动。《中华人民共和国环境保护法》第四十二条、《中华人民共和国大气污染防治法》第二十四条、《中华人民共和国水污染防治法》第二十三条、《中华人民共和国土壤污染防治法》第二十一条、《中华人民共和国噪声污染防治法》第三十八条、《中华人民共和国环境保护税法》第十条和《排污许可管理条例》第十九条都对排污单位的自行监测提出了明确要求，排污单位开展自行监测是法律赋予的责任和义务，也是排污单位自证守法、自我保护的重要手段和途径。

为规范和指导肥料制造工业排污单位开展自行监测,生态环境部先后于 2018 年 7 月、2020 年 1 月颁布了《排污单位自行监测技术指南 化肥工业—氮肥》《排污单位自行监测技术指南 磷肥、钾肥、复混肥料、有机肥料和微生物肥料》。为进一步规范排污单位自行监测行为,提高自行监测质量,在生态环境部生态环境监测司的指导下,中国环境监测总站和重庆市生态环境监测中心共同编写了《排污单位自行监测技术指南教程——肥料制造》。本书共分 13 章。第 1 章从我国污染源监测的发展历程及管理的框架出发,引出了排污单位自行监测在当前污染源监测管理中的定位及一些管理规定,并理顺了《排污单位自行监测技术指南 总则》与行业自行监测技术指南的关系。第 2 章主要介绍了排污单位开展自行监测的一般要求,从监测方案、监测设施、开展自行监测的要求、质量保证和质量控制、记录和保存五个方面进行了概述。第 3 章在分析目前肥料制造工业行业概况和发展趋势的基础上对肥料制造工业的生产工艺及产排污节点进行分析,并简要介绍了肥料制造工业采用的一些常用污染治理技术。第 4 章对肥料制造工业自行监测技术指南自行监测方案中各监测点位、监测指标、监测频次、监测要求等如何设定进行了解释说明,并选取了三个典型案例进行分析,为排污单位制定规范的自行监测方案提供了指导,在附录中给出了参考模板。第 5 章简要介绍了开展监测时,排污口、监测平台、自动监测设施等监测设施的设置和维护要求。第 6 章和第 8 章针对肥料制造工业自行监测技术指南中废水、废气所涉及的监测指标如何采样、监测分析及注意事项进行了一一介绍。第 7 章和第 9 章对废水、废气自动监测系统从设备安装、调试、验收、运行管理及质量保证五个方面进行了介绍。第 10 章简要介绍了根据肥料制造工业自行监测技术指南开展厂界环境噪声、环境空气、地表水、近岸海域海水、地下水和土壤等周边环境质量监测时的基本要求和注意事项。第 11 章从实验室体系管理角度出发，从人—机—料—法—环等环节对监测的质量保证和质量控制进行了简要概述，为提高自行监测数据质量奠定了基础。第 12 章是关于自行监测信息记录、报告和信息公开方面的相关要求，并就肥料制造工业排污单位生产和污染治理设施运行等过程中的记录信息进行了梳理。第 13 章简要介绍了全国污染源监测数据管理与共享系统的总体架构和主要功能，为排污单位自行监测数据报送提供了方便。

　　本书在附录中列出了与自行监测相关的标准规范，以方便排污单位在使用时查询和索引。另外，还给出了一些记录样表和自行监测方案模板，为排污单位提供参考。

编　者

2022 年 12 月

目 录

第1章　排污单位自行监测定位与管理要求 1

　1.1　我国污染源监测管理框架 1

　1.2　排污单位自行监测的定位 5

　1.3　排污单位自行监测的管理规定 9

　1.4　《排污单位自行监测技术指南》的定位 13

　1.5　行业技术指南在自行监测技术指南体系中的定位和制定思路 14

第2章　自行监测的一般要求 18

　2.1　制定监测方案 18

　2.2　监测设施设置和维护 21

　2.3　开展自行监测 23

　2.4　监测质量保证与质量控制 28

　2.5　监测数据记录和保存 29

第3章　肥料制造工业污染排放状况 30

　3.1　行业概况 30

　3.2　工艺过程污染物产排污节点 35

　3.3　污染治理技术 82

第4章　排污单位自行监测方案的制定 85

　4.1　监测方案制定的依据 85

　4.2　氮肥工业 86

　4.3　磷肥工业 96

　4.4　复混肥料（复合肥料）工业 105

　4.5　钾肥工业 113

　4.6　有机肥料及微生物肥料工业 117

　4.7　其他要求 121

　4.8　自行监测方案案例分析 122

第5章　监测设施设置与维护要求 149

　5.1　基本原则和依据 149

　5.2　废水监测点位的确定及排污口规范化设置 150

　5.3　废气监测点位的确定及规范化设置 155

　5.4　排污口标志牌的规范化设置 167

　5.5　排污口规范化的日常管理与档案记录 169

第6章　废水手工监测技术要点 170

　6.1　流量 170

　6.2　现场采样 173

　6.3　监测指标测试 180

第7章　废水自动监测运维技术要点 208

　7.1　水污染源在线监测系统组成 208

　7.2　现场安装要求 210

　7.3　调试检测 211

7.4 验收要求 212

7.5 运行管理要求 216

7.6 质量保证要求 218

第 8 章 废气手工监测技术要点 229

8.1 有组织废气监测 229

8.2 无组织废气监测 254

第 9 章 废气自动监测建设及运维技术要点 268

9.1 自动监测系统 268

9.2 现场安装要求 270

9.3 调试检测 270

9.4 验收要求 271

9.5 运行管理要求 276

9.6 质量保证要求 278

9.7 数据审核和处理 282

第 10 章 厂界环境噪声及周边环境影响监测 285

10.1 厂界环境噪声监测 285

10.2 地表水监测 288

10.3 近岸海域海水影响监测 292

10.4 地下水监测 294

第 11 章 监测质量保证与质量控制体系 296

11.1 基本概念 296

11.2 质量体系 297

11.3 自行监测质控要点·····305

第 12 章 信息记录与报告·····311

12.1 信息记录的目的与意义·····311

12.2 信息记录要求和内容·····312

12.3 肥料制造行业生产和污染治理设施运行状况·····314

12.4 肥料制造行业固体废物产生和处理情况·····317

12.5 信息报告及信息公开·····318

第 13 章 监测数据信息系统报送·····320

13.1 总体架构设计·····320

13.2 应用层设计·····322

13.3 企业自行监测数据报送·····325

附 录·····329

附录 1 排污单位自行监测技术指南 总则·····329

附录 2 排污单位自行监测技术指南 化肥工业—氮肥·····346

附录 3 排污单位自行监测技术指南 磷肥、钾肥、复混肥料、
有机肥和微生物肥料·····354

附录 4 自行监测质量控制相关模板和样表·····367

附录 5 自行监测相关标准规范·····381

附录 6 自行监测方案参考模板·····387

参考文献·····402

第1章 排污单位自行监测定位与管理要求

污染源监测作为环境监测的重要组成部分,与我国环境保护工作同步发展,40多年来不断发展壮大,现已基本形成了排污单位自行监测、管理部门监督/执法监测、社会公众监督的基本框架。排污单位自行监测是国家治理体系和治理能力现代化发展的需要,是排污单位应尽的社会责任,是法律明确要求的义务,也是排污许可制度的重要组成部分。我国关于排污单位自行监测的管理规定有很多,从不同层级和角度对排污单位进行了详细规定。为了保证排污单位自行监测制度的实施,指导和规范排污单位自行监测行为,我国制定了排污单位自行监测技术指南体系。肥料制造行业排污单位自行监测技术指南是其中的一个行业技术指南,是按照《排污单位自行监测技术指南 总则》(HJ 819—2017)的要求和有关管理规定制定的,用于指导排污单位开展自行监测活动。

本章围绕排污单位自行监测定位和管理要求,对排污单位自行监测在我国污染源监测管理制度中的定位、排污单位自行监测管理要求、排污单位自行监测技术指南定位及总体思路进行介绍。

1.1 我国污染源监测管理框架

1972年以来,我国环境保护工作经历了环境保护意识启蒙阶段(1972—1978年)、环境污染蔓延和环境保护制度建设阶段(1979—1992年)、环境污染加剧和规模化治理阶段（1993—2001 年）、环保综合治理阶段（2002—2012 年）。[①]集中的污染治理，尤其是严格的主要污染物总量控制，有效遏制了环境质量恶化的趋势，但仍未实现环境质量的全面改善，"十三五"以来，我国环境保护的思路转向以环境质量改善为核心。

与环境保护工作相适应，我国环境监测大致经历了 3 个阶段：第一阶段是污染调查监测与研究性监测阶段；第二阶段是污染源监测与环境质量监测并重阶段；第三阶段是环境质量监测与污染源监督监测阶段[②]。

根据污染源监测在环境管理中的地位和实施情况，将污染源监测划分为 3 个阶段：严格的总量控制制度之前（"十一五"之前），污染源监测主要服务于工业污染源调查和环境管理"八项制度"；严格的总量控制制度时期（"十一五"和"十二五"），污染源监测围绕总量控制制度开展总量减排监测；以环境质量改善为核心的阶段（"十三五"以来），污染源监测主要服务于环境保护执法和排污许可制实施。

目前我国基本形成了排污单位自行监测、政府部门依法监管、社会公众监督的污染源监测管理框架（图 1-1），2021 年 3 月 1 日正式实施的《排污许可管理条例》，从法律层面确立了以排污许可制为核心的固定污染源监管制度体系，进一步完善了排污单位以自行监测为主线、政府监督监测为抓手，鼓励社会公众广泛参与的污染源监测管理模式。排污单位开展自行监测，按要求向生态环境主管部门报告，向社会公众进行公开，同时接受生态环境主管部门的监管和社会公众的监督。生态环境主管部门向社会公众公布相关信息的同时受理社会公众针对有关情况的举报。

---

① 《中国环境保护四十年回顾及思考（回顾篇）》，曲格平在香港中文大学"中国环境保护四十年"学术论坛上的演讲。
② 中国环境监测总站原副总工程师张建辉接受网易北京频道与《环境与生活》杂志采访时的讲话。

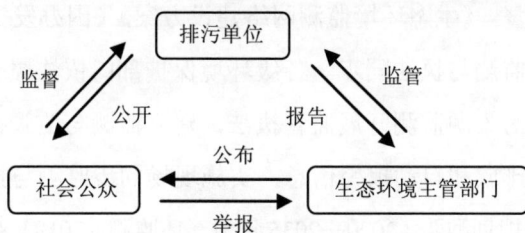

图 1-1　污染源监测管理框架

1.1.1　排污单位开展自行监测，并按照要求进行信息公开

近年来，我国大力推进排污单位自行监测和信息公开，《中华人民共和国环境保护法》《中华人民共和国大气污染防治法》《中华人民共和国水污染防治法》《中华人民共和国环境保护税法》《中华人民共和国土壤污染防治法》《中华人民共和国固体废物污染环境防治法》等相关法律中均明确了排污单位自行监测和信息公开的责任。

在具体的生态环境管理制度上，多项制度将排污单位自行监测和信息公开的责任进行明确和落实。2013 年，环境保护部发布了《国家重点监控企业自行监测及信息公开办法（试行）》，将国家重点监控企业自行监测和信息公开率先作为主要污染物总量减排考核的一项指标。2016 年 11 月，国务院办公厅印发了《控制污染物排放许可制实施方案》（国办发〔2016〕81 号），提出控制污染物排放许可制的一项基本原则："权责清晰，强化监管。排污许可证是企事业单位在生产运营期接受环境监管和环境保护部门实施监管的主要法律文书。企事业单位依法申领排污许可证，按证排污，自证守法。环境保护部门基于企事业单位守法承诺，依法发放排污许可证，依证强化事中事后监管，对违法排污行为实施严厉打击。"

1.1.2　生态环境主管部门组织开展执法/监督监测，实现测管协同

随着各项法律明确了排污单位自行监测的主体地位，管理部门的监测活动更

加聚焦于执法和监督。《生态环境监测网络建设方案》（国办发〔2015〕56 号）要求：实现生态环境监测与执法同步。各级环境保护部门依法履行对排污单位的环境监管职责，依托污染源监测开展监管执法，建立监测与监管执法联动快速响应机制，根据污染物排放和自动报警信息，实施现场同步监测与执法。

《生态环境监测规划纲要（2020—2035 年）》（环监测〔2019〕86 号）提出："构建'国家监督、省级统筹、市县承当、分级管理'格局。落实自行监测制度，强化自行监测数据质量监督检查，督促排污单位标准监测、依证排放，实现自行监测数据真实可靠。建立完善监督制约机制，各级生态环境部门依法开展监督监测和抽查抽测。"

另外，各级生态环境主管部门根据生态环境监管需求，按照"双随机、一公开"的原则，组织开展执法监测，并将监测结果应用于执法活动。通过排污单位抽测和自行监测全过程检查，对排污单位自行监测数据质量和排放状况进行监督，对排污单位自行监测数据的质量提出意见，对排污单位自行监测工作的开展提出要求，对排污单位自行监测工作的改进进行指导，从而更好地推进排污单位自行监测。

1.1.3 社会公众参与监督，合力提升污染源监测质量

我国污染源量大面广，仅靠生态环境主管部门的监督远远不够，因此只有发动群众、实现全民监督，才能使违法排污行为无处遁形。2014 年修订的《环境保护法》更加明确地赋予了公众环保知情权和监督权："公民、法人和其他组织依法享有获取环境信息、参与和监督环境保护的权利。各级人民政府环境保护主管部门和其他负有环境保护监督管理职责的部门，应当依法公开环境信息、完善公众参与程序，为公民、法人和其他组织参与和监督环境保护提供便利。"

排污单位通过各种方式公开自行监测结果，包括依托排污许可制度及平台、依托地方污染源监测信息公开渠道、通过本单位官方网站等。生态环境主管部门执法/监督监测结果也依托排污许可制度及平台、地方污染源监测信息公开渠道等进行公开。社会公众可通过关注各类监测数据对排污单位及管理部门进行监督，督促排污单位和管理部门提高数据质量。

1.2　排污单位自行监测的定位

1.2.1　开展自行监测是构建政府、企业、社会共治的环境治理体系的前提

（1）构建现代环境治理体系的重大意义和总体要求[①]

党的十九大报告中提出构建政府为主导、企业为主体、社会组织和公众共同参与的环境治理体系。2020 年 3 月，中共中央办公厅、国务院办公厅印发了《关于构建现代环境治理体系的指导意见》。生态环境治理体系和治理能力是生态环境保护工作推进的基础支撑。

2018 年 5 月，习近平总书记在全国生态环境保护大会上强调，要加快建立健全以治理体系和治理能力现代化为保障的生态文明制度体系，确保到 2035 年，生态环境领域国家治理体系和治理能力现代化基本实现，美丽中国目标基本实现；到本世纪中叶，生态环境领域国家治理体系和治理能力现代化全面实现，建成美丽中国。党的十九届四中全会将生态文明制度体系建设作为坚持和完善中国特色社会主义制度、推进国家治理体系和治理能力现代化的重要组成部分做出安排部署，强调实行最严格的生态环境保护制度，严明生态环境保护责任制度，要求健全源头预防、过程控制、损害赔偿、责任追究的生态环境保护体系，构建以排污许可制为核心的固定污染源监管制度体系，完善污染防治区域联动机制和陆海统筹的生态环境治理体系。

构建现代环境治理体系，是落实党的十九大和十九届二中、三中、四中全会精神，深入贯彻习近平生态文明思想和全国生态环境保护大会精神的重要举措，是持续加强生态环境保护、满足人民日益增长的优美生态环境需要、建设美丽中国的内在要求，是完善生态文明制度体系、推动国家治理体系和治理能力现代化的重要内容，还将充分展现生态环境治理的中国智慧、中国方案和中国贡献，对

---

① 生态环境部党组. 构建现代环境治理体系　为建设美丽中国提供有力制度保障[J]. 旗帜，2020（6）：8-10.

全球生态环境治理进程产生重要影响。

坚决落实构建现代环境治理体系，要把握构建现代环境治理体系的总体要求。以习近平新时代中国特色社会主义思想为指导，深入贯彻习近平生态文明思想，坚定不移地贯彻新发展理念，以坚持党的集中统一领导为统领，以强化政府主导作用为关键，以深化企业主体作用为根本，以更好动员社会组织和公众共同参与为支撑，实现政府治理和社会调节、企业自治良性互动，完善体制机制，强化源头治理，形成工作合力。

（2）对排污单位自行监测的要求

污染源监测是污染防治的重要支撑，需要各方共同参与。为适应环境治理体系变革的需要，自行监测应发挥相应的作用，补齐短板，提供便利，为社会共治提供条件。

应改变传统生态环境治理模式中污染治理主体监测缺位现象。长期以来，污染源监测以政府部门监督性监测为主，尤其在"十一五""十二五"总量减排时期，监督性监测得到快速发展，每年对国家重点监控企业按季度开展主要污染物监测，但排污单位在污染源监测中严重缺位。2013 年，为了解决单纯依靠环保部门有限的人力和资源难以全面掌握企业污染源状况的问题，环境保护部组织编制了《国家重点监控企业自行监测及信息公开办法（试行）》，大力推进企业开展自行监测。2014 年以来，多部生态环境保护相关法律均明确了排污单位自行监测的责任和要求。但是，自行监测数据的法定地位，以及如何在环境管理中应用并没有明确，自行监测数据在环境管理中的应用更是不足，并没有从根本上解决排污单位在环境治理体系中监测缺位的现象。新的环境治理体系应改变这一现状，使自行监测数据得到充分应用，才能保持多方参与的生命力和活力。

为公众提供便于获取、易于理解的自行监测信息。公众是社会共治环境治理体系的重要主体，公众参与的基础是及时获取信息，自行监测数据是反映排放状况的重要信息。社会的变革为公众参与提供了外在便利条件，为了提高自行监测在环境治理体系中的作用，就要充分利用自媒体、社交媒体等各种先进、便利的条件，为公众提供便于获取、易于理解的自行监测数据和基于数据加工的相关信息，为公众高效参与提供重要依据。

1.2.2　开展自行监测是社会责任和法定义务

企业是最主要的生产者，是社会财富的创造者，企业在追求自身利润的同时，向社会提供了产品，满足了人民的日常所需，推动了社会的进步。当然，在当代社会，由于企业是社会中普遍存在的社会组织，其数量众多、类型各异、存在范围广、对社会影响大。在这种情况下，社会的发展不仅要求企业承担生产经营和创造财富的义务，还要求其承担环境保护、社区建设和消费者权益维护等多方面的责任，这也是企业的社会责任。企业社会责任具有道义责任的属性和法律义务的属性。法律作为一种调整人们行为的规则，其调整作用是通过设置权利义务而实现的。因而，法律义务并非一种道义上的宣示，其有具体的、明确的规则指引人的行为。基于此，企业社会责任一旦进入环境法视域，即被分解为具体的法律义务。

企业开展排污状况自行监测是法定的责任和义务。《中华人民共和国环境保护法》第四十二条明确提出，"重点排污单位应当按照国家有关规定和监测规范安装使用监测设备，保证监测设备正常运行，保存原始监测记录"；第五十五条要求，"重点排污单位应当如实向社会公开其主要污染物的名称、排放方式、排放浓度和总量、超标排放情况，以及防治污染设施的建设和运行情况，接受社会监督"。《中华人民共和国大气污染防治法》《中华人民共和国水污染防治法》《中华人民共和国环境保护税法》《中华人民共和国土壤污染防治法》《中华人民共和国固体废物污染环境防治法》等相关法律中也均有关于排污单位自行监测的相关要求。

1.2.3　开展自行监测是自证守法和自我保护的重要手段和途径

排污许可制度作为固定污染源核心管理制度，其明确了排污单位自证守法的权利和责任，排污单位可以通过以下途径进行"自证"。一是依法开展自行监测，保证数据合法有效，妥善保存原始记录；二是建立准确完整的环境管理台账，记录能够证明其排污状况的相关信息，形成一套完整的证据链；三是定期、如实向生态环境部门报告排污许可证执行情况。可以看出，自行监测贯穿自证守法的全过程，是自证守法的重要手段和途径。

首先，排污单位被允许在标准限值下排放污染物，排放状况应该透明、公开且合规。随着管理模式的改变，管理部门不对企业全面开展监测，仅对企业进行抽查抽测。排污单位对排放状况进行说明时，就需要开展自行监测。

其次，一旦出现排污单位对管理部门出具的监测数据或其他证明材料被质疑的情况，或者对公众举报等相关信息提出异议时，就需要出具自身排污状况的相关材料进行证明，而自行监测数据是非常重要的证明材料。

最后，自行监测可以对自身排污状况定期监控，也可对周边环境质量影响进行监测，及时掌握实际排污状况和对周边环境质量的影响，了解周边环境质量的变化趋势和承受能力，可以及时识别潜在环境风险，以便提前应对，避免引起更大的、无法挽救的环境事故或对人民群众、生态环境和排污单位自身造成的巨大损害和损失。

1.2.4　开展自行监测是精细化管理与大数据时代信息输入与信息产品输出的需要

随着环境管理向精细化发展，强化数据应用、根据数据分析识别潜在的环境问题，做出更加科学精准的环境管理决策是环境管理面临的重大命题。大数据时代信息化水平的提升，为监测数据的加工分析提供了条件，也对数据输入提出了更高的需求。

自行监测数据承载了大量污染排放和治理信息，然而这些信息长期以来并没有得到充分的收集和利用，这是生态环境大数据中缺失的一项重要信息源。通过收集各类污染源长时间的监测数据，对同类污染源监测数据进行统计分析，可以更全面地判定污染源的实际排放水平，从而为制定排放标准、产排污系数提供科学依据。另外，通过监测数据与其他数据的关联分析，还能获得更多、更有价值的信息，为环境管理提供更有力的支撑。

1.2.5　开展自行监测是排污许可制度的重要组成部分

《控制污染物排放许可制实施方案》（国办发〔2016〕81 号）明确了排污单位应实行自行监测和定期发布报告。《排污许可管理条例》第十九条规定："排污单位应当按照排污许可证规定和有关标准规范，依法开展自行监测，并保存原始监测记录。原始监测记录保存期限不得少于 5 年。排污单位应当对自行监测数据的真实性、准确性负责，不得篡改、伪造。"

因此，自行监测既是有明确法律法规要求的一项管理制度，也是固定污染源基础与核心管理制度——排污许可制度的重要组成部分。

1.3　排污单位自行监测的管理规定

我国现行法律法规、管理办法中有很多涉及排污单位自行监测的规定，具体见表 1-1。

表 1-1　我国现行与排污单位自行监测相关的法律法规和管理规定

名称	颁布机关	实施时间	主要相关内容
《中华人民共和国海洋环境保护法》	全国人民代表大会常务委员会	2000 年 4 月 1 日（2017 年 11 月 4 日修正）	规定了排污单位应当依法公开排污信息
《中华人民共和国水污染防治法》	全国人民代表大会常务委员会	2008 年 6 月 1 日（2017 年 6 月 27 日修正）	规定了实行排污许可管理的企业事业单位和其他生产经营者应当对所排放的水污染物自行监测，并保存原始监测记录，排放有毒有害水污染物的还应开展周边环境监测，上述条款均设有对应罚则
《中华人民共和国环境保护法》	全国人民代表大会常务委员会	2015 年 1 月 1 日	规定了重点排污单位应当安装使用监测设备，保证监测设备正常运行，保存原始监测记录，并进行信息公开
《中华人民共和国大气污染防治法》	全国人民代表大会常务委员会	2016 年 1 月 1 日（2018 年 10 月 26 日修正）	规定了企业事业单位和其他生产经营者应当对大气污染物进行监测，并保存原始监测记录

名称	颁布机关	实施时间	主要相关内容
《中华人民共和国环境保护税法》	全国人民代表大会常务委员会	2018 年 1 月 1 日（2018 年 10 月 26 日修正）	规定了纳税人按季申报缴纳时，向税务机关报送所排放应税污染物浓度值
《中华人民共和国土壤污染防治法》	全国人民代表大会常务委员会	2019 年 1 月 1 日	规定了土壤污染重点监管单位应制定、实施自行监测方案，并将监测数据报生态环境主管部门
《中华人民共和国固体废物污染环境防治法》	全国人民代表大会常务委员会	2020 年 9 月 1 日	规定了产生、收集、贮存、运输、利用、处置固体废物的单位，应当依法及时公开固体废物污染环境防治信息，主动接受社会监督。生活垃圾处理单位应当按照国家有关规定，安装使用监测设备，实时监测污染物的排放情况，将污染排放数据实时公开。监测设备应当与所在地生态环境主管部门的监控设备联网
《中华人民共和国刑法修正案（十一）》	全国人民代表大会常务委员会	2021 年 3 月 1 日	规定了环境监测造假的法律责任
《中华人民共和国噪声污染防治法》	全国人民代表大会常务委员会	2022 年 6 月 5 日	规定实行排污许可管理的单位应当按照规定，对工业噪声开展自行监测，保存原始监测记录，向社会公开监测结果，对监测数据的真实性和准确性负责。噪声重点排污单位应当按照国家规定，安装、使用、维护噪声自动监测设备，与生态环境主管部门的监控设备联网
《城镇排水与污水处理条例》	国务院	2014 年 1 月 1 日	规定了排水户应按照国家有关规定建设水质、水量检测设施
《畜禽规模养殖污染防治条例》	国务院	2014 年 1 月 1 日	规定了畜禽养殖场、养殖小区应当定期将畜禽养殖废弃物排放情况报县级人民政府环境保护主管部门备案
《中华人民共和国环境保护税法实施条例》	国务院	2018 年 1 月 1 日	规定了未安装自动监测设备的纳税人，自行对污染物进行监测且所获取的监测数据符合国家有关规定和监测规范的，视同监测机构出具的监测数据，可作为计税依据
《排污许可管理条例》	国务院	2021 年 3 月 1 日	规定了持证单位自行监测责任，管理部门依证监管责任
《最高人民法院、最高人民检察院关于办理环境污染刑事案件适用法律若干问题的解释》	最高人民法院、最高人民检察院	2017 年 1 月 1 日	规定了重点排污单位篡改、伪造自动监测数据或者干扰自动监测设施的视为严重污染环境，并依据《刑法》有关规定予以处罚

名称	颁布机关	实施时间	主要相关内容
《环境监测管理办法》	环境保护总局	2007年9月1日	规定了排污者必须按照国家及技术规范的要求，开展排污状况自我监测；不具备环境监测能力的排污者，应当委托环境保护部门所属环境监测机构或者经省级环境保护部门认定的环境监测机构进行监测
《污染源自动监控设施现场监督检查办法》	环境保护部	2012年4月1日	规定了：①排污单位或运营单位应当保证自动监测设备正常运行；②污染源自动监控设施发生故障停运期间，排污单位或者运营单位应当采用手工监测等方式，对污染物排放状况进行监测，并报送监测数据
《关于加强污染源环境监管信息公开工作的通知》	环境保护部	2013年7月12日	规定了各级环保部门应积极鼓励引导企业进一步增强社会责任感，主动自愿公开环境信息。同时严格督促超标或者超总量的污染严重企业，以及排放有毒有害物质的企业主动公开相关信息，对不依法主动公布或不按规定公布的要依法严肃查处
《关于印发〈国家重点监控企业自行监测及信息公开办法（试行）〉和〈国家重点监控企业污染源监督性监测及信息公开办法（试行）〉的通知》	环境保护部	2014年1月1日	规定了企业开展自行监测及信息公开的各项要求，包括自行监测内容、自行监测方案，对手工监测和自动监测两种方式开展的自行监测分别提出了监测频次要求，自行监测记录内容，自行监测年度报告内容，自行监测信息公开的途径、内容及时间要求等
《环境保护主管部门实施限制生产、停产整治办法》	环境保护部	2015年1月1日	规定了被限制生产的排污者在整改期间按照环境监测技术规范进行监测或者委托有条件的环境监测机构开展监测，保存监测记录，并上报监测报告
《生态环境监测网络建设方案》	国务院办公厅	2015年7月26日	规定了重点排污单位必须落实污染物排放自行监测及信息公开的法定责任，严格执行排放标准和相关法律法规的监测要求
《关于支持环境监测体制改革的实施意见》	财政部、环境保护部	2015年11月2日	规定了落实企业主体责任，企业应依法自行监测或委托社会化检测机构开展监测，及时向环保部门报告排污数据，重点企业还应定期向社会公开监测信息

名称	颁布机关	实施时间	主要相关内容
《关于加强化工企业等重点排污单位特征污染物监测工作的通知》	环境保护部	2016 年 9 月 20 日	规定了：①化工企业等排污单位应制定自行监测方案，对污染物排放及周边环境开展自行监测，并公开监测信息；②监测内容应包含排放标准的规定项目和涉及的列入污染物名录库的全部项目；③监测频次，自动监测的应全天连续监测；手工监测的，废水特征污染物每月开展一次，废气特征污染物每季度开展一次，周边环境监测按照环评及其批复执行，可根据实际情况适当增加监测频次
《控制污染物排放许可制实施方案》	国务院办公厅	2016 年 11 月 10 日	规定了企事业单位应依法开展自行监测，安装或使用的监测设备应符合国家有关环境监测、计量认证规定和技术规范，建立准确完整的环境管理台账，安装在线监测设备的应与环境保护部门联网
《关于实施工业污染源全面达标排放计划的通知》	环境保护部	2016 年 11 月 29 日	规定了：①各级环保部门应督促、指导企业开展自行监测，并向社会公开排放信息；②对超标排放的企业要督促其开展自行监测，加大对超标因子的监测频次，并及时向环保部门报告；③企业应安装和运行污染源在线监控设备，并与环保部门联网
《关于深化环境监测改革 提高环境监测数据质量的意见》	中共中央办公厅、国务院办公厅	2017 年 9 月 21 日	规定了环境保护部要加快完善排污单位自行监测标准规范；排污单位要开展自行监测，并按规定公开相关监测信息，对弄虚作假行为要依法处罚；重点排污单位应当建设污染源自动监测设备，并公开自动监测结果
《企业环境信息依法披露管理办法》	生态环境部	2022 年 2 月 8 日	规定了企业（包括重点排污单位）应当依法披露环境信息，包括企业自行监测信息等
《关于加强排污许可执法监管的指导意见》	生态环境部	2022 年 3 月 28 日	规定了排污单位应当提高自行监测质量。确保申报材料、环境管理台账记录、排污许可证执行报告、自行监测数据的真实、准确和完整，依法如实在全国排污许可证管理信息平台上公开信息，不得弄虚作假，自觉接受监督

注：截至 2022 年 6 月 5 日。

1.4 《排污单位自行监测技术指南》的定位

1.4.1 排污许可制度配套的技术支撑文件

排污许可制度是各国普遍采用的控制污染的法律制度。从美国等发达国家实施排污许可制度的经验来看，监督检查是排污许可制度实施效果的重要保障，污染源监测是监督检查的重要组成部分和基础；自行监测是污染源监测的主体形式，其管理备受重视，并作为重要的内容在排污许可证中载明。

我国当前推行的排污许可制度明确了企业应"自证守法"，其中自行监测是排污单位自证守法的重要手段和方法。只有在特定监测方案和要求下的监测数据才能够支撑排污许可"自证"的要求。因此，在排污许可制度中，自行监测要求是必不可少的一部分。

重点排污单位自行监测法律地位得到明确，自行监测制度初步建立，而自行监测的有效实施还需要有配套的技术文件作为支撑，《排污单位自行监测技术指南》是基础而重要的技术指导性文件。因此，制定《排污单位自行监测技术指南》是落实相关法律法规的需要。

1.4.2 对现有标准和管理文件中关于排污单位自行监测规定的补充

对每个排污单位来说，生产工艺产生的污染物、不同监测点位执行的排放标准和控制指标、环评报告要求的内容都有不同情况及独特内容。虽然各种监测技术标准与规范已从不同角度对排污单位的监测内容作出了规定，但不够全面。

为提高监测效率，应针对不同排放源污染物排放特性确定监测要求。监测是污染排放监管必不可少的技术支撑，具有重要的意义，但是监测是需要成本的，所以应在监测效果和成本间寻找合理的平衡点。"一刀切"的监测要求必然会造成部分排放源监测要求过高，从而造成浪费；或者对部分排放源要求过低，从而达不到监管需求。因此，需要专门的技术文件，对排污单位的监测要求进行系统分析和设计，使监测更精细化，从而提高监测效率。

1.4.3　对排污单位自行监测行为指导和规范的技术要求

我国自 2014 年起开始推行《国家重点监控企业自行监测及信息公开办法(试行)》，从实施情况来看存在诸多问题，需要加强对排污单位自行监测行为的指导和规范。

污染源监测与环境质量监测相比，涉及的行业较多，监测内容更复杂。我国目前仅国家污染物排放标准就有近 200 项，且数量还在持续增加；省级人民政府依法制定并报生态环境部备案的地方污染物排放标准也有 100 多项，数量也在不断增加。排放标准中的控制项目种类繁杂，水、气污染物均在 100 项以上。

由于国家发布的有关规定必须有普适性和原则性的特点，因此排污单位在开展自行监测过程中解决如何结合企业具体情况合理确定监测点位、监测项目和监测频次等实际问题时存在诸多疑问。

生态环境部在对全国各地自行监测及信息公开平台的日常监督检查及现场检查等工作中发现，部分排污单位自行监测方案的内容、监测数据的质量稍差，存在排污单位未包括全部排放口、监测点位设置不合理、监测项目仅开展主要污染物、随意设置排放标准限值、自行监测数据弄虚作假等问题。为解决排污单位自行监测过程中遇到的问题，需要进一步加强对排污单位自行监测的工作指导，建立和完善排污单位自行监测相关规范，因此有必要制定自行监测技术指南，将自行监测要求进一步明确和细化。

1.5　行业技术指南在自行监测技术指南体系中的定位和制定思路

1.5.1　自行监测技术指南体系

排污单位自行监测技术指南体系以《排污单位自行监测技术指南　总则》

（HJ 819—2017）（以下简称《总则》）为统领，包括一系列重点行业的分行业排污单位自行监测技术指南，共同组成排污单位自行监测技术指南体系，具体如图 1-2 所示。

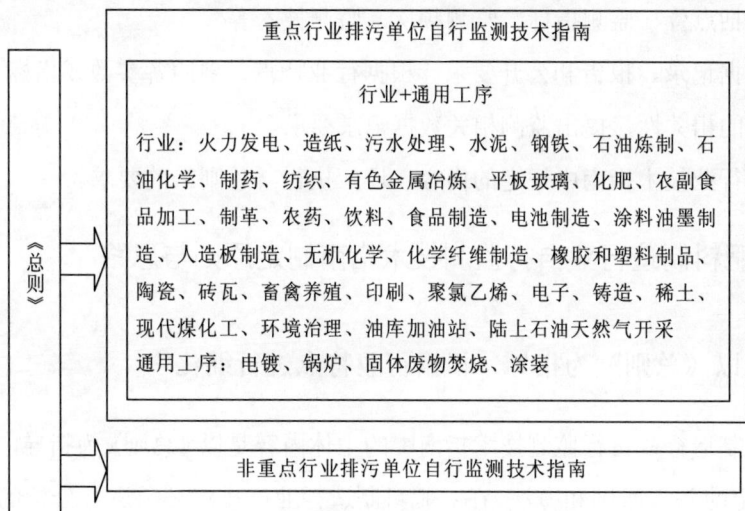

图 1-2　排污单位自行监测技术指南体系

《总则》在排污单位自行监测技术指南体系中属于纲领性文件，起到统一思路和要求的作用。第一，对行业技术指南总体性原则进行规定，是行业技术指南的参考性文件；第二，对于行业技术指南中必不可少但要求比较一致的内容，可以在《总则》中体现，在行业技术指南中加以引用，既保证一致性，也减少重复；第三，对于部分污染差异大、企业数量少的行业，单独制定行业技术指南意义不大，这类行业排污单位可以参照《总则》开展自行监测。技术指南未发布的行业，也应参照《总则》开展自行监测。

1.5.2　行业排污单位自行监测技术指南是对《总则》的细化

行业技术指南是在《总则》的统一原则要求下，考虑该行业企业所有废水、废气、噪声污染源的监测活动，在指南中进行统一规定。行业排污单位自行监测技术指南的核心内容包括以下两个方面：

①监测方案。在指南中明确行业的监测方案。首先明确行业的主要污染源、各污染源的主要污染因子，针对各污染源的各污染因子提出监测方案设置的基本要求，包括点位、监测指标、监测频次、监测技术等。

②数据记录、报告和公开要求。根据行业特点，参照各参数或指标与校核污染物排放的相关性，提出监测相关数据记录要求。

除了行业技术指南中规定的内容，还应执行《总则》的要求。

1.5.3 肥料制造行业自行监测技术指南制定原则与思路

1.5.3.1 以《总则》为指导，根据行业特点进行细化

肥料制造行业自行监测技术指南中的主体内容是以《总则》为指导，根据《总则》中确定的基本原则和方法，在对肥料制造行业产排污环节进行分析的基础上，结合肥料制造行业企业的排污特点，将肥料制造行业监测方案、信息记录的内容具体化和明确化。

1.5.3.2 以污染物排放标准为基础，全指标覆盖

污染物排放标准规定的内容是行业自行监测技术指南制定的重要基础。在污染物指标确定时，行业技术指南主要以当前实施的、适用于肥料制造行业的污染物排放标准为依据。同时，根据实地调研以及相关数据分析结果，对实际排放的或地方实际监管的污染物指标进行适当的考虑，在标准中列明，但标明为选测，或由排污单位根据实际监测结果判定是否排放，若实际生产中排放，则应进行监测。

1.5.3.3 以满足排污许可制度实施为主要目标

肥料制造行业自行监测技术指南的制定以能够满足支撑肥料制造行业排污许可制度实施为主要目标。由于肥料制造行业分类较多，不同肥料行业废气排放源差异较大，氮肥排污许可证申请与核发技术以及磷肥、钾肥、复混肥料、微生物

肥料工业排污许可证申请与核发技术规范中将常见的废气排放源纳入管控。氮肥工业自行监测技术指南以及磷肥、钾肥、复混肥料、微生物肥料工业自行监测技术指南中对常见废气排放源监测点位、指标、频次进行了规定。

　　排污许可制度对主要污染物提出排放量许可限值，其他污染物仅有浓度限值要求。为了支撑排污许可制度实施对排放量核算的需求，有排放量许可限值的污染物，监测频次一般高于其他污染物。

第 2 章　自行监测的一般要求

按照开展自行监测活动的一般流程，排污单位应查清本单位的污染源、污染物指标及潜在的环境影响，制定监测方案，设置和维护监测设施，按照监测方案开展自行监测，做好质量保证和质量控制，记录和保存监测数据，依法向社会公开监测结果。

本章围绕排污单位自行监测流程中的关键节点，对其中的关键问题进行介绍。制定监测方案时，应重点保证监测内容、监测指标、监测频次的全面性、科学性，确保监测数据的代表性，这样才能全面反映排污单位的实际排放状况；设置和维护监测设施时，应能够满足监测要求，同时为监测的开展提供便利条件；自行监测开展过程中，应根据本单位实际情况自行监测或者委托有资质的单位开展监测，所有监测活动要严格按照监测技术规范执行；开展监测的过程中，应做好质量保证和质量控制，确保监测数据质量；监测信息记录与公开时，应保证监测过程可溯，同时按要求报送和公开监测结果，接受管理部门和公众的监督。

2.1　制定监测方案

2.1.1　自行监测内容

排污单位自行监测不仅包括污染物排放监测，还应该围绕本单位污染物排放状况、污染治理情况、对周边环境质量影响监测状况来确定监测内容。但考虑到排污单位自行监测的实际情况，排污单位可根据管理要求，逐步开展。

2.1.1.1　污染物排放监测

污染物排放监测是排污单位自行监测的基本要求，包括废气污染物、废水污染物和噪声污染。废气污染物主要来源于有组织废气污染物排放和无组织废气污染物排放。废水污染物主要来源于直接排入环境的企业，包括直接排放企业和排入公共污水处理系统的间接排放企业。

2.1.1.2　周边环境质量影响监测

排污单位应根据自身排放对周边环境质量的影响开展周边环境质量影响状况监测，从而掌握自身排放状况对周边环境质量影响的实际情况和变化趋势。

《中华人民共和国大气污染防治法》第七十八条规定，排放前款规定名录中所列有毒有害大气污染物的企业事业单位，应当按照国家有关规定建设环境风险预警体系，对排放口和周边环境定期进行监测，评估环境风险，排查环境安全隐患，并采取有效措施防范环境风险。《中华人民共和国水污染防治法》第三十二条规定，排放前款规定名录中所列有毒有害水污染物的企业事业单位和其他生产经营者，应当对排污口和周边环境进行监测，评估环境风险，排查环境安全隐患，并公开有毒有害水污染物信息，采取有效措施防范环境风险。

目前，我国已发布第一批有毒有害大气污染物名录和有毒有害水污染物名录。第一批有毒有害大气污染物包括二氯甲烷、甲醛、三氯甲烷、三氯乙烯、四氯乙烯、乙醛、镉及其化合物、铬及其化合物、汞及其化合物、铅及其化合物、砷及其化合物。第一批有毒有害水污染物包括二氯甲烷、三氯甲烷、三氯乙烯、四氯乙烯、甲醛、镉及镉化合物、汞及汞化合物、六价铬化合物、铅及铅化合物、砷及砷化合物。因此，排污单位可根据本单位实际情况，自行确定监测指标和内容。

对于污染物排放标准、环境影响评价文件及其批复或其他环境管理制度有明确要求的，排污单位应按照要求对其周边相应的空气、地表水、地下水、土壤等环境质量开展监测。对于相关管理制度没有明确要求的，排污单位应依据《中华人民共和国大气污染防治法》《中华人民共和国水污染防治法》的要求，根据实际情况确定是否开展周边环境质量影响监测。

2.1.1.3　关键工艺参数监测

污染物排放监测需要配备专门的仪器设备、人力物力，经济成本较高。污染物排放状况与生产工艺、设备参数等相关指标有一定的关联性，而这些工艺或设备相关参数的监测，有些指标是生产控制中必须监测的，有些虽然不是生产过程中必须监测的，但开展监测相对容易，成本较低。因此，在部分排放源或污染物指标监测成本相对较高、难以实现高频次监测的情况下，可以通过对与污染物产生和排放密切相关的关键工艺参数进行测试以补充污染物排放监测数据。

2.1.1.4　污染治理设施处理效果监测

有些排放标准对污染治理设施处理效果有限值要求，这就需要通过监测结果进行处理效果的评价。另外，有些情况下，排污单位需要掌握污染处理设施的处理效果，从而可以更好地调试生产和污染治理设施。因此，若污染物排放标准等环境管理文件对污染治理设施有特别要求的，或排污单位认为有必要的，应对污染治理设施处理效果进行监测。

2.1.2　自行监测方案内容

排污单位应当对本单位污染源排放状况进行全面梳理，分析潜在的环境风险，根据自行监测方案制定能够反映本单位实际排放状况的监测方案，以此作为开展自行监测的依据。

监测方案内容包括单位基本情况、监测点位及示意图、监测指标、执行标准及其限值、监测频次、采样和样品保存方法、监测分析方法和仪器、质量保证与质量控制等。

所有按照规定开展自行监测的排污单位，在投入生产或使用并产生实际排污行为之前，应完成自行监测方案的编制及相关准备工作。一旦发生排污行为，就应按照监测方案开展监测活动。

当有以下情况发生时，应变更监测方案：执行的排放标准发生变化；排放口位置、监测点位、监测指标、监测频次、监测技术任意一项内容发生变化；污染源、生产工艺或处理设施发生变化。

2.2 监测设施设置和维护

开展监测必须有相应的监测设施。为了保证监测活动的正常开展，排污单位应按照规定设置满足监测需要的设施。

2.2.1 监测设施应符合监测规范要求

开展废水、废气污染物排放监测，应保证监测数据不受监测环境的干扰，因此，废水排放口、废气监测断面及监测孔的设置都有相应的要求，要保证水流、气流不受干扰且混合均匀，采样点位的监测数据能够反映监测时污染物排放的实际情况。

我国废水、废气监测相关标准规范中，对监测设施必须满足的条件有相关规定，排污单位可根据具体的监测项目，对照监测方法标准、技术规范确定监测设施的具体设置要求。但是，由于相关标准规范对监测设施的规定较为零散，不够系统，有些地方出台了专门的标准规范，对监测设施设置规范进行了全面规定，这可以作为排污单位设置监测设施的参考。例如，北京市出台了《固定污染源监测点位设置技术规范》（DB 11/1195—2015）。

2.2.2 监测平台应便于开展监测活动

开展监测活动时需要一定的空间,有时还需要可供仪器设备使用的直流供电,因此排污单位应设置方便开展监测活动的平台,包括以下要求:一是到达监测平台要方便,可以随时开展监测活动;二是监测平台的空间要足够大,能够保证各类监测设备摆放和人员活动;三是监测平台要备有需要的电源等辅助设施,确保监测活动开展所必需的各类仪器设备和辅助设备能够正常工作。

2.2.3 监测平台应能保证监测人员的安全

开展监测活动时,必须保证监测人员的人身安全,因此监测平台要设有必要的防护设施。一是高空监测平台,周边要有能够保障人员安全的围栏,监测平台底部的空隙不应过大;二是监测平台附近有造成人体机械伤害、灼烫、腐蚀、触电等危险源的,应在平台相应位置设置防护装置;三是监测平台上方有坠落物体隐患时,应在监测平台上方设置防护装置;四是排放剧毒、致癌物及对人体有严重危害物质的监测点位,应储备相应安全防护装备。所有围栏、底板、防护装置使用的材料要符合相关质量要求,能够承受预估的最大冲击力,从而保障人员的安全。

2.2.4 废水排放量大于 100 t/d 的,应安装自动测流设施并开展流量自动监测

废水流量监测是废水污染物监测的重要内容,从某种程度上来说,流量监测比污染物浓度监测更重要。流量监测易受环境影响,监测结果存在一定的不确定性是国际上普遍存在的技术问题。但总体来看,流量监测技术日趋成熟,能够满足各种流量监测需要,也能满足自动测流的需要。废水流量的监测方法有多种,其中,根据废水排放形式,分为电磁流量计和明渠流量计两种。其中,电磁流量计适用于管道排放,对流量范围的适用性较广。明渠流量计中,三角堰适用于流

量较小的情况，监测范围低至 1.08 m³/h 即能够满足 30 t/d 的排放量。根据环境统
计数据，废水排放量大于 30 t/d 的企业有 7.5 万家，约占企业总数的 79%；废水
排放量大于 50 t/d 的企业有 6.7 万家，约占企业总数的 71%；废水排放量大于 100 t/d
的企业有 5.7 万家，约占企业总数的 60%。从监测技术稳定性和当前基础来看，
建议废水排放量大于 100 t/d 的企业采取自动测流的方式。

2.3　开展自行监测

2.3.1　开展自行监测的一般要求

排污单位应依据最新的自行监测方案安排监测计划，开展相应的监测活动。
对于排污状况或管理要求发生变化的，排污单位应变更监测方案，并按照新的监
测方案开展监测活动。

开展监测活动的技术依据是监测技术规范。除了监测方法中的规定，我国还
有一些系统性的监测技术规范对监测全过程进行规定，或者专门针对监测的某个
方面进行技术规定。为了保证监测数据准确可靠，能够客观反映实际情况，无论
是自行开展监测，还是委托其他社会化检测机构，都应该按照国家发布的环境监
测技术规范、监测方法标准来开展。

开展监测活动的机构和人员由排污单位根据实际情况决定。排污单位可根据
自身条件和能力，利用自有人员、场所和设备自行监测，排污单位自行实施监测
时不需要通过国家的实验室资质认定，目前国家层面不要求检测报告必须加盖中
国质量认证（CMA）印章。个别或者全部项目不具备自行监测能力时，也可委托
其他有资质的社会化检测机构代其开展。

无论是排污单位自行监测，还是委托社会化检测机构开展监测，排污单位都
应对自行监测数据的真实性负责。如果社会化检测机构未按照相应技术规范、监
测方法的标准开展监测，或者存在造假等行为，排污单位可以依据合同追究所委

托的社会化检测机构的责任。

2.3.2 监测活动开展方式分类

监测活动开展是自行监测的核心。在监测组织方式上，开展监测活动可以依托自有人员、设备、场地自行开展监测，也可以委托有资质的社会化检测机构开展监测。在监测技术手段上，无论是自行监测还是委托监测，都可以采用手工监测和自动监测的方式。排污单位自行监测活动开展方式选择流程如图 2-1 所示。

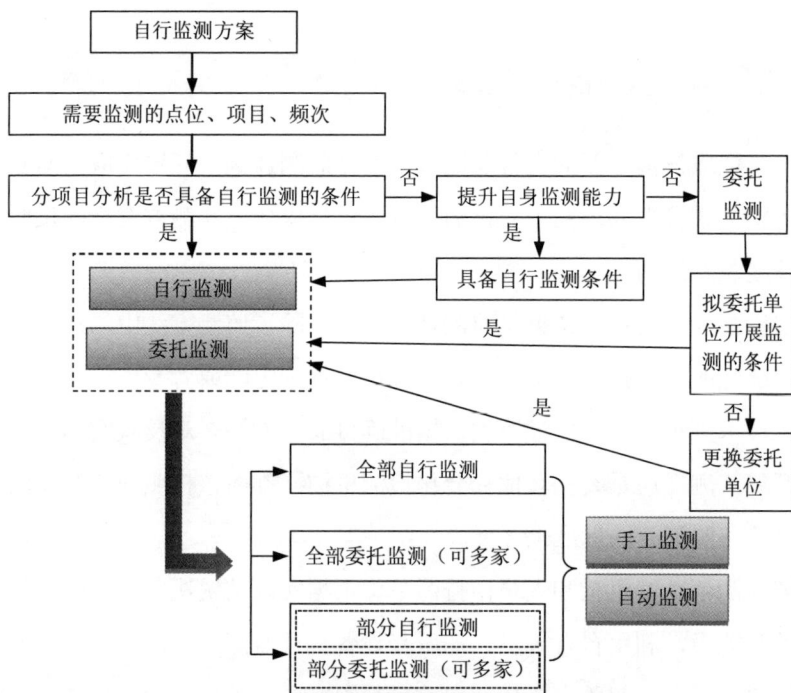

图 2-1　排污单位自行监测活动开展方式选择流程

排污单位首先根据自行监测方案明确监测点位、监测项目、监测频次，在此基础上根据不同监测项目的监测要求分析本单位是否具备开展自行监测的条件。具备监测条件的项目，可选择自行监测；不具备监测条件的项目，排污单位可根据自身实际情况，决定是否提升自身监测能力，以满足自行监测的条件。如果通过筹建实验室、购买仪器、聘用人员等方式可达到开展自行监测条件的，可以选择自行监测。若排污单位委托社会化检测机构开展监测，需要按照不同监测项目检查拟委托的社会化检测机构是否具备承担委托监测任务的条件。若拟委托的社会化检测机构符合条件，则可委托社会化检测机构开展监测；若不符合条件，则应更换具备条件的社会化检测机构承担相应的监测任务。由此来说，同一排污单位有 3 种可选方式：全部自行监测、全部委托监测、部分自行监测部分委托监测。同一排污单位、不同监测项目，可委托多家社会化检测机构开展监测。

无论是自行监测还是委托监测，都应当按照自行监测方案要求，确定各监测点位、监测项目的监测技术手段。对于明确要求开展自动监测的点位及项目，应采用自动监测的方式，其他点位和项目可根据排污单位实际情况，确定是否采用自动监测的方式。若采用自动监测的方式，应该按照相应技术规范的要求，定期采用手工监测方式进行校验。不进行自动监测的项目，应采用手工监测方式开展监测。

2.3.3　监测活动开展应具备的条件

2.3.3.1　自行监测应具备的条件

自行承担监测活动的排污单位，应具备开展相应监测项目的能力，主要从以下几个方面考虑。

（1）人员

自行监测作为排污单位环境管理的关键环节和重要基础，人才是关键，高素质的环境监测人员队伍为排污单位自行监测事业提供了坚实的人才保障。

排污单位应有承担环境监测职责的机构，落实环境监测经费，赋予相应的工作定位和职能，配备充足的环境监测技术人员和管理人员。在人员比例上，要考虑各类技术人员的构成，如可要求高级技术人员占技术人员总数的比例不低于

20%，中级技术人员占比不低于 50%。

排污单位应与其工作人员建立固定的劳动关系，明确技术人员和管理人员的岗位职责、任职要求和工作关系，使其满足岗位要求并具有所需的权力和资源，履行建立、实施、保持和持续改进管理体系的职责。

排污单位监测机构最高管理者应组织和负责管理体系的建立和有效运行。排污单位应对操作设备、监测、签发监测报告等人员进行能力确认，由熟悉监测目的、程序、方法和结果评价的人员对监测人员进行质量监督。排污单位应制订人员培训计划，明确培训需求和实施人员培训，并评价这些培训活动的有效性。排污单位应保留技术人员的相关资质、能力确认、授权、教育、培训和监督的记录。

（2）设施与环境条件

排污单位应配备用于监测的设施，包括能源、照明和环境条件等，实验室设施应有助于监测的正确实施。

实验室宜集中布置，做到功能分区明确、布局合理、互不干扰，对于有温湿度控制要求的实验室，建筑设计应采取相应技术措施；实验室应有相应的安全消防保障措施。

实验室设计必须执行国家现行有关安全、卫生及环境保护法规和规定，对限制人员进入的实验区域应在其显眼区域设置警告装置或标志。

凡是含有对人体有害的气体、蒸汽、气味、烟雾、挥发物质的实验室，应设置通风柜，实验室需维持负压，向室外排风时必须经特殊过滤；凡是经常使用强酸、强碱、有化学品烧伤风险的实验室，应在出口就近设置应急喷淋器和应急洗眼器等装置。

实验室用房一般照明照度需均匀，其最低照度与平均照度之比不宜小于 0.7，微生物实验室宜设置紫外灭菌灯，其控制开关应设在门外并与一般照明灯具的控制开关分开安装。

为了确保监测结果的准确性，排污单位应做到：对影响监测结果的设施和环境条件，应制定相应的标准文件。如果规范、方法和程序有要求，或对结果的质量有影响时，实验室应监测、控制和记录环境条件。当环境条件影响监测结果时，应停止监测。应将不相容活动的相邻区域进行有效隔离。对进入和使用影响监测质量的区域，应加以控制。应采取措施确保实验室的良好内务，必要时应制定专门的程序。

（3）仪器设备

排污单位应配备监测（包括采样、样品前处理、数据处理与分析）所需的所有设备，用于监测的设备及其软件应达到要求的准确度，并符合相应的规范要求。根据监测项目，应配备的仪器设备包括气相色谱仪、液相色谱仪、离子色谱仪、原子吸收光谱仪、原子荧光光谱仪、红外测油仪、分光光度计、万分之一天平、马弗炉、烘箱、烟气（尘）测定仪、pH 计等。对结果有重要影响的仪器的分量或值，应制订校准计划。设备在投入工作前应进行校准或核查，以保证其满足实验室的规范要求和相应的标准规范。

仪器设备应由经过授权的人员操作，大型仪器设备应配有仪器设备操作规程和仪器设备运行与保养记录；每台仪器设备及其软件应有唯一性标识；应保存对监测具有重要影响的每台仪器设备及软件的记录并存档。

（4）实验室质量体系

排污单位应建立实验室质量体系，制定质量手册、程序说明、作业指导书等文件，采取质量保证和质量控制措施，确保自行监测数据可靠。可根据实际情况确定是否需要取得实验室计量认证和实验室认可等资质。

2.3.3.2 委托单位相关要求

排污单位委托社会化检测机构开展自行监测的，也应对自行监测数据的真实性负责，因此排污单位应重视对被委托单位的监督管理。其中，具备监测资质是被委托单位承接监测活动的前提和基本要求。

接受自行监测任务的社会化检测机构应具备监测相应项目的资质，即所出具的监测报告必须能够加盖 CMA 印章。排污单位除应对资质进行检查外，还应该加强对被委托单位的事前、事中、事后监督管理。

选择拟委托的社会化检测机构前，应对其既往业绩、实验室条件、人员条件等进行检查，重点考虑社会化检测机构是否具有开展本单位委托项目的经验，是否具备承担本单位委托任务的能力，是否存在弄虚作假的行为等。

被委托单位开展监测活动过程中，排污单位应定期或不定期抽检被委托单位的监测记录，若有存疑的地方，可现场检查。

每年报送全年监测报告前，排污单位应对被委托单位的监测数据进行全面检查，包括监测的全面性、记录的规范性、监测数据的可靠性等，确保被委托单位能够按照要求开展监测。

2.4　监测质量保证与质量控制

无论是自行开展监测还是委托社会化检测机构开展监测，都应该根据相关监测技术规范、监测方法标准等要求做好质量保证与质量控制。

自行开展监测的排污单位应根据本单位自行监测的工作需求，设置监测机构，梳理并制定监测方案、样品采集、样品分析、出具监测结果、样品留存、相关记录的保存等各个环节，制定工作流程、管理措施与监督措施，建立自行监测质量体系，确保监测工作质量。质量体系应包括对以下内容的具体描述：监测机构、人员、出具监测数据所需仪器设备、监测辅助设施和实验室环境、监测方法技术能力验证、监测活动质量控制与质量保证等。

委托其他有资质的社会化检测机构代其开展自行监测的，排污单位不用建立监测质量体系，但应对社会化检测机构的资质进行确认。

2.5　监测数据记录和保存

记录监测数据与监测期间的工况信息，整理成台账资料，以备管理部门检查。手工监测时应保留全部原始记录信息，全过程留痕。自动监测时除了通过仪器全面记录监测数据外，还应记录运行维护记录。另外，为了更好地梳理污染物排放状况、了解监测数据的代表性、对监测数据进行交叉印证、形成完整证据链，还应详细记录监测期间的生产和污染治理状况。

排污单位应将自行监测数据接入全国污染源监测信息管理与共享平台，公开监测信息。此外，可以采取以下一种或者几种方式让公众更便捷地获取监测信息：公告或者公开发行的信息专刊；广播、电视等新闻媒体；信息公开服务、监督热线电话；本单位的资料索取点、信息公开栏、信息亭、电子屏幕、电子触摸屏等场所或者设施；其他便于公众及时、准确获得信息的方式。

第3章　肥料制造工业污染排放状况

3.1　行业概况

3.1.1　行业分类

肥料制造行业按产品类型，主要分为氮肥工业、磷肥工业、钾肥工业、复混肥料（复合肥料）工业和有机肥料及微生物肥料工业。

3.1.2　行业发展现状

我国化肥产量增长较快，已位居世界前列，化肥总用量和单位面积用量已处于世界较高水平。化肥需求结构变化较大，据国家统计局数据，2015—2019 年，施用量方面，农用氮肥、磷肥、钾肥施用折纯量总体呈下降趋势，农用复合肥的施用折纯量总体持平；产量方面，农用氮肥、磷肥产量下降，钾肥有所增加。各化肥行业施用量及产量详见图 3-1、图 3-2。

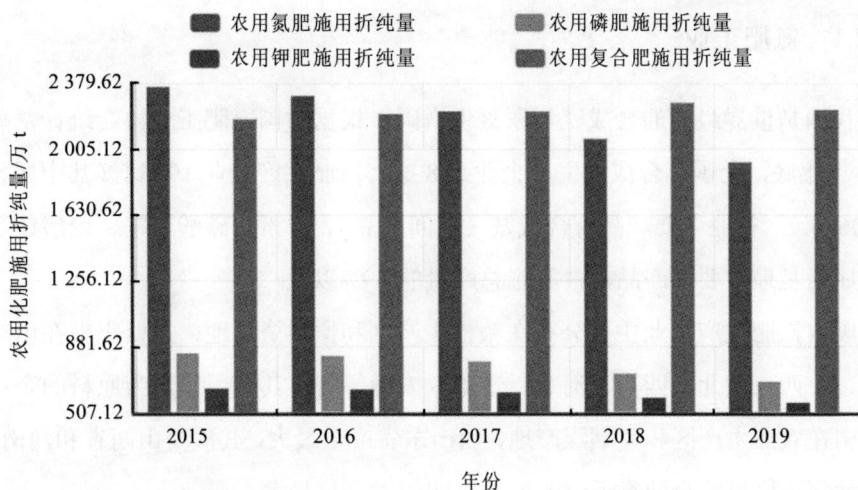

图 3-1　2015—2019 年农用化肥施用折纯量

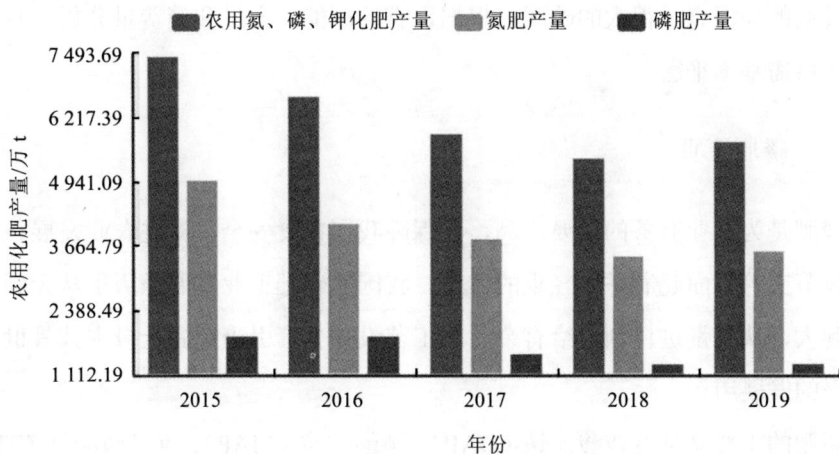

图 3-2　2015—2019 年农用化肥产量

目前我国磷肥、钾肥、复混肥料、有机肥料和微生物肥料产品品种基本齐全，产业结构大为改善，产业集中度明显提高，技术装备水平不断进步，资源利用水平不断提高，行业自律意识不断增强。

3.1.2.1 氮肥工业

我国是世界最大的合成氨和尿素生产国。根据中国氮肥工业协会统计，截至2019 年年底，全国有合成氨生产企业 218 家、氮肥生产企业 190 家（其中尿素企业 106 家）。行业主要产品有合成氨（中间产品）、尿素、碳酸氢铵、硝酸铵等，其中尿素是最主要的产品，占氮肥总产量的 69%以上。

国内氮肥生产企业主要分布在粮棉主产区和原料资源地，主要集中在山东、河南、山西、湖北、四川、河北、江苏、安徽等省，其中，以煤为原料的企业主要集中在农业主产区和无烟煤产地，以山东省产量最大，其次是山西省和河南省；以天然气为原料的企业靠近气源地，以四川省产量最大。

《石化和化学工业发展规划（2016—2020 年）》显示，氮肥等重点行业产能过剩尤为明显。经过 2015—2018 年的产能结构调整，淘汰落后产能，全国氮肥行业产能过剩的局面有了很大的改观。根据现有的产能、产量和消费量分析，目前，总体上供需基本平衡。

3.1.2.2 磷肥工业

磷肥是为农业服务的重要产品，在保障我国粮食安全、促进农业发展、为农民增收节支等方面起着举足轻重的作用。我国的磷肥工业发展经历了从无到有、从小到大、从大量进口到自给有余、从工艺设备全套引进到完全自主并具世界先进水平的发展历程。

磷肥的主要品种有磷酸二铵（DAP）、磷酸一铵（MAP）、重过磷酸钙（TSP）、硝酸磷肥（NP）、过磷酸钙（SSP）、钙镁磷肥（FCMP）等。据行业协会数据统计，2019 年全国磷肥产能为 2 250 万 t（按 P_2O_5 计），主要品种磷酸二铵和磷酸一铵的产能分别为 2 075 万 t 和 1 565 万 t。全国磷肥产量为 1 580 万 t，磷酸二铵和磷酸一铵的产量分别为 684 万 t 和 641 万 t。

我国磷矿资源比较丰富，总保有储量约为 152 亿 t，主要分布在湖北、云南、贵州、湖南等省,我国重要的磷矿床有云南昆阳磷矿、贵州开阳磷矿、湖北王集磷矿、湖南浏阳磷矿、四川金河磷矿、江苏锦屏磷矿等。国内磷肥产量主要集中在云南、贵州、四川、湖北等省。

3.1.2.3　钾肥工业

钾肥全称钾素肥料,是农业三大肥料之一,对绝大多数作物都有明显的增产效果。钾肥肥效的大小,取决于氧化钾的含量。钾肥品种主要有氯化钾、硫酸钾、硝酸钾、硫酸钾镁肥、窑灰钾肥等。钾肥大都能溶于水,肥效较快,能被土壤吸收,不易流失。根据钾肥是否含有氯元素将钾肥分为含氯钾肥和无氯钾肥。所有的钾盐肥料均为水溶性肥料,但也有某些钾肥含其他不溶性成分。

全球钾盐矿床分布广泛,总储量达到 350 000 万 t,主要分布在加拿大、白俄罗斯、俄罗斯、德国、中国、美国、智利等国。国际肥料工业协会(IFA)报告显示,2018 年全球钾盐产能为 5 990 万 t(按 K_2O 计),产量约为 4 340 万 t(按 K_2O 计)。12 个钾盐主要生产国,除约旦、以色列开采死海的卤水外,其余国家均以开采钾石盐矿为主。加拿大是世界上最大的钾盐生产国,产量占全球的 1/3。萨斯喀彻温钾盐公司是全球最大的钾盐生产商,氯化钾产能达到 1 290 万 t/a(按 K_2O 计),占全球总产能的 23.6%。俄罗斯和白俄罗斯是世界两大钾盐生产国,两国产量接近 1 000 万 t/a(按 K_2O 计)。德国钾盐集团公司拥有 6 座矿山,产品包括氯化钾、硫酸钾和加入钾盐的特种肥料,产量稳定在 380 万 t/a(按 K_2O 计)左右,此外,全球产量超过 100 万 t/a(按 K_2O 计)的国家还有以色列、约旦等。

我国是一个钾盐资源匮乏的国家,据《中国环境状况公报》,我国缺钾耕地面积已占耕地总面积的 56%,约 50%以上的耕地微量元素缺乏,70%~80%的耕地养分不足,20%~30%的耕地氮养分过剩。我国是世界上钾肥消耗和进口依赖最大的国家之一,钾肥消耗量约占世界总消耗量的 20%。随着国内企业生产能力的提高,尤其是在青海、新疆两大钾肥生产基地龙头企业的带动作用下,国产钾肥的自给能力已达到 50%以上,长期依赖进口的局面有了结构性的转变。据统计,

2018 年全国累计进口钾肥 473.5 万 t（按 K_2O 计，下同），同比下降 0.96%。与此同时，国内钾肥产量达 560.3 万 t，同比增长 1.28%。据钾盐钾肥行业分会统计，全国资源型钾肥产量约为 545 万 t，氯化钾产量为 703 万 t，同比下降 1.8%；硫酸钾产量约为 243 万 t，同比增加 2.1%。目前国内已开发的盐湖有察尔汗、马海、东台吉乃尔、西台吉乃尔、大浪滩、大盐滩、大柴旦、茶卡盐湖、罗布泊盐湖等。

3.1.2.4 复混肥料（复合肥料）工业

复混肥料是含有氮、磷、钾三种营养元素中的两种或两种以上且标明主要养分含量的化肥，是以氮、磷、钾为基础或大宗产品为原料加工生产的。我国复混肥料生产始于 20 世纪 50 年代（80 年代末开始生产掺混肥料），尽管复混肥料的生产和施用起步较晚，但发展较快。国家统计局数据显示，2019 年，我国农用复合肥施用折纯量达到 2 230.67 万 t。随着国内施肥精细化以及测土配方施肥的发展，复混肥产品品种发展很快，至今已多达千种以上。我国复混肥料工业主要产地一是靠近农作物的主产地，二是氮、磷、钾肥等原料产地，主要集中在山东、湖北、江苏、安徽等省。

3.1.2.5 有机肥料及微生物肥料工业

有机肥料指主要来源于植物和（或）动物，施于土壤以提供养分为主要功能的含碳物料。因具有养分全面、肥效稳定持久、成本低并能改善土壤理化性质等优点，有机肥料成为我国农业生产中的一类重要肥料。

我国有机肥企业主要集中在两大区域，一是经济发达的地区，包括广东、浙江、江苏、福建等省。这些地区环保意识强，有优惠政策和相对成熟的技术作为支撑。二是有机肥资源丰富的地区，包括山东、河南、河北、广西等省级行政区，有机肥企业主要分布在大中型畜禽养殖场附近和有机特殊资源（食品加工、发酵等）地区等。

微生物肥料又称接种剂、生物肥料、菌肥等，是一类以微生物生命活动及其产物使农作物得到特定肥料效应的微生物活体制品。微生物肥料在培肥地力，提高化肥利用率，抑制农作物对硝态氮、重金属、农药的吸收，净化和修复土壤，降低农作物病害发生，促进农作物秸秆腐熟利用，保护农田环境以及提高农作物产品品质和食品安全方面具有不可替代的作用，是农业生产与生态环境同步可持续发展的关键。

目前，美国、巴西、阿根廷、澳大利亚、新西兰、日本、意大利、奥地利、加拿大和法国等是生产应用微生物肥料规模较大的国家。我国对微生物肥料的研究可以追溯到 20 世纪 30 年代，微生物肥料产业近 20 年总体处于快速稳定的发展阶段，尤其是过去的 5 年，是产业培育壮大和产业影响力形成的关键时期，产业规模已经形成。截至 2020 年 11 月底，全国微生物肥料企业约有 2 800 多家，年产量超过 3 000 万 t。

3.2　工艺过程污染物产排污节点

3.2.1　氮肥工业

3.2.1.1　定义及产品分类

氮肥工业包括生产合成氨和以合成氨为原料生产尿素、硝酸铵、碳酸氢铵以及醇氨联产的生产企业或生产设施。合成氨是氮肥工业的基础。

3.2.1.2　生产工艺流程

（1）合成氨生产工艺流程

生产合成氨，必须制备含有氢和氮的原料气，其基本生产过程见图 3-3。

```
原料  ───▶  原料气制备  ───▶  CO 变换工序  ───▶  脱硫脱碳
                                                          │
                                                          ▼
产品氨  ◀───  氨合成  ◀───  原料气精制
```

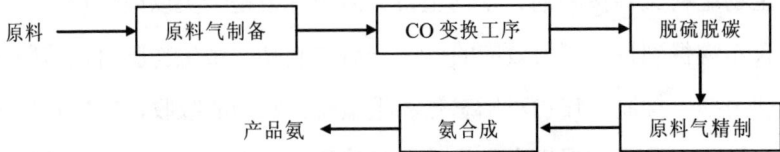

图 3-3　生产合成氨的基本工艺流程

氢气来源于水蒸气和含有碳氢化合物的各种燃料。目前，工业上普遍采用煤、焦炭、天然气、焦炉气、轻油、重油等燃料在高温下与水蒸气发生反应的方法制氢。氮气来源于空气，可以在低温下将空气液化分离得到，也可在制氢的过程中加入空气，使空气中的氧与可燃物质反应而除去，剩下的氮和氢混合，获得氮、氢混合气。除电解水（此法因电能消耗大而受到限制）以外，不论用什么原料制取的氢、氮原料气，都含有硫化物、一氧化碳、二氧化碳等杂质。这些杂质不仅腐蚀设备，而且能使氨合成催化剂中毒。因此，在把氢、氮原料气送入合成塔之前，必须进行净化处理，以除去各种杂质，获得纯净的氢、氮混合气。合成氨的生产过程包括以下 3 个步骤：第 1 步，原料气的制取。制备含有氢气、一氧化碳、氮气的粗原料气。一般由造气、空分工序组成。第 2 步，原料气的净化。除去粗原料气中氢气、氮气以外的杂质。一般由原料气的脱硫、一氧化碳的变换、二氧化碳的脱除、原料气的精制几道工序组成。第 3 步，原料气的压缩与合成。将符合要求的氢氮混合气压缩到一定的压力水平后，在高温、高压和有催化剂的条件下，将氢氮混合气合成为氨。一般由压缩、合成工序组成。

合成氨工艺根据制气原料不同可分为固体燃料气化制气（煤、焦炭等）和烃类制气（天然气、焦炉气和重油等）。其中，固体燃料气化技术主要包括固定床常压式气化技术、固定床加压连续气化技术、气流床气化技术；烃类制气工艺主要包括天然气制气、焦炉气制气和重油部分氧化制气。

传统的固定床常压煤气化制氨投资小、容易操作，但原料价格高、污染物排放量大，国内中小型氮肥厂普遍采用此种方式。针对造气循环冷却水系统含酚氰氨污染物废气无组织排放治理而开发的以"干法除尘+间接冷却"为主要治理措施的"清洁型固定床常压煤气化技术"于 2020 年年底成功示范。采用"干法除尘+间接冷却"煤气除尘降温技术实现造气循环冷却水系统含酚氰氨污染物废气零排放、半脱变脱富液再生尾气集中回收治理、提高变脱效率控制脱碳排放废气 H_2S、吹风气余热回收/三废炉烟气超低排放（或达标排放）后，可达到与新型煤气化基本相当的大气污染物排放水平；固定床加压连续气化投资较高，所用气化炉结构复杂，入炉煤须为机械强度及热稳定性好、粒度均匀、不易黏结、灰分低、化学活性高、含氯量低的块煤，原料来源受到一定限制；气流床气化技术，原料形态包括干煤粉和水煤浆，对煤种、粒度、含硫量、含灰量都具有较大的兼容性，碳转化率高、能耗低、生产强度大、污染少、清洁、高效，代表着当今技术发展潮流；天然气是生产合成氨的优质原料，清洁环保、便于输送和加压转化，相较于其他所有制气类型，具有投资省、能耗低的明显优势。国际上合成氨的生产以天然气为主要原料，中国缺油少气、煤炭相对丰富的资源特征，决定了我国合成氨生产以煤为主。

根据原料不同，原料气的制备和净化方法也不相同，其生产过程存在差异。我国主要的合成氨生产工艺包括无烟块煤固定床常压气化制氨、碎煤固定床加压连续气化制氨、干煤粉气流床气化制氨、水煤浆加压气化制氨、天然气蒸汽转化制氨、焦炉气蒸汽转化制氨、重油氧化法制氨等，各生产工艺类型见表 3-1，生产工艺流程及产排污节点见图 3-4～图 3-7。

表3-1 合成氨生产工艺

原料类型	生产单元	工艺名称	工艺类型	生产单元	工艺名称	工艺类型
煤制气	备煤	进料		原料气净化	半水煤气脱硫	干法脱硫湿法脱硫/其他
	备煤	储存	露天堆放/密闭储存		变换	中低温变换/全低温变换/其他
	原料气制备	固定床常压煤气化工艺	空气型/富氧型/其他		变换气脱硫	湿法脱硫+精脱硫/干法变换脱硫/精脱硫/其他
					硫回收	硫泡沫熔硫
					压缩	—
					脱碳	碳丙液物理吸收/甲基二乙醇胺吸收/聚乙二醇二甲醚溶液吸收/联产碳酸氢铵/其他
					原料气精制	醇烃化醇烷化法变换/其他
	原料气制备	水煤浆气流床气化工艺	GE/多喷嘴多元料浆/其他	原料气净化	变换	宽温耐硫变换/其他
		干煤粉气流床气化工艺	Shell炉/航天炉/GSP炉/科林炉/其他		脱硫脱碳	低温甲醇洗/聚乙二醇二甲醚吸收/其他
		碎煤固定床加压气化工艺	鲁奇炉/BGL技术/其他		硫回收	酸性气制硫/制硫酸/制硫黄/其他
					原料气精制	液氨洗/其他

原料类型	生产单元	工艺名称	工艺类型	生产单元	工艺名称	工艺类型
天然气（焦炉气）制气	原料气制备	蒸汽转化法	一段转化法/二段转化法	原料气净化	变换	高低温变换/其他
		部分转化法	催化部分氧化法/非催化部分氧化法		脱碳	甲基二乙醇胺/其他
					原料气精制	甲烷化/冷箱/其他
重油制气	原料气制备	重油部分氧化法	GE/其他	原料气净化	变换	宽温耐硫变换/其他
					脱硫脱碳	低温甲醇洗/聚乙二醇二甲醚吸收/其他
					硫回收	克劳斯炉/Lo-CAT 法/其他
					原料气精制	液氮洗/甲烷化/其他
氨合成		高压法/中压法/低压法	合成气压缩			
			氨合成			
			氨冷冻			
			氨回收/氢回收			
			氨储存			

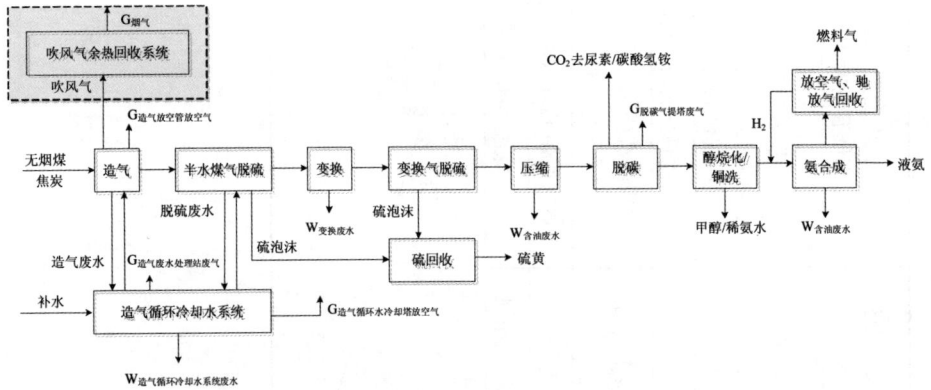

图 3-4 固定床常压煤气化工艺合成氨生产工艺流程及产排污节点

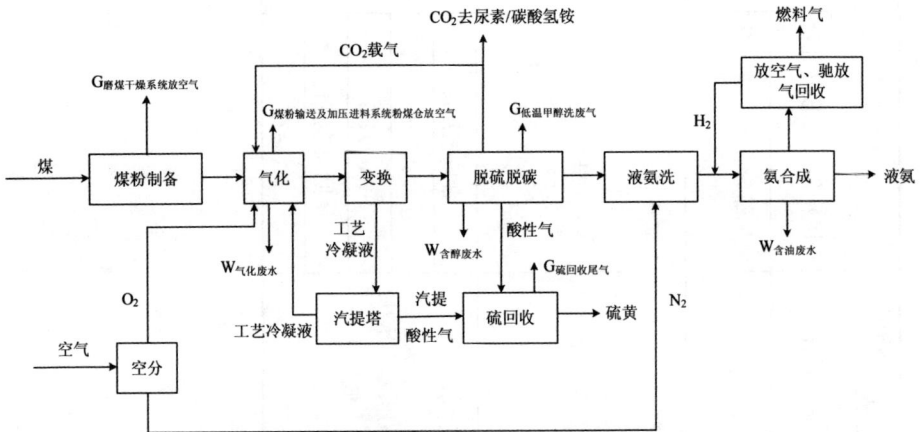

图 3-5 干煤粉气流床气化工艺合成氨生产工艺流程及产排污节点

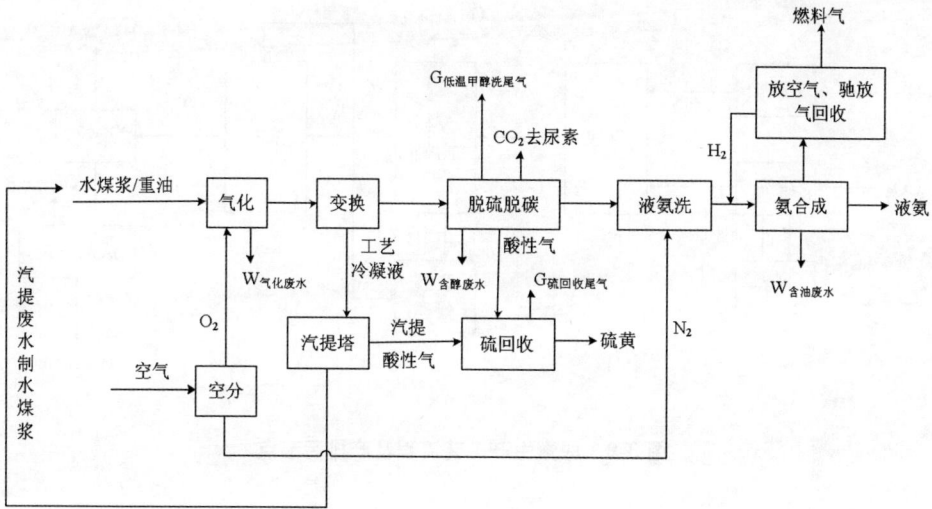

图 3-6　水煤浆气流床气化工艺/重油部分氧化工艺合成氨生产工艺流程及产排污节点

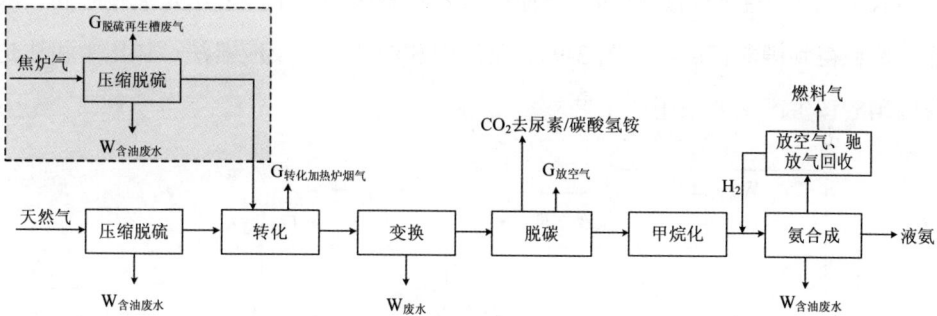

图 3-7　天然气/焦炉气转化工艺合成氨生产工艺流程及产排污节点

（2）尿素生产工艺流程

尿素是含氮 46.3% 的高浓度氮肥,是我国最主要的氮肥品种,同时也是制造树脂、纤维、医药等化学品的工业原料。尿素生产工艺以二氧化碳汽提法、氨汽提法、水溶液全循环法为主,尿素生产工艺流程分为压缩、合成、分解回收、浓缩、造粒、工艺废液回收、成品包装 7 个阶段。其生产工艺流程及产排污节点见图 3-8。

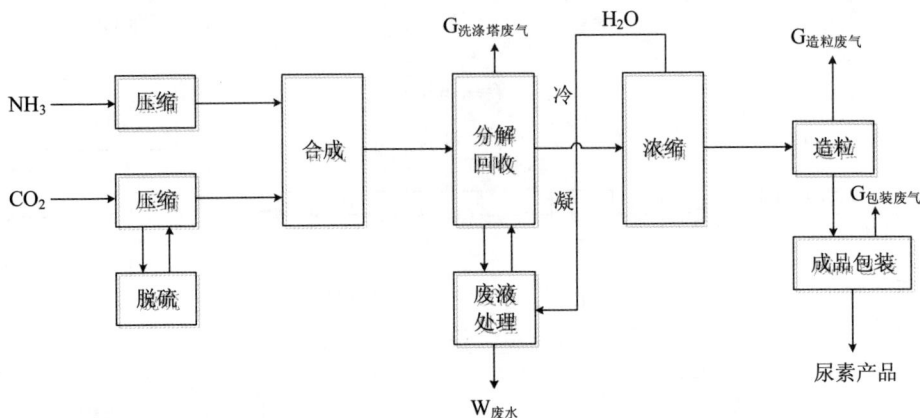

图 3-8　尿素生产工艺流程及产排污节点

（3）硝酸铵生产工艺流程

硝酸铵是生产炸药的原料，也是用于生产医药、轻工等的化工原料，也可以作为农用肥料。生产硝酸铵的主要原料是氨和硝酸。其生产方法是通过中和、浓缩、造粒得到硝酸铵产品（图 3-9）。常压中和法、管式反应器法、加压中和法是我国硝酸铵生产主要采用的工艺。

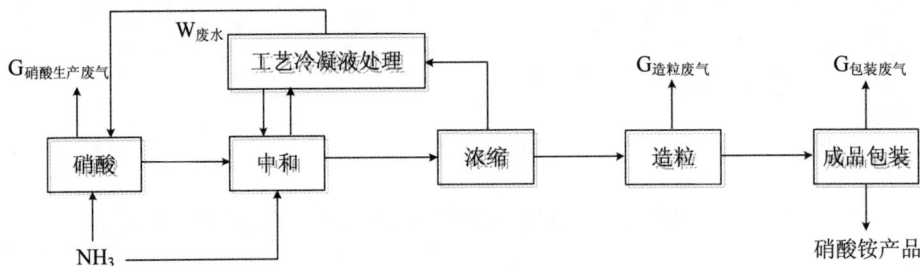

图 3-9　硝酸铵生产工艺流程及产排污节点

（4）碳酸氢铵生产工艺流程

碳酸氢铵，又称碳铵，是一种含氮 17.7%左右的碳酸盐，可作为氮肥。由于其可分解为 NH_3、CO_2 和 H_2O 3 种气体，故又称气肥。生产碳铵的原料是氨、二

氧化碳和水。碳酸氢铵无色，呈粒状、板状或柱状结晶体，是无（硫）酸根氮肥，
NH_3 和 CO_2 都是作物的养分，不含有害的中间产物和最终分解产物，长期施用不
影响土质，是最安全的氮肥品种之一。其生产工艺流程见图 3-10。

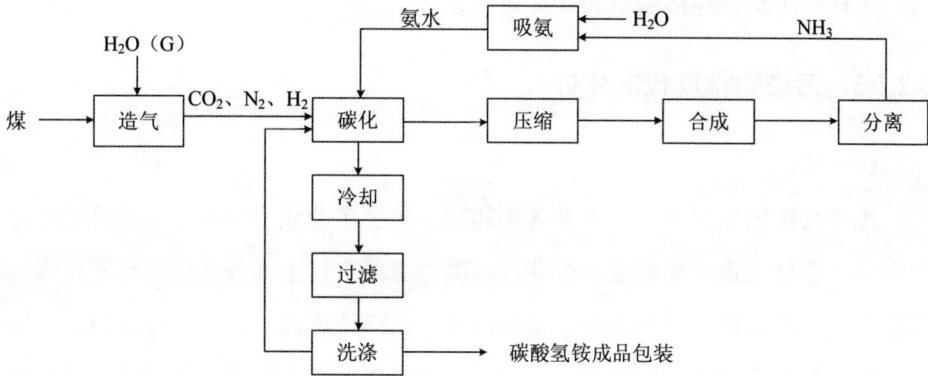

图 3-10　碳酸氢铵生产工艺流程

　　碳酸氢铵生产是合成氨生产的一个气体净化过程，即脱碳工段。该工艺充分利
用了合成氨生产时产生的需要脱除的二氧化碳气体进行生产，得到碳酸氢铵产品。

　　（5）联醇生产工艺流程

　　甲醇是一种基本的有机原料，主要用于制造甲醛、香精、染料、医药、火药、
防冻剂、溶剂等。工业上合成甲醇几乎全部采用一氧化碳加压催化加氢的方法，
其生产工艺流程见图 3-11。

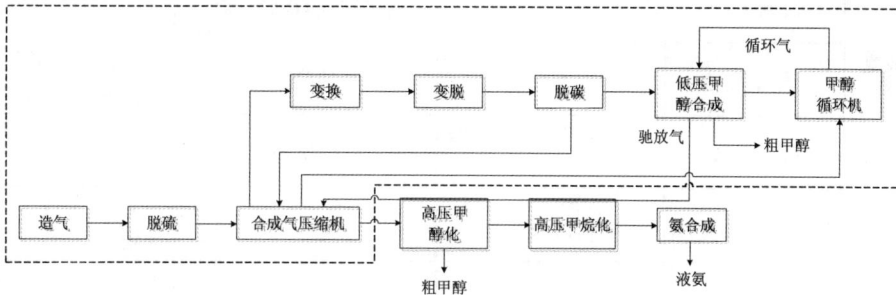

图 3-11　联醇（串联）生产工艺流程

联醇生产是合成氨生产的一个气体净化过程，即精制工序。通过联醇生产，不但进一步净化了原料气中的一氧化碳和二氧化碳，而且得到副产品甲醇，同时替代了传统的精制工艺"铜洗"。由于取消了铜洗工序，减少了电解铜的消耗，也减少了环境污染，经济效益和社会效益显著。

3.2.1.3　污染物排放状况分析

（1）废水

由于采用的原料和生产工艺各不相同，氮肥工业企业废水污染物排放存在一定差异。总体来说，氮肥工业企业废水类型主要有以下几种：固定床常压煤气化工艺造气废水、造气循环水冷却塔排污水、反渗透浓盐水、变换冷凝液、脱硫再生废液、循环冷却水、铜洗废水、含油废水、尿素工艺废液、硝酸铵工艺废液、地面冲洗水和生活污水，其来源和去向如表3-2所示。

表3-2　氮肥工业主要产品的废水来源与去向

产品	生产工段	废水类型	主要污染物	去向
合成氨	造气工段	造气废水	悬浮物、硫化物、氨氮、总有机碳、氰化物、挥发酚、苯系物、苯并[a]芘、多环芳烃	回收利用或去污水处理站
	变换工段	工艺冷凝液	氨、化学需氧量	气提回收利用或去污水处理站
	脱硫工段	脱硫再生废液、洗涤废水	硫化物、石油类	回收利用或去污水处理站
	压缩工段	含油废水	石油类	经油水分离后，油送有资质单位处理
	脱碳工段	设备冷却水、过滤器排水	氨、化学需氧量	气提回收利用或去污水处理站
	原料气精制工段	铜洗废水	氨	气提回收利用或去污水处理站
	合成工段	油分离器排污废水、吸氨废水	氨、石油类	经油水分离后，油送有资质单位处理，水可回用于造气循环水

产品	生产工段	废水类型	主要污染物	去向
尿素	分离、浓缩工段	工艺废液	尿素、氨	采用解吸方式回收其中的氨后,可循环利用或去污水处理站
硝酸铵	浓缩工段	工艺废液	硝酸	冷凝回用于硝酸生产
其他		反渗透浓盐水	盐分	送入除盐水站或去污水处理站
		地面冲洗水	悬浮物	雨污分流,自然蒸发不外排
		煤场喷洒水	悬浮物	雨污分流,自然蒸发不外排
		生活污水	化学需氧量、生化需氧量、悬浮物和氨氮	经化粪池预处理后排入污水处理站

（2）废气

由于采用的原料和生产工艺各异，氮肥工业企业废气污染物排放也存在很大差异。总体来讲，氮肥工业企业废气类型主要有以下几种：煤制备废气、造气废气、脱硫废气、脱碳废气、精制废气、合成废气、联产其他产品的生产废气（如尿素、硝酸铵、甲醇等）及环保处理设施有组织排放废气、无组织排放废气，其来源和去向如表 3-3 所示。

表 3-3　氮肥工业主要产品的废气来源与去向

产品	生产工段			来源	主要污染物	去向
合成氨	以煤为原料	固定床常压煤气化工艺	备煤	含尘废气排气筒	颗粒物	采用布袋除尘器等方式处理后经排气筒排放
			原料气制备	吹风气余热回收系统或三废混燃系统排气筒	颗粒物、二氧化硫、氮氧化物、汞及其化合物	处理后直接排放
				造气废水处理站废气收集处理设施排气筒	氨、硫化氢、酚类、非甲烷总烃、苯并[a]芘	处理后经排气筒排放
				造气炉放空管	颗粒物、氨、硫化氢、酚类、非甲烷总烃、苯并[a]芘	开车期间直接排放或引入余热回收系统燃烧后经排气筒排放
			原料气净化	脱碳气提塔排气筒	氨、硫化氢、非甲烷总烃	处理后直接排放

产品	生产工段		来源	主要污染物	去向
合成氨	以煤为原料	干煤粉气流床气化工艺 原料气制备	磨煤及干燥系统排气筒	颗粒物 [a]、氮氧化物	处理后直接排放
			煤粉输送及加压进料系统粉煤仓排气筒	颗粒物、甲醇 [b]、硫化氢 [b]	处理后直接排放或引入余热回收系统燃烧后经排气筒排放
		原料气净化	低温甲醇洗尾气洗涤塔排气筒	甲醇、硫化氢	处理后直接排放或引入余热回收系统燃烧后经排气筒排放
			硫回收尾气排气筒	二氧化硫、硫酸雾	处理后直接排放
		水煤浆气流床气化工艺 原料气净化	低温甲醇洗尾气洗涤塔排气筒	甲醇、硫化氢	处理后直接排放或引入余热回收系统燃烧后经排气筒排放
			硫回收尾气排气筒	二氧化硫、硫酸雾	处理后直接排放
		碎煤固定床加压气化工艺 原料气净化	酸性气体脱除设施排气筒	甲醇、非甲烷总烃、二氧化硫、氮氧化物	处理后直接排放或引入余热回收系统燃烧后经排气筒排放
			硫回收尾气排气筒	二氧化硫、硫酸雾	处理后直接排放
	以天然气为原料	蒸汽转化法 原料气制备	一段转化炉排气筒	颗粒物、氮氧化物	处理后直接排放
	以焦炉气为原料	部分转化法 原料气制备	脱硫再生槽废气排放口	硫化氢、氨	处理后直接排放或引入余热锅炉燃烧后经排气筒排放
			一段转化炉排气筒	颗粒物、氮氧化物	处理后直接排放
	以油为原料	重油部分氧化法 原料气净化	低温甲醇洗尾气洗涤塔排气筒	甲醇、硫化氢	处理后直接排放或引入余热锅炉燃烧后经排气筒排放
			硫回收尾气排气筒	二氧化硫、硫酸雾	处理后直接排放

产品	生产工段	来源	主要污染物	去向
尿素	二氧化碳气提法/氨气提法/水溶液全循环法	放空气洗涤塔（或吸收塔）排气筒	氨	经脱盐水二级洗涤、吸收后由排气筒排放
		造粒塔或造粒机排气筒	颗粒物、氨、甲醛 c	除尘回收或直接排放
		包装机排气筒	颗粒物	除尘回收或直接排放
硝酸铵	常压中和法/加压中和法/管式反应器	造粒塔排气筒	颗粒物、氨	除尘回收或直接排放
		包装机排气筒	颗粒物	除尘回收或直接排放
醇氨联产	精馏工序	甲醇精馏尾气	甲醇	处理后循环使用
污水处理环保设施		污水处理场废气收集处理设施排气筒	硫化氢、氨、酚类、非甲烷总烃	处理后经排气筒排放
无组织废气		设备密封件老化造成的跑冒滴漏，原料和产品储罐的呼吸，产品包装，污水环保设施（如曝气池等）无组织排放，煤场、灰场产生的扬尘等	颗粒物、硫化氢、氨、二氧化硫、氮氧化物、甲醇、酚类、苯并[a]芘等	直接排放

注：a 若原料气未经脱硫，可能产生二氧化硫。
　　b 若干煤粉气流床气化装置煤粉输送载气采用来自低温甲醇洗脱硫脱碳设施的二氧化碳气时，会产生甲醇、硫化氢。
　　c 造粒过程使用甲醛则可能排放甲醛。

（3）噪声

氮肥工业企业噪声源主要有 3 类：

a）各类生产机械产生的噪声：生产过程中使用的空压机、风机、各类压缩机、水泵，以煤为原料生产合成氨备煤单元破碎机、筛分机等；

b）环保处理设施设备产生的噪声：生化处理曝气设备、污泥脱水设备等；

c）锅炉燃烧产生的噪声：燃料搅拌、鼓风设备等。

（4）固体废物

氮肥工业企业固体废物主要有两类：一类是一般固体废物，如造气炉渣、锅炉炉渣以及生活垃圾等，一般的处置方式为综合利用或送渣场填埋等；另一类是危险废物，如铜泥、废催化剂等，处置的方式一般为厂家回收利用或送有资质的单位进行处置。固体废物产生源及排放去向见表 3-4。

表 3-4　固体废物产生源及排放去向

序号	名称	主要成分	类别	排放去向
1	造气炉渣	炉渣	一般固体废物	综合利用或送渣场填埋
2	锅炉炉渣	炉渣	一般固体废物	综合利用或送渣场填埋
3	除尘器灰渣	灰渣	一般固体废物	综合利用或送渣场填埋
4	污水处理过程中产生的污泥	污泥	一般固体废物	综合利用或送渣场填埋
5	铜泥	$Cu_2(OH)_2CO_3$、油污、少量金属铜渣等	危险废物	厂家回收利用
6	废催化剂	Fe、Fe_2O_3、Fe_3O_4、NiO、CuO、CoO、MoO_3 等	危险废物	厂家回收利用
7	生活垃圾	生活垃圾	一般固体废物	环卫定期清运

3.2.2　磷肥工业

3.2.2.1　定义及产品分类

磷肥工业是以磷矿石为主要原料，以化学或物理方式合成含有作物营养元素磷的化肥。磷肥产品包括磷酸铵、重过磷酸钙、硝酸磷肥/硝酸磷钾肥、过磷酸钙及钙镁磷肥和其他副产品（氟硅酸钠、氟硅酸钾等）及生产磷肥所需的中间产品磷酸（湿法）。

3.2.2.2　磷肥生产工艺流程

（1）磷酸生产工艺流程

磷酸是生产各种磷肥的中间产品，生产方法分为热法和湿法。热法主要使用电炉、高炉或其他窑炉通过加热方法制得元素磷，再进行氧化制得磷酸，生产成本高、磷酸纯度高；湿法是用无机酸分解磷矿得到磷酸，生产成本相对较低。我国磷肥工业制备磷酸的主要方式是湿法，采用的无机酸为硫酸。以盐酸和硝酸制备磷酸的方式因技术、成本等因素，并未形成规模。

硫酸法制备磷酸因反应产物硫酸钙结晶不同而分为二水法、半水法、半水—二水法和二水—半水法等，目前磷肥企业采用二水法制酸的居多。

二水法工艺指将磷矿磨成矿粉或加水磨成矿浆，和硫酸一起反应，磷矿被分解生成含有磷酸和二水硫酸钙结晶的浆料，通过滤布过滤后得到稀磷酸和磷石膏。稀磷酸再经蒸汽加热浓缩制得浓磷酸。磷石膏经再浆后送至渣场堆存，渣场水返回制酸。其生产工艺流程及产排污节点见图 3-12。

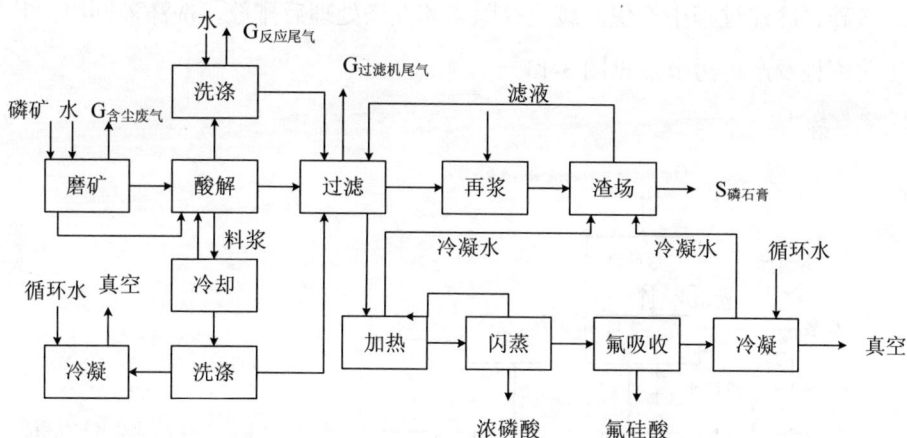

图 3-12 湿法磷酸生产工艺流程及产排污节点

（2）磷酸铵生产工艺流程

磷酸铵含有氮、磷，是一种复合肥料，主要产品为磷酸一铵和磷酸二铵。磷酸一铵即磷酸二氢铵，为白色结晶性粉末，微溶于乙醇，易溶于水，水溶液呈酸性，pH 为 4.3，在碱性土壤中比其他肥料优越，不宜与碱性肥料混合使用，以免降低肥效；磷酸二铵即磷酸氢二铵，呈灰白色或深灰色颗粒，易溶于水，不溶于乙醇，有一定吸湿性，在潮湿空气中易分解，挥发出氨变成磷酸一铵，水溶液呈弱碱性，pH 为 8.0，适用于各种作物和土壤，特别适用于喜氮需磷的作物，也可作为基肥或追肥。

磷酸铵生产方法主要是传统法和料浆法。磷酸二铵采用传统法工艺，该工艺同时也可以生产磷酸一铵；磷酸一铵大多采用料浆法工艺。磷酸一铵的产品包括粒状和粉状，而磷酸二铵的产品则以粒状为主。

传统法工艺以浓磷酸和氨为原料，在中和反应器中反应生成料浆，经造粒、干燥、筛分、破碎、冷却、包裹、包装等工序制得粒状产品。调整中和反应中氨和磷酸的分子比，可以得到不同的产品，即磷酸一铵或磷酸二铵。在返料的过程中加入钾盐（氯化钾或硫酸钾）即可以制得 NPK 复合肥。中和、造粒、干燥、筛分、破碎、冷却过程中产生的废气经除尘和洗涤处理后排放，洗涤液回用。其生产工艺流程及产排污节点见图 3-13。

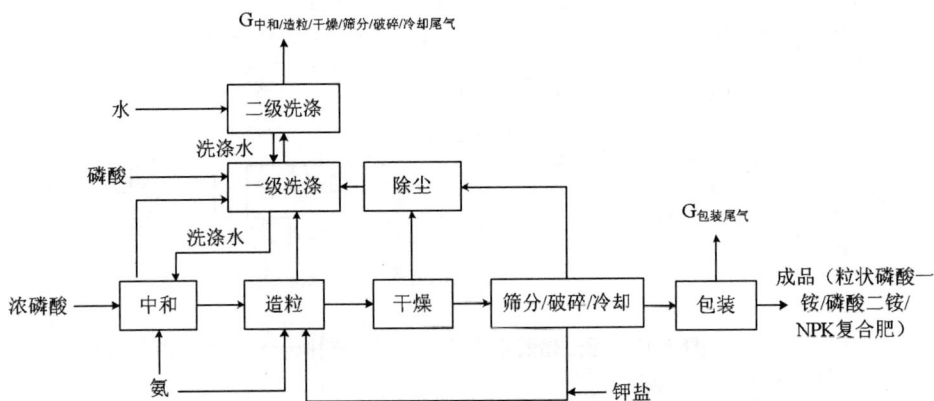

图 3-13　传统法粒状磷酸一铵/磷酸二铵/NPK 复合肥生产工艺流程及产排污节点

传统法工艺制备粉状磷酸一铵同样以浓磷酸和氨为原料，在中和反应器中反应生成浓料浆，送入喷雾干燥塔内雾化，用冷空气进行冷却和干燥。由塔下排出干粉进行第二次干燥，再经冷却机用冷空气冷却成粉状磷酸一铵，再进行成品包装。中和过程中的废气经洗涤后排放，喷雾、干燥、冷却过程中产生的废气经除尘和洗涤处理后排放，洗涤液回用。其生产工艺流程及产排污节点见图 3-14。

G中和/喷雾/干燥/冷却尾气

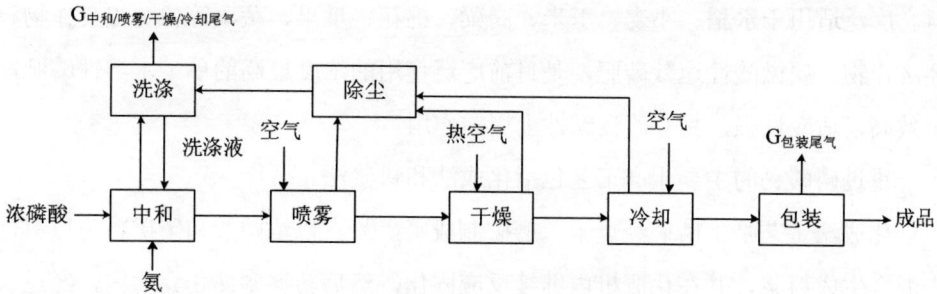

图 3-14　传统法粉状磷酸一铵生产工艺流程及产排污节点

料浆法工艺制备磷酸一铵则是以稀磷酸和氨为原料，在中和反应器中生成稀料浆，用蒸汽加热浓缩成浓料浆，然后喷雾干燥或造粒干燥，经冷却后制备成粉状或粒状成品，然后包装。中和过程中产生的废气经洗涤后排放，喷雾、造粒、干燥、冷却过程中产生的废气经除尘和洗涤处理后排放，洗涤液回收利用。浓缩后的冷凝废水可以送至磷酸生产工艺回用。其生产工艺流程及产排污节点见图 3-15。

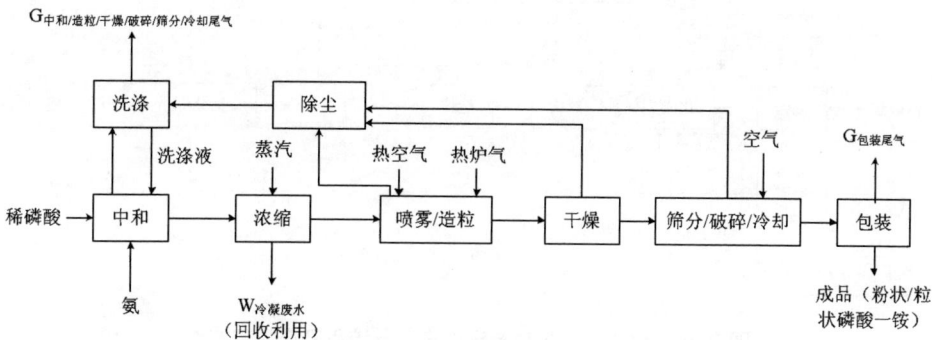

图 3-15　料浆法磷酸一铵生产工艺流程及产排污节点

（3）重过磷酸钙生产工艺流程

重过磷酸钙即磷酸二氢钙，小粒状固体，微酸性，外观呈灰色或暗褐色，适宜长途运输和贮存。易溶于盐酸、硝酸，溶于水中，几乎不溶于乙醇。受潮后易结块。适用于肥料，用于各种土壤和作物，可作为基肥、追肥和复合（混）肥原料。广泛适用于水稻、小麦、玉米、高粱、棉花、瓜果、蔬菜等各种粮食作物和经济作物。属微酸性速效磷肥，是目前广泛使用的浓度最高的单一水溶性磷肥，肥效高，适应性强，具有改良碱性土壤的作用。

重过磷酸钙的主要生产工艺包括化成法和料浆法。

化成法工艺是将磷矿经烘干、磨矿制成磷矿粉，以浓磷酸和磷矿粉为原料，先混合生成料浆，并在化成机内继续反应固化，然后转移到熟化仓库内，经过长时间的缓慢反应陈化后进行造粒，再经干燥、筛分、破碎、包装等工序制得粒状成品。化成过程中的废气经洗涤后排放，造粒、干燥、筛分、破碎冷却过程中产生的废气经除尘和洗涤处理后排放，废气的洗涤液可回收利用，或送至污水处理站后排放。熟化工段涉及含氟废气的无组织排放。其生产工艺流程及产排污节点见图3-16。

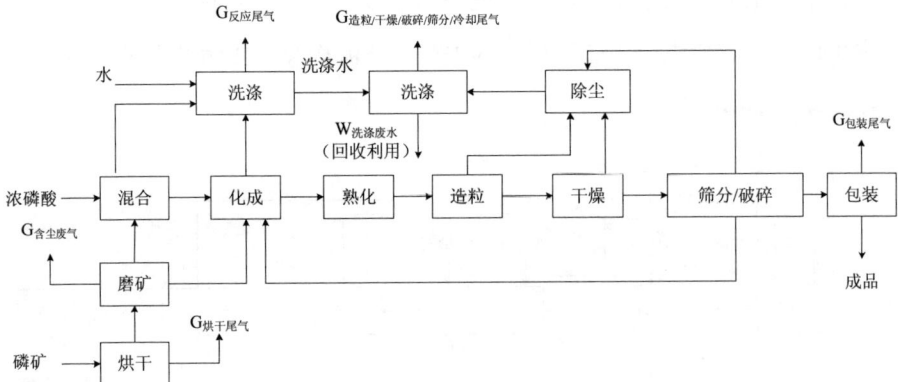

图 3-16　化成法重过磷酸钙生产工艺流程及产排污节点

料浆法工艺是将磷矿经烘干、磨矿制成磷矿粉，或加水磨成磷矿浆，以稀磷酸和磷矿粉（或磷矿浆）为原料，在酸解槽中反应，送去造粒机与返料一起掺混滚动成粒，然后经干燥、筛分、破碎、冷却、包装等工序得到重过磷酸钙产品。酸解尾气经洗涤后排放，洗涤液回用于酸解工序，造粒、干燥、筛分、破碎、冷却过程中产生的废气经除尘和洗涤处理后排放，废气的洗涤液回收利用。其生产工艺流程及产排污节点见图 3-17。

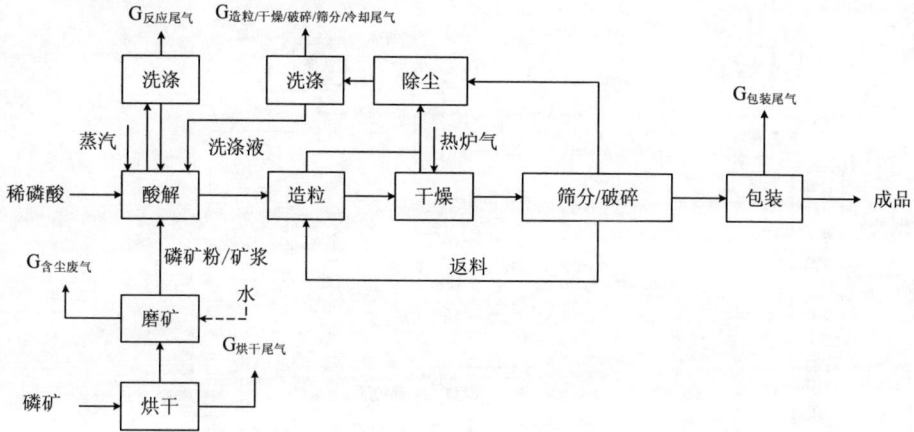

图 3-17　料浆法重过磷酸钙生产工艺流程及产排污节点

（4）硝酸磷肥/硝酸磷钾肥生产工艺流程

硝酸磷肥是用硝酸分解磷矿粉制得的磷酸和硝酸钙溶液，然后通入氨气中和磷酸并分离硝酸钙而制成。硝酸磷肥是氮磷二元复合肥，主要成分是硝酸铵、硝酸钙、磷酸一铵、磷酸二铵、磷酸一钙、磷酸二钙，呈深灰色，中性，吸湿性强，易结块。

国内硝酸磷肥生产企业主要采用冷冻法工艺和硫酸盐法工艺。

冷冻法工艺是将磷矿经破碎、烘干焙烧、冷却成磷矿粉，用浓硝酸分解磷矿粉得到酸解料浆，分离除去不溶物，清液经冷却析出回水硝酸钙结晶，过滤后得到母液和硝酸钙结晶，母液用氨中和制得稀料浆。以稀料浆硝酸铵溶液为载体通过氨和二氧化碳制得硝酸铵和碳酸钙，过滤后得到硝酸铵溶液和废渣碳酸钙。硝酸铵溶液浓缩后并入硝酸磷肥料浆中。料浆再经浓缩、造粒、干燥、冷却、筛分/破碎、包裹、包装等工序，得到粒状产品。其中酸解、中和工序中产生的废气经稀硝酸或水洗涤后排放，造粒、干燥、冷却、筛分/破碎等工序中产生的废气经除尘和洗涤后排放。酸不溶物和碳酸钙作为废渣排放。洗涤液除返回利用外，也可送污水处理站处理。其生产工艺流程及产排污节点见图3-18。

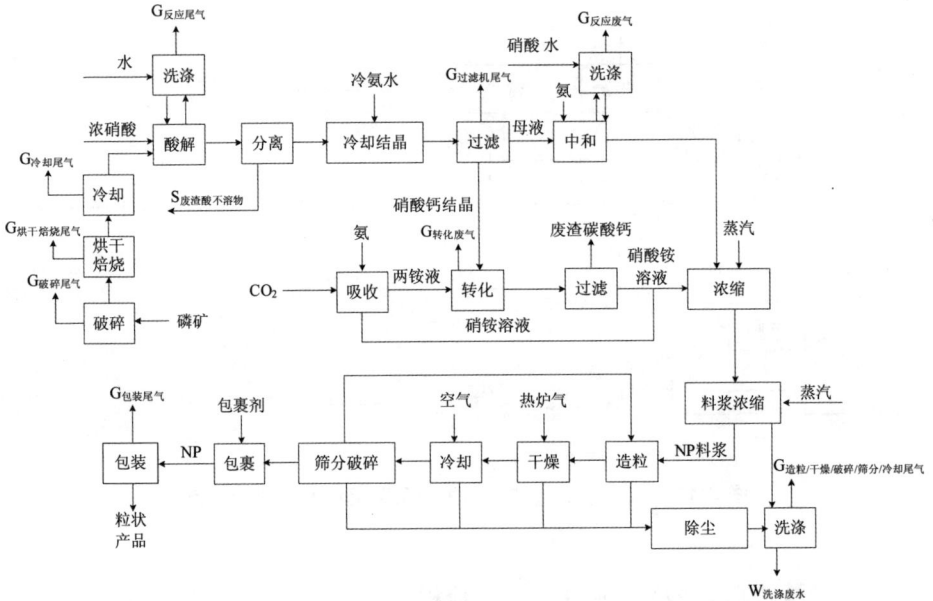

图 3-18 冷冻法硝酸磷肥生产工艺流程及产排污节点

硫酸盐法工艺与冷冻法工艺不同之处即在磷矿的硝酸分解液中添加可溶性硫酸盐（硫酸铵、硫酸钾），沉淀出硫酸钙，进行分离；其余过程与冷冻法相似。其生产工艺流程及产排污节点见图3-19。

（5）过磷酸钙生产工艺流程

过磷酸钙又称普通过磷酸钙，简称普钙，是用硫酸分解磷矿直接制得的磷肥。主要有用组分是磷酸二氢钙的水合物$[Ca(H_2PO_4)_2 \cdot H_2O]$和少量游离的磷酸，还含有无水硫酸钙组分（对缺硫土壤有用）。过磷酸钙含有效 $P_2O_5$14%～20%（其中80%～95%溶于水），属于水溶性速效磷肥。呈灰色或灰白色粉料（或颗粒），可直接作磷肥，也可作为复合肥料的配料。

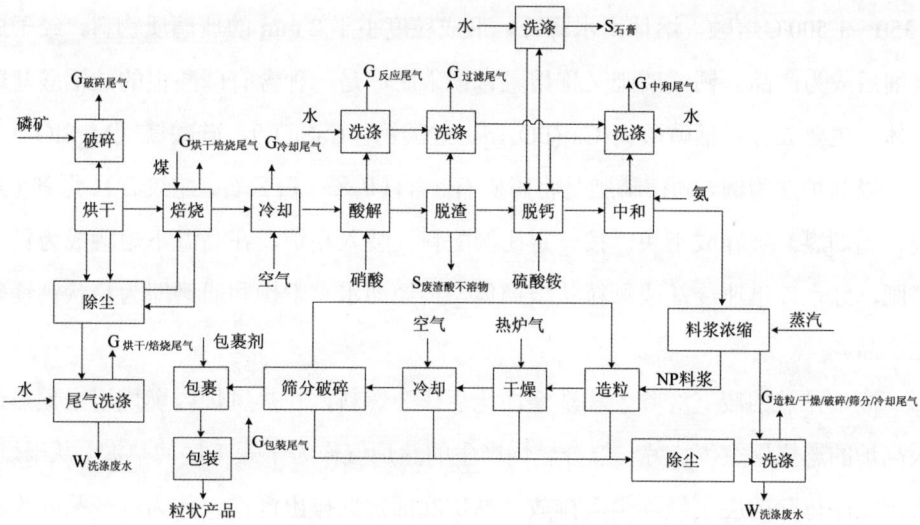

图 3-19 硫酸盐法硝酸磷肥生产工艺流程及产排污节点

过磷酸钙的生产工艺主要是稀酸矿粉法和浓酸矿浆法。前者以浓度为60%～78%的稀硫酸与磷矿粉混合反应，后者以浓硫酸与磷矿浆混合反应，再经熟化制得粉状的过磷酸钙。酸解工序排出的废气用水吸收后排放，吸收液为副产品氟硅酸回收利用。其生产工艺流程及产排污节点见图3-20。

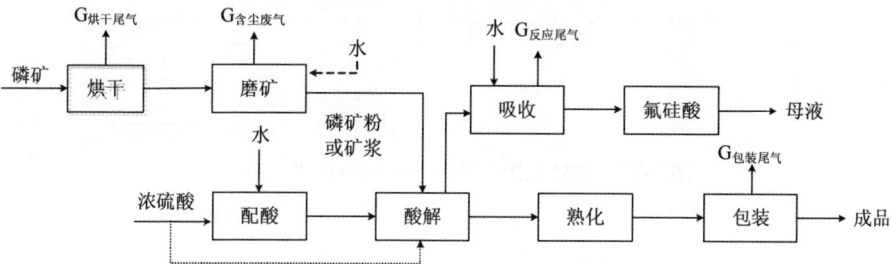

图 3-20 过磷酸钙生产工艺流程及产排污节点

（6）钙镁磷肥生产工艺流程

钙镁磷肥是用磷矿与硅酸镁矿物配制的原料，在电炉、高炉或平炉中于

1 350～1 500℃熔融，熔体用水骤冷，形成粒度小于 2 mm 的玻璃质物料，经干燥磨细后成为产品。钙镁磷肥又称熔融含镁磷肥，是一种含有磷酸根的硅铝酸盐玻璃体。主要成分包括磷酸钙[$Ca_3(PO_4)_2$]、硅酸钙（$CaSiO_3$）、硅酸镁（$MgSiO_3$）。

以高炉法为例，钙镁磷肥是将磷矿石、含镁矿石（白云石、蛇纹石）、燃料（焦炭、无烟煤）破碎成小块，按一定比例配料，装入高炉，在高温下熔融成为钙镁磷肥，经水淬迅速冷却成颗粒状玻璃体，再经沥水，干燥和研磨即为粉状钙镁磷肥产品。

高炉排放的废气经除尘和洗涤净化后作为燃料，在热风炉内燃烧用来预热进入高炉的燃烧用空气。另一部分燃烧产生的热炉气作为干燥工序的热源。从干燥、研磨工序排除的废气经除尘后排放。高炉底部定期排出镍铁，作为副产品回收利用。其生产工艺流程及产排污节点见图 3-21。

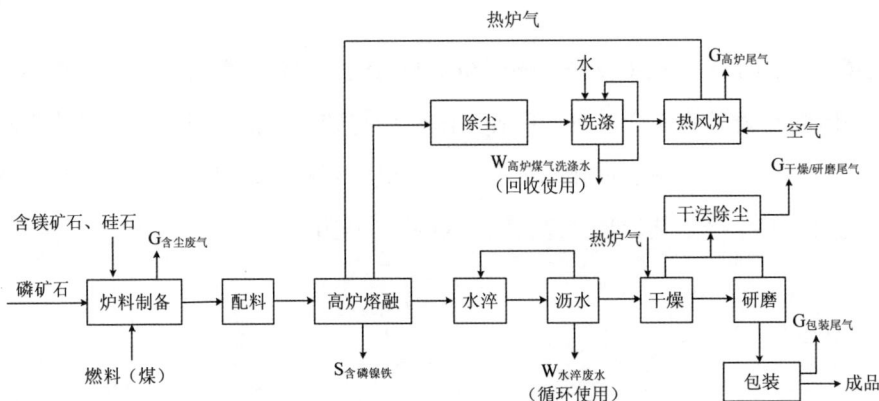

图 3-21 钙镁磷肥生产工艺流程及产排污节点

（7）氟硅酸钠/氟硅酸钾生产工艺流程

氟硅酸钠为白色颗粒或结晶性粉末，无臭无味；溶于乙醚等溶剂中，不溶于乙醇；灼热后分解成氟化钠和四氟化硅；在碱性环境中分解，生成氟化物及二氧化硅；有吸潮性，可用于杀虫剂、黏着剂，也可用于陶瓷、玻璃、搪瓷、木材防腐、医药等。

　　氟硅酸钾为白色结晶或粉末，无臭无味；可溶于盐酸，微溶于水，不溶于乙醇；微酸性，在热水中水解成氟化钾、氟化氢及硅酸；有毒，灼烧时分解成氟化钾和四氟化硅；有吸湿性，可用于制作杀虫剂、黏着剂，也可用于陶瓷、玻璃、搪瓷、木材防腐、医药、水处理、皮革、橡胶及制氟化钠等。

　　磷肥工业下游产品的氟硅酸钠/氟硅酸钾主要由磷肥工业副产品氟硅酸与氯化钠/氯化钾或硫酸钠/硫酸钾反应，经分离、干燥、冷却得到氟硅酸钠/氟硅酸钾产品。其生产工艺流程及产排污节点见图 3-22。

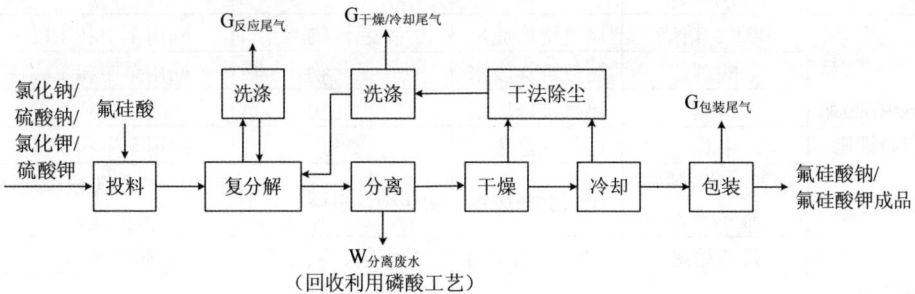

图 3-22　氟硅酸钠/氟硅酸钾生产工艺流程及产排污节点

3.2.2.3　污染物排放状况分析

（1）废水

　　由于各类产品的生产工艺各异，磷肥排污单位废水污染物排放存在一定差异，总体来讲，磷肥排污单位废水类型主要有以下几种：各工段尾气洗涤废水、高炉煤气洗涤水、水淬废水、循环冷却水场排污水、除盐水站排污水、锅炉排污水、堆场喷洒水和生活污水，其来源与去向如表 3-5 所示。磷肥工业废水多采用多级石灰中和、多级絮凝沉淀及过滤后除去氟化物和硫酸盐，处理后的废水回用于生产，泥渣运输至渣场堆存；生活污水经过调节、生化单元及过滤的处理后，同样回用于生产。

表 3-5　磷肥工业主要产品的废水来源与去向

产品	生产工段	废水类型	主要污染物	去向
磷酸	酸解	尾气洗涤废水	氟化物	回用至过滤工段
磷酸铵	中和	尾气洗涤废水	氨氮	回用至中和、造粒工段
	造粒/干燥/破碎/筛分/冷却	尾气洗涤废水	总磷、氨氮	回用至中和、造粒工段
重过磷酸钙/过磷酸钙	烘干	尾气洗涤废水	悬浮物	回用至酸解工段
	酸解	尾气洗涤废水	氟化物、硫酸盐 [a]	回用至酸解工段
	造粒/干燥/破碎/筛分/冷却	尾气洗涤废水	悬浮物、总磷	回用至酸解工段
硝酸磷肥/硝酸磷钾肥	烘干、焙烧	尾气洗涤废水	悬浮物	回用至中和工段
	酸解	尾气洗涤废水	氟化物	回用至中和工段
	过滤	尾气洗涤废水	氟化物	回用至中和工段
	中和	尾气洗涤废水	氨氮	回用至中和工段
	造粒/干燥/破碎/筛分/冷却	尾气洗涤废水	悬浮物、总磷、氨氮	回用至中和工段或送污水处理站
钙镁磷肥	炉料熔融	高炉煤气洗涤水	悬浮物、氟化物	循环使用
	水淬	水淬废水	悬浮物、氟化物、总磷	循环使用
氟硅酸钠/氟硅酸钾	复分解	尾气洗涤废水	氟化物	回用至复分解工段
	分离	分离废水	氟化物、氯化物、硫酸盐	送至磷酸工艺循环利用
	干燥/冷却	尾气洗涤废水	颗粒物	回用至复分解工段
其他		循环冷却水场排污水	悬浮物	循环使用或经处理后送至渣场回用于磷酸生产
		除盐水站排污水	悬浮物	循环使用或经处理后送至渣场回用于磷酸生产
		锅炉排污水	悬浮物	循环使用或经处理后送至渣场回用于磷酸生产
		堆场喷洒水	悬浮物	雨污分流,自然蒸发不外排
		生活污水	化学需氧量、悬浮物、总磷、总氮和氨氮	经生化单元处理后送至渣场回用于磷酸生产或排入污水处理站

注: [a] 生产过磷酸钙的排污单位。

（2）废气

由于各类产品的生产工艺各异，磷肥排污单位废气污染物排放存在一定差异，总体来讲，磷肥排污单位废气类型主要有以下几种：含尘废气、烘干/焙烧尾气处理系统排气、冷却尾气处理系统排气、反应尾气处理系统排气、过滤机尾气处理系统排气、造粒尾气处理系统排气、干燥尾气处理系统排气、筛分/破碎/冷却尾气处理系统排气、包装尾气等，其来源与去向如表 3-6 所示。

表 3-6　磷肥工业主要产品的废气来源与去向

产品	生产工段	废气类型	主要污染物	去向
磷酸	原料制备	含尘废气	颗粒物	除尘后经排气筒排放
	酸解	反应尾气处理系统排气	氟化物	洗涤后经排气筒排放
	过滤	过滤机尾气处理系统排气	氟化物	洗涤后经排气筒排放
磷酸铵	中和	反应尾气处理系统排气	氨	洗涤后经排气筒排放
	造粒	造粒尾气处理系统排气	颗粒物、氨、氟化物	除尘、洗涤后经排气筒排放
	干燥	干燥尾气处理系统排气	颗粒物、氟化物、氮氧化物、二氧化硫 [a]	除尘、洗涤后经排气筒排放
	筛分	筛分尾气处理系统排气	颗粒物	除尘后经排气筒排放
	破碎	破碎尾气处理系统排气	颗粒物	除尘后经排气筒排放
	冷却	冷却尾气处理系统排气	颗粒物	除尘后经排气筒排放
	包装	包装尾气	颗粒物	除尘后经排气筒排放
重过磷酸钙/过磷酸钙	磷矿烘干	烘干尾气处理系统排气	颗粒物、氮氧化物、二氧化硫 [a]	除尘、洗涤后经排气筒排放
	磷矿破碎	含尘废气	颗粒物	除尘后经排气筒排放
	酸解	反应尾气处理系统排气	氟化物、硫酸雾 [b]	洗涤后经排气筒排放
	造粒	造粒尾气处理系统排气	颗粒物	除尘、洗涤后经排气筒排放
	干燥	干燥尾气处理系统排气	颗粒物、氮氧化物、二氧化硫 [a]	除尘、洗涤后经排气筒排放
	筛分	筛分尾气处理系统排气	颗粒物	除尘后经排气筒排放
	破碎	破碎尾气处理系统排气	颗粒物	除尘后经排气筒排放
	包装	包装尾气	颗粒物	除尘后经排气筒排放

产品	生产工段	废气类型	主要污染物	去向
硝酸磷肥/硝酸磷钾肥	磷矿破碎	含尘废气	颗粒物	除尘后经排气筒排放
	磷矿粉烘干	烘干尾气处理系统排气	颗粒物、氮氧化物、二氧化硫[a]	除尘、洗涤后经排气筒排放
	磷矿粉焙烧	焙烧尾气处理系统排气	颗粒物、氮氧化物、二氧化硫[a]	除尘、洗涤后经排气筒排放
	磷矿粉冷却	冷却尾气处理系统排气	颗粒物	除尘后经排气筒排放
	酸解	反应尾气处理系统排气	氟化物、氮氧化物	洗涤、选择性催化还原处理后经排气筒排放
	过滤	过滤机尾气处理系统排气	氟化物	洗涤后经排气筒排放
	中和	反应尾气处理系统排气	氨	洗涤后经排气筒排放
	转化	转化尾气处理系统排气	氨	洗涤后经排气筒排放
	造粒	造粒尾气处理系统排气	颗粒物、氨	除尘、洗涤后经排气筒排放
	干燥	干燥尾气处理系统排气	颗粒物、氮氧化物、二氧化硫[a]	除尘、洗涤后经排气筒排放
	筛分	筛分尾气处理系统排气	颗粒物	除尘后经排气筒排放
	破碎	破碎尾气处理系统排气	颗粒物	除尘后经排气筒排放
	冷却	冷却尾气处理系统排气	颗粒物	除尘后经排气筒排放
	包装	包装尾气	颗粒物	除尘后经排气筒排放
钙镁磷肥	原料制备	含尘废气	颗粒物	除尘后经排气筒排放
	炉料熔融	高炉尾气处理系统排气	颗粒物、二氧化硫、氮氧化物、氟化物	除尘、洗涤、选择性催化还原处理后经排气筒排放
	干燥	干燥尾气处理系统排气	颗粒物、二氧化硫、氮氧化物	除尘、洗涤、选择性催化还原处理后经排气筒排放
	研磨	研磨尾气处理系统排气	颗粒物	除尘后经排气筒排放
	包装	包装尾气	颗粒物	除尘后经排气筒排放
氟硅酸钠/氟硅酸钾	复分解	反应尾气处理系统排气	氟化物	洗涤后经排气筒排放
	干燥	干燥尾气处理系统排气	颗粒物	除尘后经排气筒排放
	冷却	冷却尾气处理系统排气	颗粒物	除尘后经排气筒排放
	包装	包装尾气	颗粒物	除尘后经排气筒排放
	无组织废气	设备密封件老化造成的跑冒滴漏,原料和产品储罐的呼吸,产品包装,污水环保设施(如曝气池等)无组织排放,堆场、渣场产生的扬尘等	颗粒物、氟化物、氨[c]、臭气浓度等	直接排放

注:[a] 采用燃煤热风炉的排污单位。

　　[b] 生产过磷酸钙的排污单位。

　　[c] 生产磷酸铵、硝酸磷肥/硝酸磷钾肥的排污单位。

（3）噪声

磷肥排污单位噪声源主要有 3 类：

a）各类生产机械产生的噪声：生产过程中使用的风机、各类压缩机、水泵、磷酸，过磷酸钙/重过磷酸钙备料工艺使用的磷矿石破碎机、球磨机、选矿机，磷酸铵、过磷酸钙/重过磷酸钙、硝酸磷肥/硝酸磷钾肥破碎工艺使用的破碎机、筛分机等；

b）环保处理设施设备产生的噪声：生化处理曝气设备、污泥脱水设备等；

c）锅炉燃烧产生的噪声：燃料搅拌、鼓风设备等。

（4）固体废物

磷肥排污单位固体废物主要是一般固废，如锅炉炉渣、磷石膏、污水处理过程中产生的污泥以及生活垃圾等，一般的处置方式为综合利用或送渣场填埋等。固体废物产生源及排放去向见表 3-7。

表 3-7　固体废物产生源及排放去向

序号	名称	主要成分	类别	排放去向
1	锅炉炉渣	炉渣	一般固体废物	综合利用或送渣场填埋
2	磷石膏	氧化钙（CaO）、三氧化硫（SO_3）、氧化铝（Al_2O_3）、三氧化二铁（Fe_2O_3）、氟（F）、二氧化硅（SiO_2）、五氧化二磷（P_2O_5）、结晶水	一般固体废物	综合利用、贮存或委托处理
3	磷镍铁	铁、磷、镍	一般固体废物	规范堆存、综合利用
4	污水处理过程中产生的污泥	污泥	一般固体废物	综合利用或送渣场填埋
5	生活垃圾	生活垃圾	一般固体废物	环卫定期清运

3.2.3 钾肥工业

3.2.3.1 定义及产品分类

生产钾肥产品的工业。钾肥产品包括氯化钾、硫酸钾、硝酸钾以及硫酸镁钾肥等。

3.2.3.2 钾肥生产工艺流程

（1）氯化钾生产工艺流程

氯化钾为白色或淡黄色结晶，有时因含有铁盐呈红色。氯化钾含氧化钾为50%～60%，主要以光卤石、钾石盐和苦卤为原料制成。氯化钾易溶于水，20℃时溶解度为34.7%，100℃时溶解度为55.7%，是一种高浓度的速效肥料，可供植物直接吸收。氯化钾物理性状良好，吸湿性小，溶于水，呈化学中性反应，也属于生理酸性肥料。可作基肥、追肥使用，但应特别注意不能对忌氯作物如葡萄、薯类、烟草等作物使用。另外，氯化钾不适合用于盐碱地，但氯化钾中的氯离子有促进光合作用和纤维形成等作用，对于麻类等纤维作物施用尤为适宜。

根据含钾资源的不同，氯化钾的生产方法可分为两大类：一类是从固体钾石盐中加工提取，另一类是从含钾卤水中加工提取。我国从含钾卤水中提取生产的氯化钾占国内氯化钾总产量的98%。以盐湖含钾矿物资源为原料生产氯化钾的工艺主要有三大类：浮选工艺、兑卤盐析工艺及热溶冷结晶工艺。浮选法生产氯化钾依据选出矿物是否为目的矿分为正浮选和反浮选两个类别。

正浮选工艺即以氯化钾为浮选目的矿的工艺，选出矿物直接为氯化钾。正浮选工艺是国内钾肥生产行业元老级工艺，早在20世纪60年代就已投入生产，因其具有对盐田日晒原矿适应性强、建厂投资小等优点，该工艺在国内钾肥生产行业仍占主导地位，我国氯化钾生产装置中80%以上采用该工艺。

正浮选工艺是将光卤石原料经冷分解工序得到的固相混合盐通过浮选法在机

械搅拌式的浮选机中加药调浆后进行分离。通过浮选机中粗选、扫选和精选后，精选槽中泡沫产品进入再浆洗涤工序，经离心脱水机进行固液分离，分离出液相精钾母液返回至冷分解、浮选和再浆洗涤工序，固相氯化钾通过滚筒烘干机进行干燥，干燥后装袋即得到成品。浮选工段产生的尾盐和浮选尾液以混合矿浆的形式通过管道排至尾盐堆场。浮选尾液自然汇集，通过输送渠输送至 E 卤池。干燥工段产生的干燥废气主要为燃烧机废气和氯化钾粉尘。废气经袋式除尘器除尘后排放，除尘器内截留的粉尘为氯化钾，直接返回包装工段回收。正浮选生产工艺流程及产排污节点见图 3-23。

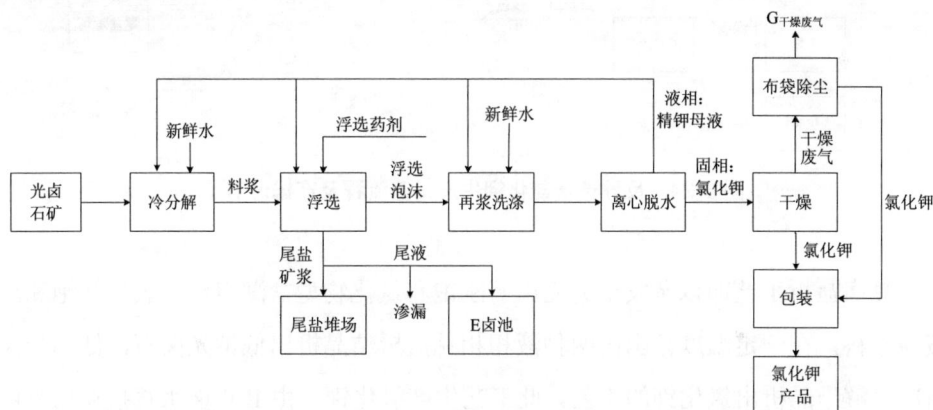

图 3-23　正浮选法氯化钾生产工艺流程及产排污节点

反浮选工艺即以氯化钠为浮选目的矿，尾矿形式得到低钠光卤石矿，低钠光卤石冷分解结晶氯化钾的工艺。反浮选工艺因其投资低、能耗低、回收率高、产品质量好而受到青睐。该工艺为氯化钾生产工艺的最先进技术。但该工艺对光卤石矿品质要求高，氯化钠含量要求低于 7%。因此，该技术的推广受到局限。

反浮选工艺是对含钠的光卤石进行筛分、浓缩，加入浮选药剂进行浮选，使氯化钠与光卤石尽可能分离，再经过浓缩、冷结晶、再浆洗涤、离心脱水，干燥包装得到氯化钾产品。浮选工段产生的尾盐矿浆通过管道排至尾盐堆场。干燥工段产生的干燥废气经袋式除尘器除尘后排放。反浮选生产工艺流程及产排污节点见图 3-24。

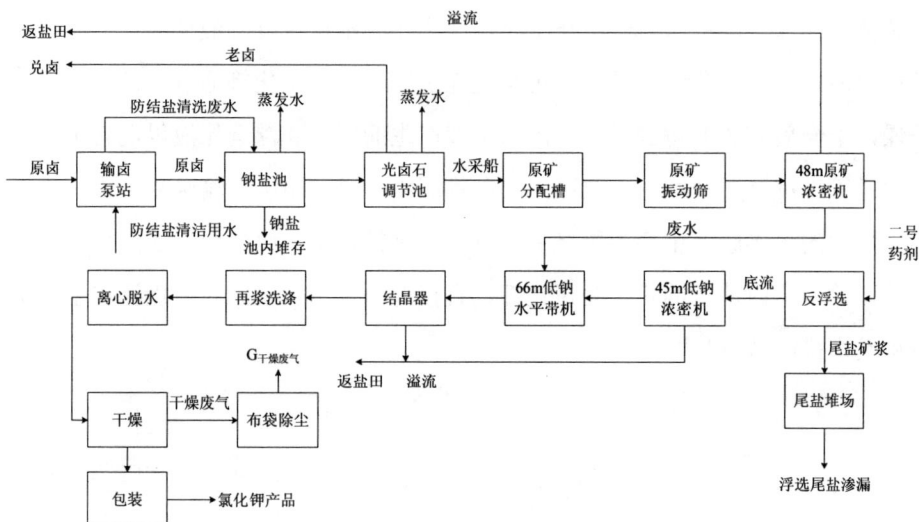

图 3-24　反浮选法氯化钾生产工艺流程及产排污节点

　　兑卤盐析工艺即以蒸发至兑光卤石刚饱和氯化物型盐湖卤水及氯化镁饱和溶液为原料，在一定温度范围内两种液相相兑盐析结晶析出低钠光卤石，低钠光卤石冷分解结晶析出氯化钾的工艺。此工艺生产氯化钾，由 E 点卤水直接兑出光卤石，从而减少卤水的盐田渗漏，提高氯化钾的系统收率。同时减少光卤石盐田面积和采输矿过程，大大降低生产成本。该工艺生产的氯化钾品位高、粒度大、颜色白，并可在 93%～98% 内随意调整产品品位以适应市场。

　　兑卤盐析工艺是将盐田中 E 卤、F 卤由泵输出进入兑卤器进行混合，兑卤产出的低钠光卤石溶液在浓密机增稠后，通过水平带式过滤机或离心机脱水，进入调浆槽调浆，再分别用泵打入一号结晶器。结晶器底流经泵打入粗钾离心机脱水后，进入二号结晶器，料浆经精钾离心机脱水后进入烘干包装，得到氯化钾产品。兑卤和光卤石浓密工段产生的兑卤溢流液和浓密溢流液，以及氯化钾浓密工段产生的浓密溢流液，三种溢流液主要成分为氯化镁（$MgCl_2$）、氯化钠（NaCl）和氯化钾（KCl），均收集后通过管道输送至盐田光卤石池进行蒸发再利用，不外排。

干燥工段产生的干燥废气主要为燃烧机废气和氯化钾粉尘。废气经袋式除尘器除尘后排放。兑卤盐析法氯化钾生产工艺流程及产排污节点见图 3-25。

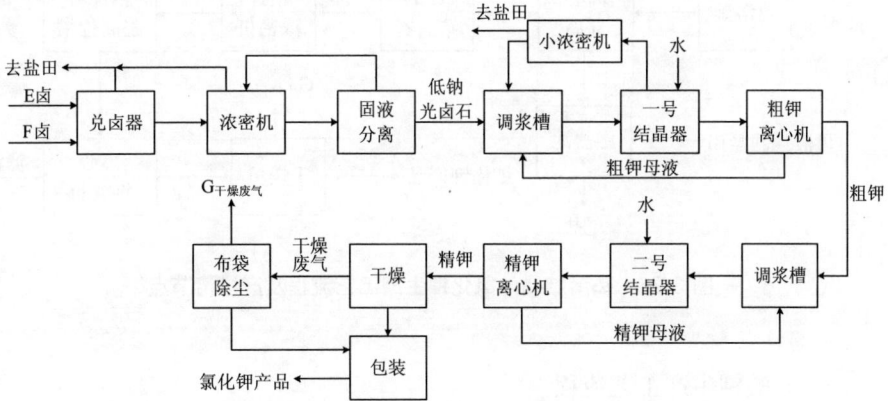

图 3-25 兑卤盐析法氯化钾生产工艺流程及产排污节点

热溶冷结晶工艺即以钾石盐为原料，依据氯化钠与氯化钾在高低温状态下溶解度的不同，在高温状态下分离氯化钠，低温冷析结晶氯化钾的工艺。该工艺是基于目前盐湖钾石盐矿和高钙、高钠等常规生产方法（正、反浮选法）无法正常使用的低质量矿不断增加而研究开发的，该法生产的氯化钾产品综合指标较好，且生产过程中对于原料要求较低。

热溶冷结晶工艺是将钾石盐矿石破碎后送入热溶釜，用母液与淡水按一定比例配制的溶液在蒸汽加热的状况下进行浸溶，浸溶后的滤液经过滤工序制得的精钾溶液进入结晶器中，采用真空结晶法使氯化钾在降温过程中发生结晶并增长到一定的粒度，精浆过滤后，过滤母液一部分返回盐田用于配制溶解液，其余去盐田晒制钾石盐，滤饼经洗涤、干燥后得到合格的氯化钾产品。热溶结晶法氯化钾生产工艺流程及产排污节点见图 3-26。

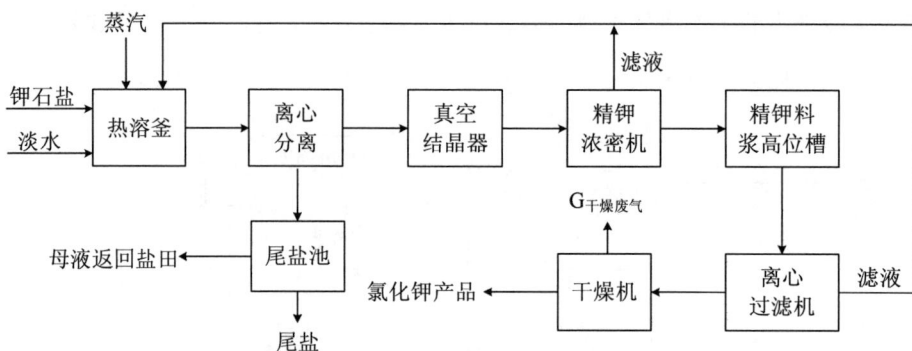

图 3-26　热溶结晶法氯化钾生产工艺流程及产排污节点

（2）硫酸钾生产工艺流程

硫酸钾是一种无色斜方或六方结晶或粉末，味苦而咸，吸湿性小，易溶于水，不溶于乙醇、丙酮及二硫化碳等溶剂，是一种重要的基本化工原料，常用于制备碳酸钾、钾明矾等钾盐，还用于玻璃、染料和香料等工业，在医药上用作缓泻剂。在农业上，硫酸钾是化学中性、生理酸性肥料。不易结块，物理性状良好，施用方便，是易溶于水的优质无氯钾肥，适用于多种经济作物，尤其适用于烟草、土豆、葡萄、柑橘和甘蔗等忌氯作物。另外，硫酸钾基本上可以和现有的所有肥料互相混合使用，较容易制成复合肥料。

硫酸钾的生产方法也可分为两大类：一类是用天然含钾卤水制取的资源型硫酸钾，由于资源的限制，目前主要产地在新疆和青海；另一类是以氯化钾为原料的加工型硫酸钾，其生产工艺可分为热法和湿法。热法典型工艺是曼海姆法，湿法多采用复分解法，其他还有离子交换法和膜分离法等。

以钾混盐为原料制取硫酸钾工艺是根据日晒钾混盐中基本不含钾盐镁矾，经过浮选精制，除去氯化钠及不溶物等杂质，获得生产硫酸钾的原料（精软钾镁矾）。软钾镁矾和氯化钾及水，按照一定比例混合，经转化后分离、干燥，得到硫酸钾产品。干燥过程中产生的尾气经处理后排放。钾混盐制取硫酸钾工艺见图 3-27 和图 3-28。

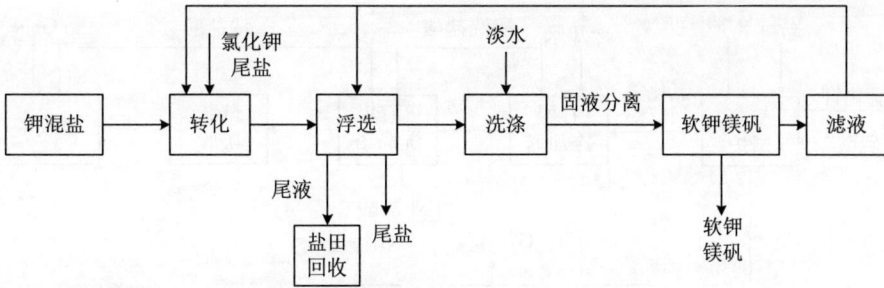

图 3-27 钾混盐转化生产软钾镁矾工艺流程

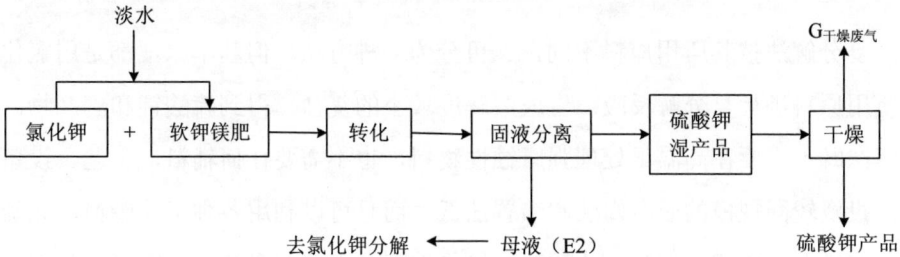

图 3-28 钾混盐与氯化钾制取硫酸钾生产工艺流程及产排污节点

曼海姆法生产硫酸钾是将原料氯化钾和硫酸经计量控制，等物质量地连续加入曼海姆炉膛中心，在温度为 500～600℃时，用搅拌耙把物料混合并推向周边，同时发生反应。生成的固体硫酸钾进入密闭的冷却器冷却，然后部分中和粉碎，包装即为产品。反应生成的氯化氢气体经冷却、洗涤进入吸收塔，经水吸收得到盐酸副产品，吸收塔尾气经中和后排空。该方法成熟可靠，产品质量稳定，产品品位高，几乎无损失，但由于反应处在强酸高温条件下，对设备腐蚀严重。曼海姆法硫酸钾生产工艺流程及产排污节点见图 3-29。

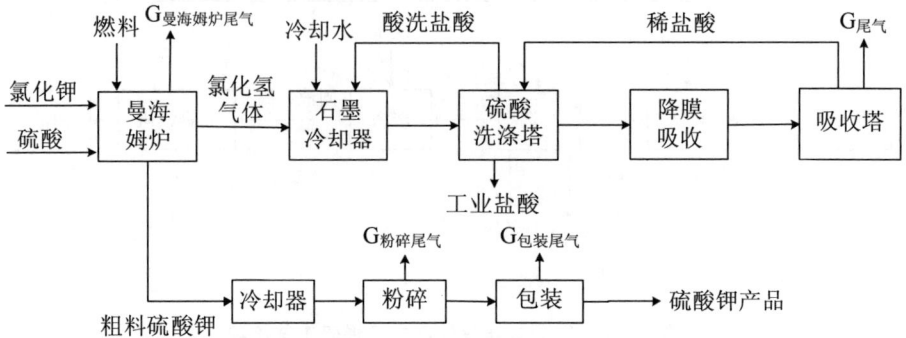

图 3-29　曼海姆法硫酸钾生产工艺流程及产排污节点

复分解法按其所用原料不同，又可分为多种方法，但基本原理都是用氯化钾与所用原料进行复分解反应，生成溶解度较小的复盐，得到硫酸钾和副产物。复分解法既不需要在高温下处理强腐蚀性物料，也不需要任何辅料，工艺、设备简单，投资较同规模的曼海姆法和缔置法低，而且可以利用各种工业废料，如硫酸铵、芒硝、硫酸镁、石膏、硫酸亚铁等，但复盐不能完全分解，因而产品质量、收率有待进一步提高。

复分解法生产硫酸钾是将原料（如硫酸铵、芒硝等）和氯化钾经计量控制加入反应槽中进行反应，经分离洗涤得到粗硫酸钾。经二次结晶、分离洗涤、造粒、干燥、包装得到硫酸钾成品。造粒、干燥和包装工序中产生的废气经处理后排放。复分解法硫酸钾生产工艺流程及产排污节点见图 3-30。

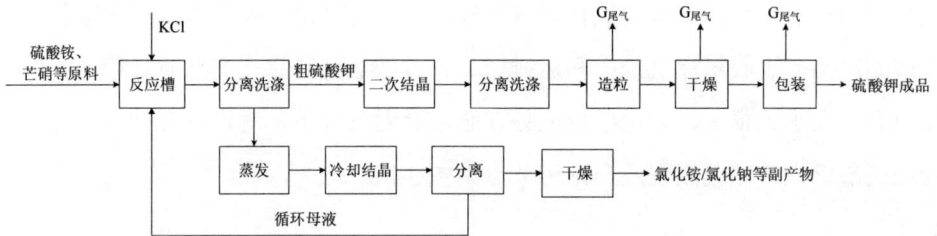

图 3-30　复分解法硫酸钾生产工艺流程及产排污节点

（3）硝酸钾生产工艺流程

纯品硝酸钾外观为白色，通常以无色晶体或细粒状存在，物理性状良好。肥料级产品外观大多呈浅黄色，吸湿能力强，20℃时吸湿点为相对湿度的 92.3%，一般不易结块，易溶于水。

硝酸钾又称为硝石，是一种非常重要的农用化肥和无机化工工业原料。在我国约 50%的硝酸钾用于制造农业化肥，约 5%用于制作特种玻璃制品，其余广泛用于炸药、烟花、食品防腐、医药药物、低温储能熔盐等领域。作为农业肥料的硝酸钾是一种优质氮钾二元复合肥，含氮为 13.5%～13.9%，含氧化钾为 44.0%～46.5%，而其中氮元素全部以硝态氮形式存在，施用后会促进植物对 K^+、Mg^{2+}、Ca^{2+}等离子的吸收，提高农作物的品质，且不含氯元素，可以消除在长期施用后土壤氯累积的弊端，不会引起土壤酸化而影响农作物对养分的平衡吸收，特别适用于烟草、咖啡、茶叶、瓜果等忌氯嗜钾的经济作物。

国内外生产硝酸钾的主要工艺有硝酸钠—氯化钾转化工艺、硝酸铵—氯化钾复分解工艺、硝酸铵—氯化钾离子交换工艺、硝酸—氯化钾溶剂萃取工艺等。目前，我国以离子交换法和复分解法生产硝酸钾，复分解法是国内主要采用的工艺。

硝酸钾的生产一般是以氯化钾与硝酸钠、硝酸镁、硝酸铵为原料，将液氨与过滤后的空气混合、氧化、冷却后与氧化镁和水发生反应生成硝酸镁，工艺过程中产生的尾气经吸收塔吸收后排放。硝酸镁生产工艺流程及产排污节点见图 3-31。

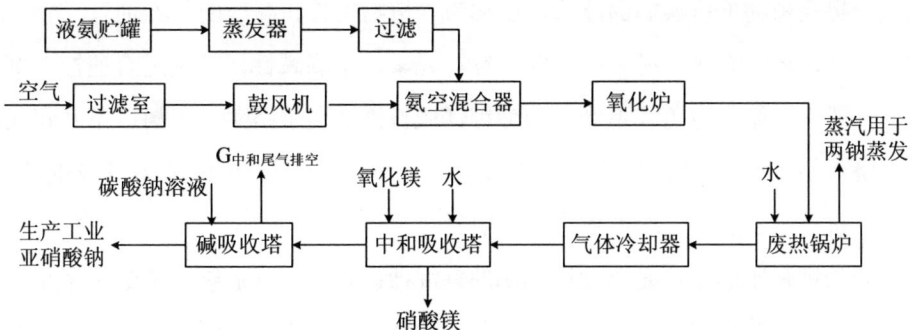

图 3-31　硝酸镁生产工艺流程及产排污节点

氯化钾与硝酸镁/硝酸铵/硝酸钠及水以一定比例混合，经过蒸发、冷却结晶、洗涤、蒸发、重结晶、洗涤分离、干燥等工序得到硝酸钾产品。干燥尾气经处理后排放。硝酸钾生产工艺流程及产排污节点见图3-32。

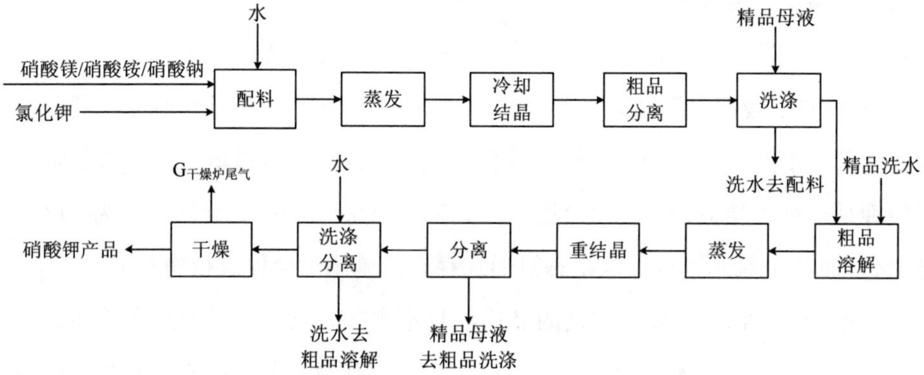

图3-32　硝酸钾生产工艺流程及产排污节点

（4）硫酸钾镁肥生产工艺流程

硫酸钾镁肥学名为软钾镁矾，它既是生产硫酸钾的中间原料，也可直接作为无氯钾镁混合肥料适用于农作物。硫酸钾镁肥是一种高效、优良的多元肥料，含有植物生长所需的钾、镁、硫元素，镁、硫元素能疏松土壤，促进植物的叶、枝及根系的生长发育，使植物根系庞大，同时能促使植物加快吸收土壤中氮、磷等元素，提高植物抵抗疾病的能力，被称为"植物生长和高产的营养剂"。除含钾、硫、镁外，还含有钙、硅、硼、铁、锌等元素，呈弱碱性，特别适合酸性土壤施用，一般作基肥，也可作追肥。硫酸钾镁肥特别适用于蔬菜、果树、茶叶和花卉等经济作物，能给作物的生长提供长期稳定肥效，提高作物的品质和作物的抗旱、抗寒、抗药害的能力，增产效果十分明显。

硫酸钾镁肥的生产是以盐田晒制的钾混盐矿物、含钾矿物和硫酸钾尾盐为原料，经物理方法提取或直接除去杂质制成含镁、硫等中量元素的产品。将原料进行破碎筛分、分解转化、浓密过滤后干燥得到硫酸钾镁肥产品。干燥尾气经处理后排放。硫酸钾镁肥生产工艺流程及产排污节点见图 3-33。

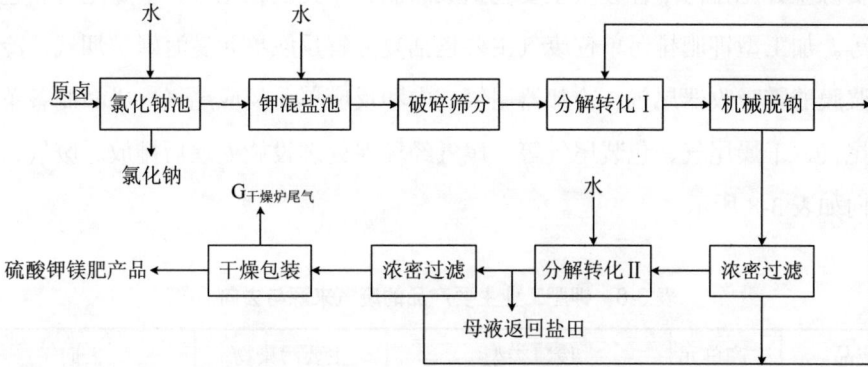

图 3-33 硫酸钾镁肥生产工艺流程及产排污节点

3.2.3.3 污染物排放状况分析

（1）废水

钾肥按生产工艺分为资源型钾肥和加工型钾肥，资源型钾肥排污单位废水主要有生产废水和生活污水。生产废水主要来源于盐田防结盐清洗废水、盐田光卤石池排出的盐田老卤、浮选工艺中与尾盐一同以矿浆形式排出的浮选尾液、浓密溢流液等。防结盐清洗废水主要包含卤水中的盐类物质，直接排入附近盐田蒸发，不外排。光卤石池排出的盐田老卤，用于兑卤溶矿综合利用。浮选尾液与浮选尾盐以矿浆形式排放到尾盐堆场，浮选尾液经沉淀流至盐田蒸发。浓密溢流液收集后通过管道输送至盐田光卤石池进行蒸发再利用，不外排。生活污水通过管道直接排入矿区溶矿。

加工型钾肥排污单位生产废水循环使用，生活污水经污水处理厂处理后排放，主要包括悬浮物、化学需氧量、氨氮、总氮和总磷等污染指标。废水总排放口监测项目包括流量、pH、悬浮物、化学需氧量、氨氮、总氮和总磷。雨水排放口监测项目包括化学需氧量、氨氮和悬浮物。

（2）废气

资源型钾肥排污单位废气主要包括成品制备单元造粒尾气、干燥尾气和包装尾气等。加工型钾肥排污单位废气主要包括复分解反应单元曼海姆炉烟气，冷却单元浆膜酸雾吸收器尾气、冷却器尾气，中和反应单元反应尾气，成品制备单元造粒尾气、干燥尾气、包装尾气等。尾气经环保处理设施处理后排放。废气来源与去向如表 3-8 所示。

表 3-8　钾肥工业主要产品的废气来源与去向

产品	生产单元	废气类型	主要污染物	去向
氯化钾、硫酸钾（钾混盐转化法）、硫酸钾镁肥、硝酸钾、硫酸钾（复分解法）	成品制备	造粒尾气处理系统排气	颗粒物	除尘后经排气筒排放
		干燥尾气处理系统排气	颗粒物	除尘后经排气筒排放
			二氧化硫[a]、氮氧化物	湿法脱硫后直接排放
		包装尾气	颗粒物	除尘后经排气筒排放
硫酸钾（曼海姆法）	复分解反应	曼海姆炉烟气排气	颗粒物	除尘后经排气筒排放
			二氧化硫[a]、氮氧化物	湿法脱硫后直接排放
	冷却	浆膜吸收器尾气排气	氯化氢	吸收后经排气筒排放
		冷却器尾气处理系统排气	颗粒物	除尘后经排气筒排放
	成品制备	破碎尾气处理系统排气	颗粒物	除尘后经排气筒排放
		包装尾气	颗粒物	除尘后经排气筒排放
无组织废气		生产过程中弥散型无组织排放、设备密封件老化造成的跑冒滴漏、扬尘等	颗粒物、氯化氢[b]	直接排放

注：[a] 采用燃煤热风炉时需管控二氧化硫。

　　[b] 曼海姆法生产硫酸钾生产企业需管控氯化氢。

（3）噪声

钾肥排污单位噪声源主要有 3 类：

a）各类生产机械产生的噪声：生产过程中使用的风机、各类压缩机、水泵、破碎工艺使用的破碎机等；

b）环保处理设施设备产生的噪声：生化处理曝气设备、污泥脱水设备等；

c）锅炉燃烧产生的噪声：燃料搅拌、鼓风设备等。

（4）固体废物

钾肥工业企业固体废物主要有盐田钠盐池结晶沉积的钠盐矿、浮选尾盐、锅炉灰渣以及职工生活垃圾。盐田钠盐矿存留于盐田钠盐池中，浮选尾盐由泵输送至尾盐场堆存，锅炉灰渣外运综合利用，部分回用于盐田道路建设；未能及时外运利用时，由汽车运至临时灰渣场堆存；生活垃圾集中收集，定期清运至垃圾场填埋。固体废物产生源及排放去向见表 3-9。

表 3-9　固废产生源及排放去向

序号	名称	主要成分	类别	排放去向
1	钠盐矿	氯化钠	一般固废	存留于盐田钠盐池
2	浮选尾盐	氯化钠、氯化钾	一般固废	由泵输送至尾盐场堆存
3	锅炉灰渣	炉渣	一般固废	综合利用
4	生活垃圾	生活垃圾	一般固废	环卫定期清运

3.2.4　复混肥料（复合肥料）工业

3.2.4.1　定义及产品分类

复混肥料是指氮、磷、钾三种养分中，至少有两种养分是被标明的，由化学方法和（或）掺混方法制成的肥料。按复混肥类型将其划分为 4 类，即用机械造粒等方法制得的团粒型复混肥料和熔体型复混肥料、用化学合成方法制得的料浆型复混肥料和掺混型复混肥料。

3.2.4.2 生产工艺流程

（1）团粒型复混肥料（复合肥料）生产工艺

团粒型复混肥料（复合肥料）指由各种固体含氮原料、含磷原料、含钾原料及有机肥料先经破碎制备成粉料，按一定比例混合，送入造粒机，喷水（可按需加入微量元素、激素、农药等）或洗涤液，湿润滚动团聚成粒，然后筛分、破碎、冷却、包裹、包装得到成品。干燥、筛分、破碎、冷却的废气经过除尘和洗涤后排放，洗涤液回用于造粒工序。其生产工艺流程及产排污节点见图3-34。

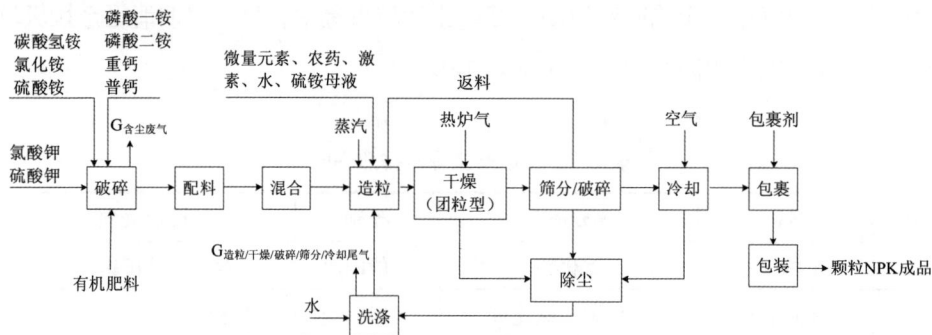

图 3-34 团粒型/熔体型复混肥料（复合肥料）生产工艺流程及产排污节点

（2）熔体型复混肥料（复合肥料）生产工艺

熔体型复混肥料（复合肥料）指将各种固体物料（含氮原料、含磷原料、含钾原料及有机肥料）处于高温状态、含水量低、可流动的熔融体直接喷入造粒机中造粒，然后筛分、破碎、冷却、包裹、包装得到成品。干燥、筛分、破碎、冷却的废气经过除尘和洗涤后排放，洗涤液回用于造粒工序。其生产工艺流程及产排污节点见图3-34。

（3）料浆型复混肥料（复合肥料）生产工艺

料浆型复混肥料（复合肥料）主要生产工艺为氯化钾低温转化法，即以浓硫酸与氯化钾在低温下反应生成硫酸氢钾和氯化氢气体，后者经冷却吸收得到副产品盐酸，溶液则与稀磷酸混合，再以氨中和得到料浆，然后经喷浆造粒干燥，再经筛分、破碎、冷却等工序得到粒状产品。在冷却过程中可以补充尿素以提高含氮量。造粒、干燥、筛分、破碎、冷却过程中产生的废气经除尘和洗涤后排放，洗涤液回用。其生产工艺流程及产排污节点见图 3-35。

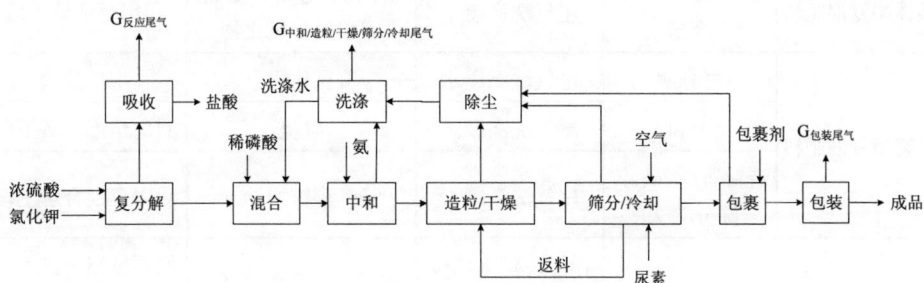

图 3-35　料浆型复混肥料（复合肥料）生产工艺流程及产排污节点

（4）掺混型复混肥料（复合肥料）生产工艺

掺混型复混肥料（复合肥料）又称 BB 肥、干混肥料，是含氮、磷、钾三种营养元素中任何两种或三种的化肥，是以单元肥料或复合肥料为原料，通过简单的机械混合制成，在混合过程中无显著化学反应，主要包括掺混、筛分和包装 3 个流程。

3.2.4.3　污染物排放状况分析

（1）废水

由于各类产品的生产工艺各异，复混肥料排污单位废水污染物排放存在一定差异，其中掺混型复混肥料无生产废水排放。总体来讲，主要废水类型有以下几种：各工段尾气洗涤废水、循环冷却水场排污水、除盐水站排污水、锅炉排污水、堆场喷洒水和生活污水，其来源与去向如表 3-10 所示。

表 3-10　复混肥料工业主要产品的废水来源与去向

产品	生产工段	废水类型	主要污染物	排放去向
团粒型复混肥料	造粒/干燥/破碎/筛分/冷却	尾气洗涤废水	悬浮物、总磷、氨氮、硫酸盐、氯化物	回用至造粒工段
熔体型复混肥料	造粒/破碎/筛分/冷却	尾气洗涤废水	悬浮物、总磷、氨氮、硫酸盐、氯化物	回用至造粒工段
料浆型复混肥料	复分解	尾气洗涤废水	氯化物	生产盐酸
	中和	尾气洗涤废水	氨氮	回用至混合解工段
	造粒/干燥/破碎/筛分/冷却	尾气洗涤废水	颗粒物	回用至混合解工段
其他		循环冷却水场排污水	悬浮物	循环使用或排入污水处理站
		除盐水站排污水	悬浮物	循环使用或排入污水处理站
		锅炉排污水	悬浮物	循环使用或排入污水处理站
		堆场喷洒水	悬浮物	雨污分流，自然蒸发不外排
		生活污水	化学需氧量、悬浮物和氨氮	经生化单元处理后送至渣场回用于磷酸生产，或排入污水处理站

（2）废气

由于各类产品的生产工艺各异，复混肥料排污单位废气污染物排放存在一定差异，总体来讲，废气类型主要有以下几种：含尘废气、反应尾气处理系统排气、造粒尾气处理系统排气、干燥尾气处理系统排气、筛分/破碎/冷却尾气处理系统排气、包装尾气等，其来源与去向如表 3-11 所示。

表 3-11　复混肥料工业主要产品的废气来源与去向

产品	生产工段	废气类型	主要污染物	去向
团粒型复混肥料	原料制备	含尘废气	颗粒物	除尘后经排气筒排放
	造粒	造粒尾气处理系统排气	颗粒物、氨[a]、硫化氢[b]	除尘、洗涤后经排气筒排放
	干燥	干燥尾气处理系统排气	颗粒物、硫化氢[b]、氮氧化物、二氧化硫[c]	除尘、洗涤后经排气筒排放
	筛分	筛分尾气处理系统排气	颗粒物	除尘后经排气筒排放
	破碎	破碎尾气处理系统排气	颗粒物	除尘后经排气筒排放
	冷却	冷却尾气处理系统排气	颗粒物	除尘后经排气筒排放
	包装	包装尾气	颗粒物	除尘后经排气筒排放
熔体型复混肥料	原料制备	含尘废气	颗粒物	除尘后经排气筒排放
	造粒	造粒尾气处理系统排气	颗粒物、氨[a]、硫化氢[b]	除尘、洗涤后经排气筒排放
	筛分	筛分尾气处理系统排气	颗粒物	除尘后经排气筒排放
	破碎	破碎尾气处理系统排气	颗粒物	除尘后经排气筒排放
	冷却	冷却尾气处理系统排气	颗粒物	除尘后经排气筒排放
	包装	包装尾气	颗粒物	除尘后经排气筒排放
料浆型复混肥料	复分解	反应尾气处理系统排气	氯化氢	洗涤后经排气筒排放
	中和	反应尾气处理系统排气	氨	洗涤后经排气筒排放
	造粒	造粒尾气处理系统排气	颗粒物、氨	除尘、洗涤后经排气筒排放
	干燥	干燥尾气处理系统排气	颗粒物、氮氧化物、二氧化硫[c]	除尘、洗涤后经排气筒排放
	筛分	筛分尾气处理系统排气	颗粒物	除尘后经排气筒排放
	破碎	破碎尾气处理系统排气	颗粒物	除尘后经排气筒排放
	冷却	冷却尾气处理系统排气	颗粒物	除尘后经排气筒排放
	包装	包装尾气	颗粒物	除尘后经排气筒排放
掺混型复混肥料	掺混	掺混尾气处理系统排气	颗粒物	除尘后经排气筒排放
	筛分	筛分尾气处理系统排气	颗粒物	除尘后经排气筒排放
	破碎	破碎尾气处理系统排气	颗粒物	除尘后经排气筒排放
无组织废气		设备密封件老化造成的跑冒滴漏，原料和产品储罐的呼吸，产品包装，污水环保设施（如曝气池等）无组织排放，堆场、渣场产生的扬尘等	颗粒物、氨、氯化氢、硫化氢、臭气浓度等	直接排放

注：[a] 氨化造粒的排污单位。

　　[b] 生产有机—无机复混肥料的排污单位。

　　[c] 采用燃煤热风炉的排污单位。

（3）噪声

复混肥料排污单位噪声源主要有 3 类：

a）各类生产机械产生的噪声：生产过程中使用的风机、各类压缩机、水泵、团粒型、熔体型复混肥料备料、破碎工艺使用的破碎机，筛分工艺使用的筛分机等；

b）环保处理设施设备产生的噪声：生化处理曝气设备、污泥脱水设备等；

c）锅炉燃烧产生的噪声：燃料搅拌、鼓风设备等。

（4）固体废物

复混肥料排污单位固体废物均为一般固废，如污水处理过程中产生的污泥、生活垃圾等，一般的处置方式为综合利用、环卫定期清运等。固体废物产生源及排放去向见表 3-12。

表 3-12　固体废物产生源及排放去向

序号	名称	主要成分	类别	排放去向
1	污水处理过程中产生的污泥	污泥	一般固体废物	综合利用
2	生活垃圾	生活垃圾	一般固体废物	环卫定期清运

3.2.5　有机肥料及微生物肥料工业

3.2.5.1　定义及产品分类

有机肥料主要是指以畜禽粪便、动植物残体和以动植物产品为原料加工的下脚料为原料，并经发酵腐熟后制成的有机肥料。微生物肥料又称接种剂、生物肥料、菌肥等，是一类以微生物生命活动及其产物使农作物得到特定肥料效应的微生物活体制品。

3.2.5.2 生产工艺流程

（1）有机肥生产工艺流程

生产有机肥首先要做好堆肥，先通过堆肥把各种固体有机废弃物进行高温好氧腐熟发酵实现有机物料无害化和肥料化，获得半成品，再经过理化性状调整、养分调理、后熟熟化、二次发酵等一系列过程形成商品有机肥产品。

目前的堆肥工艺一般包括传统堆式发酵、条垛式发酵、槽式发酵和箱式发酵4 种形式，按曝气方式又可分为静态曝气模式和动态曝气模式。目前，以条垛式发酵和槽式好氧发酵两种工艺为主。因有机肥原料较多，有 1 500 多种，有机肥加工生产工艺流程大致包括原料选配→发酵处理→配料混合→造粒→冷却→筛分→计量封口→成品入库。有机肥生产工艺流程及产排污节点见图 3-36。

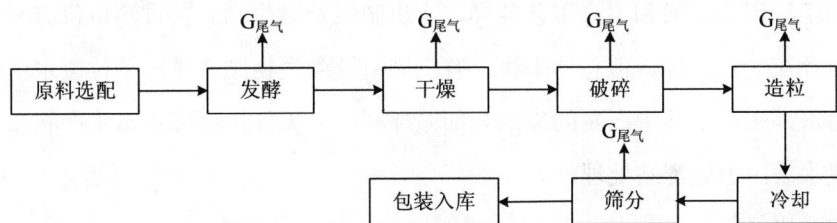

图 3-36 有机肥生产工艺流程及产排污节点

（2）微生物菌剂生产工艺流程

原农业部登记的微生物肥料产品包括菌剂类和菌肥类。微生物菌剂是指目标微生物（有效菌）经过工业化生产扩繁后，利用多孔的物质作为吸附剂（如草炭、蛭石），吸附菌体的发酵液加工制成的活菌制剂。这种菌剂用于拌种或蘸根，具有直接或间接改良土壤、恢复地力、预防土传病害、维持根际微生物区系平衡和降解有毒害物质等作用。

微生物菌剂生产工艺主要包括菌种扩大培养、发酵、后处理、包装、产品质量检测及出厂等流程。微生物菌剂生产工艺流程及产排污节点见图 3-37。

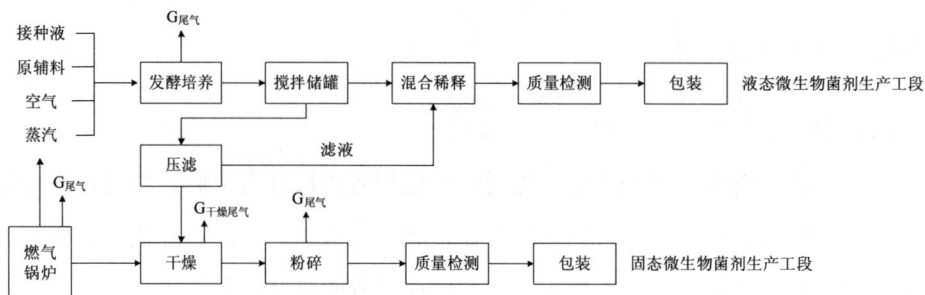

图 3-37　微生物菌剂生产工艺流程及产排污节点

3.2.5.3　污染物排放状况分析

（1）废水

由于采用的原料和生产工艺各异，有机肥料及微生物肥料排污单位废水污染物排放存在一定差异，但总体来讲，有机肥料及微生物肥料排污单位废水主要是生活污水，生产工艺中产生的废水全部循环利用，无外排；非正常生产状态时产生的废水去污水处理站处理。

（2）废气

有机肥料排污单位生产废气包括备料工序含尘废气、发酵工序发酵尾气、干燥工序干燥尾气、破碎工序破碎尾气、造粒工序造粒尾气、筛分工序筛分尾气、冷却工序冷却尾气等。

微生物肥料排污单位生产废气主要包括原料备料工序含尘废气、接种工序接种尾气、发酵工序发酵尾气、干燥工序干燥尾气、破碎工序破碎尾气、包装工序包装尾气等。

有机肥料及微生物肥料排污单位生产尾气经环保处理设施处理后排放。废气来源与去向如表 3-13 所示。

表 3-13　有机肥料及微生物肥料工业废气来源与去向

产品类型	生产单元	废气来源	主要污染物	排放去向
有机肥料	备料	废气收集处理设施排气	颗粒物	袋式除尘后排放
			氨、硫化氢	生物除臭后排放
	发酵	发酵尾气处理系统排气	氨、硫化氢	生物除臭后排放
	干燥	干燥尾气处理系统排气	氨、硫化氢	生物除臭后排放
	破碎	破碎尾气处理系统排气	颗粒物	袋式除尘后排放
	造粒	造粒尾气处理系统排气	颗粒物	袋式除尘后排放
	筛分	筛分尾气处理系统排气	颗粒物	袋式除尘后排放
	冷却	冷却尾气处理系统排气	颗粒物	袋式除尘后排放
微生物肥料	备料	含尘废气收集处理设施排气	颗粒物	袋式除尘后排放
	接种	接种尾气处理系统排气	氨、硫化氢	生物除臭后排放
	发酵	发酵尾气处理系统排气	氨、硫化氢	生物除臭后排放
	干燥	干燥尾气处理系统排气	氨、硫化氢	生物除臭后排放
	破碎	破碎尾气处理系统排气	颗粒物	袋式除尘后排放
	包装	包装尾气	颗粒物	袋式除尘后排放
厂界			颗粒物、氨、硫化氢、臭气浓度	直接排放

（3）噪声

有机肥料排污单位噪声主要来自备料、破碎工艺使用的破碎机，发酵工艺使用的翻抛机、筛分机、搅拌机、造粒机、装载机、打包机和风机等产生的噪声。

微生物肥料排污单位噪声主要来自备料、破碎工艺使用的破碎机，发酵工艺使用的翻抛机、搅拌机、干燥机、包装机和风机等产生的噪声。

（4）固体废物

有机肥料固体废物主要有除尘器截留的粉尘以及生活垃圾。部分粉尘全部作为原料回用，不在车间内长时间停留，生活垃圾经统一收集后送至垃圾处理厂处理。

微生物肥料固体废物主要有除尘器收集的粉尘、废弃包装袋、生活垃圾及炉渣。粉尘经集中收集后回用，废弃包装袋集中收集后外售，生活垃圾和炉渣经统一收集，由环卫部门处理。

3.3 污染治理技术

3.3.1 废水污染治理技术

肥料制造行业排污单位根据废水的水质特征和排放去向采用不同的废水治理技术,通过预处理、生化处理或深度处理等多种处理工艺的组合,使其排放的废水达到《合成氨工业水污染物排放标准》(GB 13458—2013)、《磷肥工业水污染物排放标准》(GB 15580—2011)、《污水综合排放标准》(GB 8978—1996)及其他地方排放标准要求。

肥料制造行业废水预处理工艺包括过滤、沉淀、除油、闪蒸、汽(气)提、萃取、溶剂回收等;污水处理厂预处理工艺包括调节、混凝沉淀、隔油、浮选等;生化处理工艺包括缺氧/好氧(A/O)、序批式活性污泥法(SBR)、周期循环活性污泥法(CASS)、氧化沟、曝气生物滤池(BAF)、膜生物反应器(MBR)、生物接触氧化法等;深度处理工艺包括混凝沉淀、过滤、臭氧氧化、超滤(UF)、反渗透(RO)等。肥料制造行业废水中氨氮含量非常高,氨氮废水的处理方法主要分为物理化学法和生物脱氮法两大类。

3.3.2 废气污染治理技术

(1)含尘废气治理技术

肥料制造行业在备煤、破碎、筛分、干燥、包装等工序中产生的含尘废气多采用旋风除尘、电除尘、袋式除尘、湿式除尘等高效除尘捕集技术。

(2)烟气 SO_2 控制技术

肥料制造行业在固定床常压煤气化工艺吹风气余热回收系统或三废混燃系统烟气、原料气净化单元硫回收尾气、干燥尾气中含有 SO_2。工业上对 SO_2 的控制技术分为采用低硫煤、煤炭洗选、洁净煤燃烧和烟气脱硫 4 类。其中烟气脱硫技

术是降低 SO_2 排放量的最佳选择。根据烟气脱硫过程中脱硫剂的状态可以将脱硫技术分为干法脱硫、半干法脱硫、湿法脱硫。干法脱硫主要有循环流化床法；半干法脱硫常见技术为炉内喷钙法；湿法脱硫又包括石灰石法、氧化镁法、氨法、氢氧化钠法。

（3）烟气脱硝技术

肥料制造行业在干煤粉气流床气化工艺磨煤干燥系统放空气、天然气（或焦炉气）、一段转化炉烟气、酸解反应尾气、炉料熔融高炉尾气、干燥尾气等尾气中含有氮氧化物。氮氧化物的控制技术包括低氮燃烧、选择性催化还原法（SCR）、选择性非催化还原法（SNCR）等。国内外脱硝技术研究及应用热点之一是 SCR 技术，该技术是在 O_2 和催化剂存在的条件下，使烟气经过 SCR 催化剂，同时采用尿素、氨或碳氢化合物等作为还原剂，让烟气中的氮氧化物与事先喷入的氨和 O_2 的混合物进行化学反应，产生无污染的 N_2 和 H_2O。

（4）酸碱废气治理技术

肥料制造行业在原料气净化单元的硫回收、酸解反应等工序中会产生硫酸雾；在尿素单元放空气、尿素单元造粒塔/造粒机放空气、中和反应、转化等工序中产生氨；曼海姆法生产硫酸钾降膜吸收尾气中的氯化氢。酸碱废气常用的处理技术主要为碱酸吸收法，处理设备可采用塔式或降膜等。该技术适用范围广，对废气浓度限制较小，但产生的废吸收液可能造成二次污染，需要进一步处理。

（5）恶臭气体治理技术

肥料制造行业在生产过程中有一定的恶臭气体产生,恶臭气体来自干燥尾气、接种废气、发酵废气、污水处理站等。恶臭气体主要为硫化氢和氨气。目前，大多数企业采取生物洗涤过滤工艺处理恶臭气体，生物洗涤过滤除臭系统具有以下 3 个优点：第一，采用污水作为微生物补充液，需要时补充，运行成本极低；第二，生物过滤装置防腐保温性能较好，便于运输、安装；第三，独特的气体分布方式，分布均匀，净化效率高达 90%以上。

3.3.3　固体废物污染治理技术

固体废物污染治理的主要方式有资源化、焚烧、填埋等。肥料制造行业企业产生的固体废物根据其特性分为一般工业固体废物和危险废物。根据其不同的类别采用不同的处理方式。

对于列入《国家危险废物名录》的废物，按照危险废物处置的方式进行处置，由有资质的专业单位处置。肥料制造行业涉及的危险废物包括铜泥、废催化剂、废活性炭等。一般工业固体废物如造气炉渣、锅炉炉渣、除尘器灰渣、镍磷铁、污水处理过程中产生的污泥等通过综合利用或送渣场填埋。生活垃圾由环卫部门定期处理。

3.3.4　噪声污染治理技术

肥料制造行业企业产生的噪声主要分为机械噪声和空气动力性噪声。主要的降噪措施包括：车间采用封闭结构，具有良好的隔声效果；对振动大的设备采取减振措施，如对设备加装减振垫、隔声罩等；工艺中高压排气噪声采用消声器来降低噪声，各类风机及泵类设备噪声主要采取基础减振措施和消声措施。

第 4 章　排污单位自行监测方案的制定

　　立足排污单位自行监测在我国污染源监测管理制度中的定位，根据肥料制造行业发展概况和污染排放特征，我国发布了肥料制造行业排污单位自行监测技术指南及排污许可证申请与核发技术规范等相关标准规范，这是肥料制造行业排污单位制定自行监测方案的依据。为了让标准规范的使用者更好地理解标准中规定的内容，本章重点围绕《排污单位自行监测技术指南　化肥工业—氮肥》（HJ 948.1—2018）、《排污单位自行监测技术指南　磷肥、钾肥、复混肥料、有机肥料和微生物肥料》（HJ 1088—2020）中的具体要求，一方面对其中部分要求的来源和考虑进行说明；另一方面对使用过程中需要注意的重点事项进行说明，以期为指南使用者提供更加详细的信息。

4.1　监测方案制定的依据

　　2017—2020 年，生态环境部先后发布了《总则》、《排污单位自行监测技术指南　火力发电及锅炉》（HJ 820—2017）、《排污单位自行监测技术指南　化肥工业—氮肥》（HJ 948.1—2018）、《排污单位自行监测技术指南　磷肥、钾肥、复混肥料、有机肥料和微生物肥料》（HJ 1088—2020），这些是肥料制造行业排污单位确定监测方案的重要依据。

　　根据自行监测技术指南体系设计思路，肥料制造行业排污单位主要是按照行业技术指南确定监测方案，行业技术指南中未作规定，但《总则》（HJ 819—2017）中进行了明确规定的内容，也应执行。

另外，由于锅炉广泛分布在各类工业企业中，肥料制造行业排污单位中也会有自备火力发电机组（厂）或工业锅炉，对于肥料制造行业排污单位中的自备火力发电机组（厂）和工业锅炉，应按照《排污单位自行监测技术指南　火力发电及锅炉》（HJ 820—2017）确定监测方案。

4.2　氮肥工业

4.2.1　废水排放监测

根据《国务院办公厅关于印发控制污染物排放许可制实施方案的通知》（国办发〔2016〕81 号）和《固定污染源排污许可分类管理名录（2019 年版）》的管理要求，考虑到环境风险防控和重点行业的污染防治，氮肥工业排污单位全部按照重点排污单位类型进行管理。排污单位在制定废水监测方案时，主要考虑排污单位废水排放方式、监测点位的设置、监测指标及监测频次等方面内容。

（1）监测点位

排污单位产生的废水应收集处理后排放，氮肥工业排污单位废水排放口一般包括总排放口、雨水排放口等。

总排放口排放的废水包括生产废水、生活污水、初期雨水等，排污单位开展自行监测必须在废水总排放口设置监测点位。

考虑到排污单位在生产过程中可能有部分污染物通过雨排系统进入外环境，排污单位还应在雨水排放口设置监测点位，并在雨水排放期间开展监测。

（2）监测指标

废水总排放口监测指标主要以《合成氨工业水污染物排放标准》（GB 13458—2013）为依据，该标准规定排污单位废水总排放口主要控制 pH、悬浮物、化学需氧量、氨氮、总氮、总磷、氰化物、挥发酚、硫化物、石油类 10 项污染物指标。

根据《总则》中"5.3.2"的相关要求,将排放量较大的化学需氧量、氨氮、悬浮物列为主要监测指标;同时考虑 pH 是衡量溶液酸碱度的综合性指标,总氮、总磷已成为影响我国地表水及近岸海域水质的重要污染因子,故将以上 3 项指标也列为主要监测指标,合计 6 项主要监测指标。其他 4 项指标氰化物、挥发酚、硫化物、石油类被列为其他监测指标。总排放口开展监测时,须同步监测流量。

雨水排放口监测指标包括 pH、化学需氧量、氨氮和悬浮物。

(3)监测频次

废水监测频次的确定,首先根据生态环境部发布的《固定污染源排污许可分类管理名录(2019 年版)》中的相关要求,将所有氮肥工业排污单位全部纳入重点排污单位管理;在此基础上,根据《总则》中"3.2"及"5.3.3"中的重点排污单位废水排放监测的相关要求,同时考虑到废水排放去向的不同,按照直接排放和间接排放两种情况,分别确定排污单位废水监测指标的监测频次。

1)废水总排口监测频次

化学需氧量、氨氮 2 项指标是我国污染物总量减排的主要污染物,自动监测技术较为成熟;pH 是反映废水酸碱度的综合性指标,涉及水中化学变化,化工生产过程都与 pH 有关,应重点关注,因此将 pH、化学需氧量、氨氮 3 项指标规定为自动监测。含氮化合物为氮肥工业的特征污染物,规定总氮在自动监测技术规范发布实施前按日监测。

悬浮物是反映水污染程度的重要指标,总磷已成为影响我国地表水及近岸海域水质的重要污染因子,因此规定以上 2 项指标直接排放的最低监测频次为按周监测,对于间接排放的,监测频次适当降低,规定为按月监测。

氮肥工业排污单位的合成氨生产工艺涉及少量石油类的排放,以煤和油为原料的排污单位还涉及少量氰化物、挥发酚和硫化物的排放,虽然石油类、氰化物、挥发酚和硫化物均为其他监测指标,但直接排放仍对环境有较大影响,因此规定以上 4 项指标直接排放的最低监测频次为按月监测，对于间接排放的，监测频次适当降低，规定为按季度监测。另外，规定以天然气为原料的排污单位按年监测硫化物、氰化物、挥发酚。

与废水排放监测同步开展的流量监测，其监测频次原则上应满足排污许可管理及污染物总量核算的需要。

2）雨水排放口监测频次

雨水排放口 pH、化学需氧量、氨氮、悬浮物在有水排放期间至少每日监测一次。

各废水排放口的具体监测指标及最低监测频次见表 4-1。

表 4-1　废水排放口监测指标及最低监测频次

监测点位	监测指标	最低监测频次	
		直接排放	间接排放
废水总排放口	流量、pH、化学需氧量、氨氮	自动监测	
	总氮	日（自动监测 a）	
	悬浮物、总磷 b	周	月
	石油类、硫化物 c、氰化物 c、挥发酚 c	月	季度
雨水排放口	pH、化学需氧量、氨氮、悬浮物	日 d	

注：设区的市级及以上环境保护主管部门明确要求安装自动监测设备的污染物指标，须采用自动监测。
a 待总氮自动监测技术规范发布后，需采取自动监测。
b 总磷实施总量控制的区域，总磷最低监测频次按日执行。
c 以天然气为原料的排污单位硫化物、氰化物、挥发酚的监测频次按年执行。
d 排放期间按日监测。

4.2.2　废气排放监测

废气排放监测分为有组织废气排放监测和无组织废气排放监测两类。

（1）有组织废气排放监测

1）有组织废气排放监测点位

有组织废气排放监测点位主要根据生产工序上的产排污节点设置。氮肥工业企业一般包括合成氨生产和氨加工的氮肥产品两个生产过程。

合成氨生产企业的生产工序主要包括原料气制备、原料气净化、氨合成 3 个步骤。其中原料气制备、原料气净化工序会有废气排放，以煤为原料生产合成氨的企业在备煤工序也有废气排放。

氨加工主要包括尿素生产、硝酸铵生产，尿素生产主要包括压缩、合成、分解回收、浓缩、造粒、工艺废液回收、成品包装 7 个生产工序，硝酸铵生产主要包括中和、浓缩、造粒、成品包装 4 个生产工序。其中造粒、成品包装工序有废气排放。

此外，对于一些重要的辅助工序及生产设施，如余热回收、三废混燃、污水处理等，也应将其排放的废气纳入监测方案。

在上述产排污节点，均应设置废气监测点位。

2）有组织废气排放监测指标

目前还没有氮肥工业废气排放的国家标准，确定监测指标时，主要根据环境管理要求，从《大气污染物综合排放标准》（GB 16297—1996）、《火电厂大气污染物排放标准》（GB 13223—2011）中确定监测指标。

根据《大气污染物综合排放标准》（GB 16297—1996）和《火电厂大气污染物排放标准》（GB 13223—2011）对监测指标的覆盖，结合氮肥工业企业实际生产状况，确定颗粒物、二氧化硫、氮氧化物、汞及其化合物、烟气黑度、氨、硫化氢、非甲烷总烃、酚类、苯并[a]芘、甲醇、硫酸雾、甲醛 13 类有组织废气监测指标。

a）颗粒物、二氧化硫、氮氧化物为氮肥工业排放量较大的污染物。

b）三废混燃系统因以煤为燃料，故监测汞及其化合物和烟气黑度这 2 项指标。

c）氨是氮肥工业的重要中间产物，由于其易挥发等物理特性，是该行业的特征污染物。氨既是八种恶臭污染物之一，也是 $PM_{2.5}$ 中绝大多数二次颗粒物形成的前体物质，即灰霾天气的重要推手，故需要加强对氨排放的管控。

d）合成氨工艺的原料气净化脱硫脱碳工序均涉及硫化氢的排放，硫化氢也是八种恶臭污染物之一，且属于纳入《危险化学品目录》中的有毒污染物。

e）以煤为原料的固定床常压煤气化工艺的造气工段涉及非甲烷总烃、酚类、苯并[a]芘的排放，碎煤固定床加压气化工艺的低温甲醇洗工段同样涉及非甲烷总烃的排放。

f）低温甲醇洗脱碳脱硫设施会产生含甲醇、硫化氢的二氧化碳气体，经处理后通过低温甲醇洗尾气洗涤塔排气筒排放甲醇和硫化氢，干煤粉气流床气化工艺煤粉输送载气采用来自低温甲醇洗脱硫脱碳设施的二氧化碳气时，同样会排放少量未处理完全的甲醇和硫化氢。

g）以煤、焦炉气、重油为原料的氮肥工业，生产过程中产生大量的含硫化合物，通过硫回收工艺得到硫黄、硫酸等副产品，但同时也产生二氧化硫等污染物，硫回收生产硫酸的排污单位，硫回收尾气排气筒会排放硫酸雾。

h）尿素造粒过程中使用甲醛时，造粒塔排气筒涉及甲醛的排放。

i）采用固定床常压煤气化工艺的排污单位因以煤为原料，其污水处理环保设施同样涉及非甲烷总烃和酚类的排放。

j）甲醛、汞及其化合物为列入《有毒有害大气污染物名录（2018年）》的有毒污染物，苯并[a]芘、甲醇为列入《危险化学品目录》的有毒污染物，非甲烷总烃除直接对人体健康有害外，在一定光照条件下还能产生光化学烟雾，对环境和人类造成危害。《生态环境监测规划纲要（2020—2035年）》要求进一步加强对有毒有害污染物、持久性有机污染物的监测；履行持久性有机污染物、汞等领域的国际环境公约；光化学评估监测覆盖全部地级及以上城市，统一开展非甲烷总烃监测，重点区域、重点园区按要求开展挥发性有机物组分监测。

根据《总则》"5.2.1.3"中关于划分有组织废气主要监测指标的相关原则确定上述13项监测指标的属性，见表4-2。

表 4-2 氮肥工业排污单位有组织废气监测指标属性

监测指标	监测指标属性	备注
颗粒物、二氧化硫、氮氧化物	主要监测指标	排放量大
汞及其化合物、氨、硫化氢、酚类、苯并[a]芘、甲醇、甲醛、非甲烷总烃	主要监测指标	有毒污染指标
硫酸雾、烟气黑度	其他监测指标	—

3）有组织废气排放监测频次

根据生态环境部发布的《固定污染源排污许可分类管理名录（2019 年版）》中的相关要求，将所有氮肥工业排污单位全部纳入重点排污单位管理，以及《排污许可证申请与核发技术规范 化肥工业—氮肥》（HJ 864.1—2017）中对氮肥工业排污单位有组织废气排放口类型的规定，在此基础上根据《总则》"5.2.1.4"中的相关规定按以下原则设置监测频次。

a）自动监测吹风气余热回收系统或三废混燃系统排气筒排放的颗粒物、二氧化硫、氮氧化物及硫回收尾气排气筒排放的二氧化硫，以准确核算主要污染物的排放总量；其他主要排放口的颗粒物和氮氧化物按季度监测；

b）为降低企业监测成本，规定汞及其化合物按半年监测；

c）烟气黑度不参与实际排放量的核算，故规定按年监测；

d）特殊排放口造气废水处理站废气收集处理设施排气筒，涉及氨、硫化氢、非甲烷总烃、酚类、氰化氢及苯并[a]芘的排放，由于苯并[a]芘为致癌的剧毒物质，为保护监测人员生命安全，特降低监测频次，规定按半年监测排放的苯并[a]芘，其余指标按季度监测；

e）干煤粉气流床气化工艺煤粉输送载气采用来自低温甲醇洗脱硫脱碳设施的二氧化碳气时，煤粉输送及加压进料系统粉煤仓排气筒会排放未处理完全的甲醇和硫化氢，但排放量少，故规定按年监测；

f）主要排放口脱硫再生槽排气筒排放的硫化氢和氨，规定按月监测；

g）一般排放口污水处理场废气收集处理设施排气筒排放的氨、硫化氢和酚类，规定每半年监测一次；

h）为加强对恶臭污染物和挥发性有机物的管控，规定其他排放口排放的氨、硫化氢、甲醇、甲醛、非甲烷总烃均按季度监测；

i）包装机排气筒排放污染物为颗粒物（产品），其环境影响较小，规定按年监测；

j）规定其他监测指标每半年监测一次。

氮肥各生产工序有组织废气排放监测点位、监测指标及最低监测频次见表 4-3。

表 4-3　有组织废气排放监测点位、监测指标及最低监测频次

生产工序			监测点位	监测指标	最低监测频次
合成氨	以煤为原料	备煤	含尘废气排气筒	颗粒物	半年
		固定床常压煤气化工艺	原料气制备	吹风气余热回收系统或三废混燃系统排气筒	颗粒物、二氧化硫、氮氧化物	自动监测
					汞及其化合物 [a]	半年
					烟气黑度	年
				造气废水沉淀池废气收集处理设施排气筒	氨、硫化氢、非甲烷总烃、酚类、氰化氢	季度
					苯并[a]芘	半年
				造气炉放空管	颗粒物、氨、硫化氢、非甲烷总烃、苯并[a]芘	放空期间
			原料气净化	脱碳气提塔排气筒	氨、硫化氢、非甲烷总烃	季度
		干煤粉气流床气化工艺	原料气制备	磨煤及干燥系统排气筒	颗粒物、氮氧化物	季度
				煤粉输送及加压进料系统粉煤仓排气筒	颗粒物	季度
					甲醇 [b]、硫化氢 [b]	年
			原料气净化	低温甲醇洗尾气洗涤塔排气筒	甲醇、硫化氢	季度
				硫回收尾气排气筒	二氧化硫	自动监测
					硫酸雾 [c]	半年
		水煤浆气流床气化工艺	原料气净化	低温甲醇洗尾气洗涤塔排气筒	甲醇、硫化氢	季度
				硫回收尾气排气筒	二氧化硫	自动监测
					硫酸雾 [c]	半年
		碎煤固定床加压气化工艺	原料气净化	酸性气体脱除设施排气筒	甲醇、非甲烷总烃、二氧化硫、氮氧化物	季度
				硫回收尾气排气筒	二氧化硫	自动监测
					硫酸雾 [c]	半年

生产工序			监测点位	监测指标	最低监测频次
合成氨	以天然气为原料	蒸汽转化法	原料气制备	一段转化炉排气筒	颗粒物、氮氧化物	季度
	以焦炉气为原料	部分转化法	原料气制备	脱硫再生槽废气排气筒	硫化氢、氨	月
				一段转化炉排气筒	颗粒物、氮氧化物	季度
	以油为原料	重油部分氧化法	原料气净化	低温甲醇洗尾气洗涤塔排气筒	甲醇、硫化氢	季度
				硫回收尾气排气筒	二氧化硫	自动监测
					硫酸雾 c	半年
尿素				放空气洗涤塔（或吸收塔）排气筒	氨	季度
				造粒塔或造粒机排气筒	颗粒物、氨、甲醛 d	季度
				包装机排气筒	颗粒物	年
硝酸铵				造粒塔排气筒	颗粒物、氨	季度
				包装机排气筒	颗粒物	年
污水处理环保设施				污水处理场废气收集处理设施排气筒	硫化氢、氨、酚类 e	半年
					非甲烷总烃 e	季度

注：废气监测须按照相应标准分析方法、技术规范同步监测烟气参数（造气炉放空管除外）。氮肥工业造粒塔尾气排气筒若无法进行废气流量监测，可采用物料衡算估算污染物排放量。

a 采用三废混燃系统时，应监测汞及其化合物。

b 干煤粉气流床气化装置煤粉输送载气采用来自低温甲醇洗脱硫脱碳设施的二氧化碳气时，应测定硫化氢、甲醇。

c 适用于硫回收生产硫酸的排污单位。

d 造粒过程使用甲醛时，应监测甲醛。

e 采用固定床常压煤气化工艺的排污单位须监测酚类和非甲烷总烃。

（2）无组织废气排放监测

无组织废气排放监测点位一般布设在下风向厂界，为充分了解无组织废气排放对周边环境的影响，必要时还应在上风向布置对照点。根据氮肥工业企业工艺及产污特点，确定氨、非甲烷总烃、臭气浓度、硫化氢、颗粒物、甲醇、苯并[a]芘、酚类 8 项监测指标。

氮肥工业企业由于恶臭的问题易引起公众投诉较多，因此将相关的氨、硫化氢、臭气浓度 3 项指标至少每季度开展一次监测；氮肥工业原料均涉及石油、天然气、煤等石化原料，无组织排放的非甲烷总烃对环境影响较大，至少每季度开展一次监测；其余指标按年开展监测。

无组织废气排放监测点位、监测指标及最低监测频次见表 4-4。

表 4-4 　无组织废气监测点位、监测指标及最低监测频次

监测点位	监测指标	最低监测频次
排污单位厂界	氨、非甲烷总烃、臭气浓度、硫化氢 [a]	季度
	颗粒物 [a]、甲醇 [b]、苯并[a]芘 [c]、酚类 [c]	年

注：[a] 以天然气为原料和燃料的排污单位可不监测硫化氢和颗粒物。

　　[b] 副产甲醇或采用低温甲醇洗工艺的排污单位应监测甲醇。

　　[c] 采用固定床常压煤气化工艺的排污单位应监测酚类、苯并[a]芘。

4.2.3 　厂界环境噪声监测

厂界环境噪声监测点位设置应遵循《总则》中的原则：根据厂内主要噪声源距厂界位置布点；根据厂界周围敏感目标布点；"厂中厂"是否需要监测根据内部和外围排污单位协商确定；面临海洋、大江、大河的厂界原则上不布点；厂界紧邻交通干线不布点；厂界紧邻另一排污单位的，在临近另一排污单位侧是否布点由排污单位协商确定。如周边有敏感点，应增加敏感点的噪声监测。

噪声监测指标根据《工业企业厂界环境噪声排放标准》（GB 12348—2008）的相关规定，将厂界噪声等效连续 A 声级 L_{eq} 设为监测指标。

噪声监测频次一般为每季度开展一次昼间、夜间监测。

4.2.4 　周边环境质量影响监测

排污单位开展周边环境质量影响监测时，主要考虑：

1）环境管理政策或环境影响评价文件及其批复［仅限 2015 年 1 月 1 日（含）后取得环境影响评价批复的排污单位］有明确要求的，按要求执行。

2）无明确要求的，若排污单位认为有必要，可对周边水、空气环境质量开展监测。

对于废水直接排入地表水、海水的排污单位，可参照《环境影响评价技术导则　地表水环境》(HJ/T 2.3—2018)、《地表水和污水监测技术规范》(HJ/T 91—2002)、《近岸海域环境监测规范》（HJ 442—2008）及受纳水体环境管理要求设置监测断面及点位开展监测。监测指标主要以废水监测指标与地表水、海水相关质量标准中环境监测指标的对应关系为依据，即将《合成氨工业水污染物排放标准》（GB 13458—2013）中的废水排放监测指标对应在《地表水环境质量标准》（GB 3838—2002）、《海水水质标准》（GB 3097—1997）中的指标，定为排污单位周边地表水、海水环境质量监测指标。

对周边环境控制质量开展监测的排污单位，可参照《环境影响评价技术导则　大气环境》（HJ 2.2—2018）设置监测点位开展监测。监测指标的确定除以废气监测指标与《环境空气质量标准》（GB 3095—2012）的对应关系为依据，还考虑氮肥工业的废气特征污染物。

根据《总则》中的监测频次要求，规定地表水至少每季度监测一次，海水至少每半年监测一次，环境空气至少每半年监测一次。

周边环境质量影响监测指标及最低监测频次见表 4-5。

表 4-5　周边环境质量影响监测指标及最低监测频次

目标环境	监测指标	最低监测频次
地表水	pH、悬浮物、化学需氧量、氨氮、总磷、总氮、石油类、氰化物、挥发酚、硫化物	季度
海水	pH、化学需氧量、溶解氧、总氮、总磷、活性磷酸盐、无机氮、石油类、氰化物、挥发酚、硫化物	半年
环境空气	二氧化硫、二氧化氮、颗粒物、苯并[a]芘[a]、氨	半年

注：[a] 采用固定床常压煤气化工艺的排污单位应监测环境空气中的苯并[a]芘。

4.3 磷肥工业

4.3.1 废水排放监测

根据《国务院办公厅关于印发控制污染物排放许可制实施方案的通知》（国办发〔2016〕81 号）和《固定污染源排污许可分类管理名录（2019 年版）》的管理要求，考虑到环境风险防控和重点行业的污染防治，磷肥工业排污单位全部按照重点排污单位类型进行管理。排污单位在制定废水监测方案时，主要考虑排污单位废水排放方式、监测点位的设置、监测指标及监测频次等方面内容。

按照《总则》"5.3.2"的要求确定监测指标，废水总排口、车间或生产设施废水排放口的监测指标以《磷肥工业水污染物排放标准》（GB 15580—2011）为依据；对单独排入外环境的生活污水排放口根据常规污染物种类进行选择；为防止受到污染的雨水对周围环境造成不利影响和保证排污单位合法排污，真正做到雨污分流、清污分流，在雨水排放口也应设置监测点位进行常规指标监测。

（1）废水总排放口

《磷肥工业水污染物排放标准》（GB 15580—2011）中规定了废水总排放口 pH、悬浮物、化学需氧量、氟化物（以 F 计）、总磷、总氮、氨氮 7 项监测指标。对于排污单位须监测的 7 项监测指标和废水流量的监测频次进行如下规定：

化学需氧量、氨氮 2 项指标是我国污染物总量减排的主要污染物，自动监测技术较为成熟；总磷已成为影响我国地表水及近岸海域水质的重要污染因子，磷肥工业为总磷排放的重点行业，因此将化学需氧量、氨氮、总磷 3 项指标规定为自动监测。

pH 是排水安全的重要指标；悬浮物是反映水污染程度的重要指标；磷肥工业排污单位的生产原料主要为含氟的磷矿石，氟化物是磷肥工业主要的废水污染物之一，因此规定以上 3 项指标直接排放的最低监测频次为按周监测，对于间接排放的，监测频次适当降低，规定为按月监测。此外，含氮化合物也是磷肥工业的特征污染物之一，直接排放的排污单位和间接排放的排污单位分别按周、按月对总氮开展监测，总氮实施总量控制的区域，总氮最低监测频次按日执行。

与废水排放监测同步开展的流量监测，其监测频次原则上应满足排污许可管理及污染物总量核算的需要。

（2）车间或生产设施废水排放口

按照《磷肥工业水污染物排放标准》（GB 15580—2011）要求监测总砷，砷为列入《有毒有害水污染物名录（第一批）》的有毒污染物，故规定按月监测。

（3）生活污水排放口

生活污水直接排放的排污单位也应对其生活污水排放口进行监测，生活污水不涉及氟化物的来源，其他监测指标及监测频次与废水总排放口保持一致。

（4）雨水排放口

主要监测化学需氧量、氨氮、总磷和悬浮物 4 项指标，监测频次受降雨影响，规定在排放期间按月监测。考虑南方地区排污单位监测成本，如监测一年无异常情况，可放宽至每季度监测一次。

各排放口的具体监测指标和最低监测频次见表 4-6。

表 4-6　磷肥工业废水排放监测点位、监测指标及最低监测频次

监测点位	监测指标	最低监测频次	
		直接排放	间接排放
废水总排放口	流量、化学需氧量、氨氮、总磷	自动监测	
	pH、氟化物、悬浮物、总氮 [a]	周	月
车间或生产设施废水排放口	总砷	月	
生活污水排放口	流量、化学需氧量、氨氮、总磷	自动监测	—
	pH、悬浮物、总氮 [a]	周	—
雨水排放口	化学需氧量、氨氮、总磷、悬浮物	月 [b]	

注：[a] 总氮实施总量控制的区域，总氮最低监测频次按日执行。

　　[b] 排水期间按月监测，如监测一年无异常情况，可放宽至每季度监测一次。

4.3.2 废气排放监测

废气排放监测分为有组织废气排放监测和无组织废气排放监测两类。

（1）有组织废气排放监测

有组织废气监测方案的制定包括监测点位、监测指标和监测频次。监测点位均设置在排气筒或排气筒前的废气排放通道，对于多个污染源或生产设备共用一个排气筒的，应在废气混合前进行监测，若监测点位必须布设在共用排气筒上，监测指标应涵盖所对应的污染源或生产设备的监测指标，最低监测频次按照严格的执行。

按照《总则》重点排污单位的总体原则规定不同工艺废气排放口监测点位、监测指标及最低监测频次。为核算污染物排放总量，污染物指标监测的同时必须同步监测烟气参数。

1）根据《总则》"5.2.1.1"确定的原则，"废气主要污染源包括：①重点行业的工业炉窑（水泥窑、炼焦炉、熔炼炉、焚烧炉、熔化炉、铁矿烧结炉、加热炉、热处理炉、石灰窑等）；②化工类生产工序的反应设备（化学反应器/塔、蒸馏/蒸发/萃取设备等）为主要污染源。废气排放口的主要排放口包括：①主要污染源的废气排放口为主要排放口；②'排污许可证申请与核发技术规范'确定的主要排放口"，对接《排污许可证申请与核发技术规范 磷肥、钾肥、复混肥料、有机肥料及微生物肥料工业》（HJ 864.2—2018），梳理出磷肥工业排污单位的有组织废气污染源和排放口类型，见表4-7。

表4-7 磷肥工业排污单位有组织废气污染源和排放口类型

污染源			主要污染物（许可排放污染物项目）	排放口类型
产品	生产工序	监测点位		
磷酸	原料制备	含尘废气收集处理设施排气筒	颗粒物	一般排放口
	酸解反应	反应尾气处理系统排气筒	氟化物	主要排放口
	过滤	过滤机尾气处理系统排气筒	氟化物	主要排放口

污染源			主要污染物	排放口类型
产品	生产工序	监测点位	（许可排放污染物项目）	
磷酸一铵/磷酸二铵	中和反应	反应尾气处理系统排气筒	氨	主要排放口
	成品制备	喷雾/造粒	造粒尾气处理系统排气筒	颗粒物、氨、氟化物	主要排放口
		干燥	干燥尾气处理系统排气筒	颗粒物、氟化物、二氧化硫 [a]、氮氧化物	主要排放口
		筛分	筛分尾气处理系统排气筒	颗粒物	一般排放口
		破碎	破碎尾气处理系统排气筒	颗粒物	一般排放口
		冷却	冷却尾气处理系统排气筒	颗粒物	一般排放口
	成品包装	包装尾气排气筒	颗粒物	一般排放口
重过磷酸钙/过磷酸钙	原料制备	磷矿烘干	烘干尾气处理系统排气筒	颗粒物、二氧化硫 [a]、氮氧化物	主要排放口
		磷矿石破碎	含尘废气收集处理设施排气筒	颗粒物	一般排放口
	酸解反应	反应尾气处理系统排气筒	氟化物、硫酸雾 [b]	主要排放口
	成品制备	造粒	造粒尾气处理系统排气筒	颗粒物	主要排放口
		干燥	干燥尾气处理系统排气筒	颗粒物、二氧化硫 [a]、氮氧化物	主要排放口
		筛分	筛分尾气处理系统排气筒	颗粒物	一般排放口
		破碎	破碎尾气处理系统排气筒	颗粒物	一般排放口
	成品包装	包装秤、料仓尾气处理排气筒	颗粒物	一般排放口
硝酸磷肥/硝酸磷钾肥	原料制备	磷矿石破碎	含尘废气收集处理设施排气筒	颗粒物	一般排放口
		磷矿粉烘干	烘干尾气处理系统排气筒	颗粒物、二氧化硫 [a]、氮氧化物	主要排放口
		磷矿粉焙烧	焙烧尾气处理系统排气筒	颗粒物、二氧化硫 [a]、氮氧化物	主要排放口
		磷矿粉冷却	冷却尾气处理系统排气筒	颗粒物	一般排放口
	酸解反应	反应尾气处理系统排气筒	氟化物、氮氧化物	主要排放口
	过滤	过滤尾气处理系统排气筒	氟化物	主要排放口
	中和反应	反应尾气处理系统排气筒	氨	主要排放口
	转化	转化尾气处理系统排气筒	氨	主要排放口
	成品制备	造粒	造粒尾气处理系统排气筒	颗粒物	主要排放口
		干燥	干燥尾气处理系统排气筒	颗粒物、二氧化硫 [a]、氮氧化物	主要排放口
		筛分	筛分尾气处理系统排气筒	颗粒物	一般排放口
		破碎	破碎尾气处理系统排气筒	颗粒物	一般排放口
		冷却	冷却尾气处理系统排气筒	颗粒物	一般排放口
	成品包装	包装尾气排气筒	颗粒物	一般排放口

污染源			主要污染物 （许可排放污染物项目）	排放口类型
产品	生产工序	监测点位		
钙镁磷肥	原料制备	含尘废气收集处理设施排气筒	颗粒物	一般排放口
	炉料熔融	高炉尾气处理系统排气筒	颗粒物、二氧化硫、氮氧化物、氟化物	主要排放口
	成品制备	干燥	干燥尾气处理系统排放筒	颗粒物、二氧化硫、氮氧化物	主要排放口
		研磨	球磨机尾气处理系统排放筒	颗粒物	一般排放口
	成品包装	包装尾气排气筒	颗粒物	一般排放口
氟硅酸钠/ 氟硅酸钾	复分解反应	反应尾气处理系统排气筒	氟化物	主要排放口
	成品制备	干燥	干燥尾气处理系统排气筒	颗粒物	主要排放口
		冷却	冷却尾气处理系统排气筒	颗粒物	一般排放口
	成品包装	包装尾气排气筒	颗粒物	一般排放口

注：[a] 采用燃煤热风炉的排污单位。

　　[b] 生产过磷酸钙时需要监测硫酸雾。

　　2）按照《总则》"5.2.1.3"的要求确定监测指标。目前磷肥工业大气污染物监管主要依照《大气污染物综合排放标准》（GB 16297—1996）、《恶臭污染物排放标准》（GB 14554—93）规定的相关污染物执行，涉及颗粒物、二氧化硫、氮氧化物、氟化物和氨 5 项有组织废气监测指标。

　　a）颗粒物为磷肥工业排放量较大的污染物；

　　b）除磷酸外磷肥工业产品生产过程中涉及干燥工段，均以天然气或煤作为热风炉的原料，排放氮氧化物和二氧化硫，氟硅酸钠/氟硅酸钾的干燥工段采用电炉，故不排放二氧化硫和氮氧化物；

　　c）由于磷矿石多为含氟化合物，氟化物是磷肥工业重要的特征污染物，过量的氟对人体有危害，某些氟化物属高毒类物质，由呼吸道进入人体，会引起黏膜刺激、中毒等症状，并能影响各组织和器官的正常生理功能，对植物的生长、发育也会产生危害；

d）磷酸一铵、磷酸二铵、硝酸磷肥、硝酸磷钾肥的生产过程中均需用氨中和，中和工段会排放含氨尾气，氨既是八种恶臭污染物之一，也是 $PM_{2.5}$ 中绝大多数二次颗粒物形成的前体物质，即灰霾天气的重要推手，故需要加强对氨排放的管控。

根据《总则》"5.2.1.3"中关于划分有组织废气主要监测指标的相关原则确定上述 5 项监测指标的属性，见表 4-8。

表 4-8　磷肥工业排污单位有组织废气监测指标属性

监测指标	监测指标属性	备注
颗粒物、氮氧化物、二氧化硫	主要监测指标	排放量大
氟化物、氨	主要监测指标	有毒有害污染物

3）根据《总则》"5.2.1.4"规定有组织废气监测指标的最低监测频次原则，"主要排放口的主要监测指标按月—季度进行监测，其他监测指标按半年—年进行监测；其他排放口的监测指标按半年—年进行监测"，对磷肥工业排污单位有组织废气监测频次按如下原则设置监测频次：

a）为准确核算颗粒物排放总量，要求自动监测主要排放口的颗粒物，其他排放口的颗粒物按半年监测；

b）主要排放口的二氧化硫、氮氧化物按月监测；硝酸磷肥/硝酸磷钾肥酸解工段反应尾气的氮氧化物排放量大，自动监测该排放口的氮氧化物；钙镁磷肥高炉尾气中二氧化硫和氮氧化物的排放量大，自动监测该排放口的二氧化硫和氮氧化物；

c）主要排放口的氟化物按月监测；

d）主要排放口的氨按季度监测。

磷肥工业各生产工序有组织废气排放监测点位、监测指标及最低监测频次按表 4-9 执行。

表 4-9　磷肥工业有组织废气排放监测点位、监测指标及最低监测频次

产品	生产工序		监测点位	监测指标	最低监测频次
磷酸	原料制备		含尘废气收集处理设施排气筒	颗粒物	半年
	酸解反应		反应尾气处理系统排气筒	氟化物	月
	过滤		过滤机尾气处理系统排气筒	氟化物	月
磷酸一铵/磷酸二铵	中和反应		反应尾气处理系统排气筒	氨	季度
	成品制备	喷雾/造粒	造粒尾气处理系统排气筒	颗粒物	自动监测
				氨	季度
				氟化物	月
		干燥	干燥尾气处理系统排气筒	颗粒物	自动监测
				氟化物	月
				二氧化硫 [a]	月
				氮氧化物	月
		筛分	筛分尾气处理系统排气筒	颗粒物	半年
		破碎	破碎尾气处理系统排气筒	颗粒物	半年
		冷却	冷却尾气处理系统排气筒	颗粒物	半年
	成品包装		包装尾气排气筒	颗粒物	半年
重过磷酸钙/过磷酸钙	原料制备	磷矿烘干	烘干尾气处理系统排气筒	颗粒物	自动监测
				二氧化硫 [a]	月
				氮氧化物	月
		磷矿石破碎	含尘废气收集处理设施排气筒	颗粒物	半年
	酸解反应		反应尾气处理系统排气筒	氟化物	月
				硫酸雾 [b]	半年
	成品制备	造粒	造粒尾气处理系统排气筒	颗粒物	自动监测
		干燥	干燥尾气处理系统排气筒	颗粒物	自动监测
				二氧化硫 [a]	月
				氮氧化物	月
		筛分	筛分尾气处理系统排气筒	颗粒物	半年
		破碎	破碎尾气处理系统排气筒	颗粒物	半年
	成品包装		包装尾气排气筒	颗粒物	半年

产品	生产工序		监测点位	监测指标	最低监测频次
硝酸磷肥/硝酸磷钾肥	原料制备	磷矿石破碎	含尘废气收集处理设施排气筒	颗粒物	半年
		磷矿粉烘干	烘干尾气处理系统排气筒	颗粒物	自动监测
				二氧化硫 a	月
				氮氧化物	月
		磷矿粉焙烧	焙烧尾气处理系统排气筒	颗粒物	自动监测
				二氧化硫 a	月
				氮氧化物	月
		磷矿粉冷却	冷却尾气处理系统排气筒	颗粒物	半年
	酸解反应		反应尾气处理系统排气筒	氮氧化物	自动监测
				氟化物	月
	过滤		过滤尾气处理系统排气筒	氟化物	月
	中和反应		反应尾气处理系统排气筒	氨	季度
	转化		转化尾气处理系统排气筒	氨	季度
	成品制备	造粒	造粒尾气处理系统排气筒	颗粒物	自动监测
				氨	季度
		干燥	干燥尾气处理系统排气筒	颗粒物	自动监测
				二氧化硫 a	月
				氮氧化物	月
		筛分	筛分尾气处理系统排气筒	颗粒物	半年
		破碎	破碎尾气处理系统排气筒	颗粒物	半年
		冷却	冷却尾气处理系统排气筒	颗粒物	半年
	成品包装		包装尾气排气筒	颗粒物	半年
钙镁磷肥/钙镁磷钾肥	原料制备		含尘废气收集处理设施排气筒	颗粒物	半年
	炉料熔融		高炉尾气处理系统排气筒	颗粒物	自动监测
				二氧化硫	自动监测
				氮氧化物	自动监测
				氟化物	月
	成品制备	干燥	干燥尾气处理系统排放筒	颗粒物	自动监测
				二氧化硫	月
				氮氧化物	月
		研磨	球磨机尾气处理系统排放筒	颗粒物	半年
	成品包装		包装尾气排气筒	颗粒物	半年
氟硅酸钠/氟硅酸钾	复分解反应		反应尾气处理系统排气筒	氟化物	季度
	成品制备	干燥	干燥尾气处理系统排气筒	颗粒物	自动监测
		冷却	冷却尾气处理系统排气筒	颗粒物	半年
	成品包装		包装尾气排气筒	颗粒物	半年

注：废气监测须按照相应标准监测分析方法、技术规范同步监测烟气参数。

　　a 采用燃煤热风炉的排污单位。

　　b 生产过磷酸钙的排污单位。

（2）无组织废气排放监测

无组织废气排放监测点位一般布设在下风向厂界，为充分了解无组织废气排放对周边环境的影响，必要时还应在上风向布置对照点。根据磷肥工业企业工艺及产污特点，同时考虑磷肥工业企业由于恶臭等问题易引起公众投诉较多，确定颗粒物、氟化物、氨 3 项监测指标，每季度至少开展一次监测。此外，具有生化污水处理站的排污单位，还需在厂界监测氨、硫化氢和臭气浓度，最低监测频次与其他无组织废气监测指标一致。

4.3.3 厂界环境噪声监测

厂界环境噪声监测点位设置应遵循《总则》中的原则：根据厂内主要噪声源距厂界位置布点；根据厂界周围敏感目标布点；"厂中厂"是否需要监测根据内部和外围排污单位协商确定；面临海洋、大江、大河的厂界原则上不布点；厂界紧邻交通干线不布点；厂界紧邻另一排污单位的，在临近另一排污单位侧是否布点由排污单位协商确定。主要考虑破碎设备、筛分设备、风机、各类压缩机、水泵等噪声源在厂区内的分布情况。如周边有敏感点，应增加敏感点的噪声监测。

噪声监测指标根据《工业企业厂界环境噪声排放标准》（GB 12348—2008）的相关规定，将厂界噪声等效连续 A 声级 L_{eq} 设为监测指标。

噪声监测频次一般为每季度开展一次昼间、夜间监测，夜间不生产的企业可不开展夜间噪声监测。

4.3.4 周边环境质量影响监测

排污单位开展周边环境质量影响监测时，主要考虑：

1）环境管理政策或环境影响评价文件及其批复［仅限 2015 年 1 月 1 日（含）后取得环境影响评价批复的排污单位］有明确要求的，按要求执行。

2）无明确要求的，若排污单位认为有必要的，可对周边空气环境质量开展监测。

对周边环境控制质量开展监测的排污单位，可参照《环境影响评价技术导则
大气环境》（HJ 2.2—2018）设置监测点位开展监测。监测指标的确定除了以废气
监测指标与《环境空气质量标准》（GB 3095—2012）的对应关系为依据，还应考
虑磷肥工业的废气特征污染物，从而确定颗粒物、氟化物、氨 3 项监测指标。根
据《总则》中的监测频次要求，环境空气至少每半年监测一次。

有磷石膏渣场的排污单位还须监测磷石膏渣场地下水，按照《一般工业固体
废物贮存和填埋污染控制标准》（GB 18599—2020）及《地下水环境监测技术规范》
（HJ 164—2020）的相关要求设置地下水监测点位，监测指标为 pH、总磷、氟化
物、总砷 4 项，每季度至少一次。监测指标及频次按表 4-10 执行。

表 4-10　磷石膏渣场地下水监测指标及最低监测频次

目标环境	监测指标	最低监测频次
磷石膏渣场地下水 （对照井、污染监视监测井、污染扩散监测井）	pH、总磷、氟化物、总砷	季度

4.4　复混肥料（复合肥料）工业

4.4.1　废水排放监测

根据《国务院办公厅关于印发控制污染物排放许可制实施方案的通知》（国办发
〔2016〕81 号）和《固定污染源排污许可分类管理名录（2019 年版）》的管理要求，
考虑到环境风险防控和重点行业的污染防治，复混肥料（复合肥料）工业排污单
位全部按照重点排污单位类型进行管理。排污单位在制定废水监测方案时，主要
考虑排污单位废水排放方式、监测点位的设置、监测指标及监测频次等方面内容。

按照《总则》"5.3.2"的要求确定监测指标，废水总排放口、单独排入外环境

的生活污水排放口以《污水综合排放标准》（GB 8978—1996）为依据；为防止受到污染的雨水对周围环境造成不利影响和保证排污单位合法排污，真正做到雨污分流、清污分流，在雨水排放口也应设置监测点位进行常规指标监测。

（1）废水总排放口

以《污水综合排放标准》（GB 8978—1996）为依据，结合复混肥料工业废水排放特点，确定排污单位废水总排口主要监测 pH、悬浮物、化学需氧量、氨氮、总磷、总氮 6 项指标。

对直接排入外环境和排入公共污水处理系统的排污单位须监测的 6 项监测指标和废水流量进行如下规定：

1）化学需氧量、氨氮 2 项指标是我国污染物总量减排的主要污染物，自动监测技术较为成熟；复混肥料工业属于《关于加强固定污染源氮磷污染防治的通知》（环水体〔2018〕16 号）中规定的总氮、总磷排放重点行业，因此将化学需氧量、氨氮、总磷、总氮 4 项指标规定为自动监测，总氮在自动监测技术规范发布实施前按日监测。

2）pH 是排水安全的重要指标，悬浮物是反映水污染程度的重要指标，考虑复混肥料工业的生产废水多回用至不同的生产工段或循环使用，排放量较小，因此降低监测频次，规定以上 2 项指标直接排放的最低监测频次为按月监测，对于间接排放的，监测频次适当降低，规定为按季度监测。

3）满足排污许可管理及污染物总量核算的需要，废水流量监测频次一律规定为自动监测，以便污染物总量的准确核定。

（2）生活污水排放口

生活污水是复混肥料（复合肥料）工业企业的主要废水来源，对生活污水直接排放的排污单位也应对其排放口进行监测，监测指标及监测频次与废水总排放口保持一致。

（3）雨水排放口

雨水排放口监测化学需氧量、氨氮、悬浮物和总磷 4 项指标，监测频次受降雨影响，规定在排放期间按月监测。考虑南方地区排污单位监测成本，如监测一年无异常情况，可放宽至每季度监测一次。

各排放口的监测指标和监测频次见表 4-11。

表 4-11 复混肥料（复合肥料）工业废水排放监测点位、监测指标及最低监测频次

监测点位	监测指标	最低监测频次	
		直接排放	间接排放
废水总排放口	流量、化学需氧量、氨氮、总磷、总氮[a]	自动监测	
	pH、悬浮物	月	季度
生活污水排放口	流量、化学需氧量、氨氮、总磷、总氮[a]	自动监测	—
	pH、悬浮物	月	—
雨水排放口	化学需氧量、氨氮、悬浮物、总磷	月[b]	

注：[a] 总氮自动监测技术规范发布实施前，按日监测。

[b] 排水期间按月监测，如监测一年无异常情况，可放宽至每季度监测一次。

4.4.2 废气排放监测

废气排放监测分为有组织废气排放监测和无组织废气排放监测两类。

（1）有组织废气排放监测

有组织废气监测方案的制定包括监测点位、监测指标和监测频次。监测点位均设置在排气筒或排气筒前的废气排放通道，对于多个污染源或生产设备共用一个排气筒的，应在废气混合前进行监测，若监测点位必须布设在共用排气筒上，监测指标应涵盖所对应的污染源或生产设备的监测指标，最低监测频次按照严格的执行。

按照《总则》重点排污单位的总体原则规定不同工艺废气排放口监测点位、监测指标及最低监测频次。为核算污染物排放总量，监测污染物指标的同时必须同步监测烟气参数。

1）根据《总则》"5.2.1.1"确定的原则，"废气主要污染源包括：①重点行业

的工业炉窑（水泥窑、炼焦炉、熔炼炉、焚烧炉、熔化炉、铁矿烧结炉、加热炉、热处理炉、石灰窑等）；②化工类生产工序的反应设备（化学反应器/塔、蒸馏/蒸发/萃取设备等）为主要污染源。废气排放口的主要排放口包括：①主要污染源的废气排放口为主要排放口；②'排污许可证申请与核发技术规范'确定的主要排放口"，对接《排污许可证申请与核发技术规范 磷肥、钾肥、复混肥料、有机肥料及微生物肥料工业》（HJ 864.2—2018），梳理出复混肥料（复合肥料）工业排污单位的有组织废气污染源和排放口类型，见表4-12。

表4-12　复混肥料（复合肥料）工业排污单位有组织废气污染源和排放口类型

污染源			主要污染物 （许可排放污染物项目）	排放口类型
产品	生产工序	监测点位		
团粒型复混肥料（复合肥料）	原料制备	含尘废气收集处理设施排气筒	颗粒物	一般排放口
	成品制备	造粒	造粒尾气处理系统排气筒	颗粒物、氨、氮氧化物[a]、硫化氢[b]	主要排放口
		干燥	干燥尾气处理系统排气筒	颗粒物、硫化氢[b]、二氧化硫[c]、氮氧化物	主要排放口
		筛分	筛分尾气处理系统排气筒	颗粒物	一般排放口
		破碎	破碎尾气处理系统排气筒	颗粒物	一般排放口
		冷却	冷却尾气处理系统排气筒	颗粒物	一般排放口
		包装	包装尾气排气筒	颗粒物	一般排放口
熔体型复混肥料（复合肥料）	原料制备	含尘废气收集处理设施排气筒	颗粒物	一般排放口
	成品制备	造粒	造粒尾气处理系统排气筒	颗粒物、氨[a]、硫化氢[b]	主要排放口
		筛分	筛分尾气处理系统排气筒	颗粒物	一般排放口
		破碎	破碎尾气处理系统排气筒	颗粒物	一般排放口
		冷却	冷却尾气处理系统排气筒	颗粒物	一般排放口
		包装	包装尾气排气筒	颗粒物	一般排放口

污染源			主要污染物 （许可排放污染物项目）	排放口类型
产品	生产工序	监测点位		
料浆型复混肥料（复合肥料）	复分解反应	反应尾气处理系统排气筒	氯化氢	主要排放口
	中和反应	反应尾气处理系统排气筒	氨	主要排放口
	成品制备 造粒	造粒尾气处理系统排气筒	颗粒物、氨	主要排放口
	干燥	干燥尾气处理系统排气筒	颗粒物、二氧化硫^b、氮氧化物	主要排放口
	筛分	筛分尾气处理系统排气筒	颗粒物	一般排放口
	破碎	破碎尾气处理系统排气筒	颗粒物	一般排放口
	冷却	冷却尾气处理系统排气筒	颗粒物	一般排放口
	包装	包装尾气排气筒	颗粒物	一般排放口
掺混型复混肥料（复合肥料）	成品制备 掺混	掺混尾气处理系统排气筒	颗粒物	一般排放口
	筛分	筛分尾气处理系统排气筒	颗粒物	一般排放口
	包装	破碎尾气处理系统排气筒	颗粒物	一般排放口

注：^a生产硝基复混肥料（复合肥料）排污单位。

　　^b生产有机—无机复混肥料（复合肥料）的排污单位。

　　^c采用燃煤热风炉的排污单位。

2）按照《总则》"5.2.1.3"的要求确定监测指标。目前复混肥料（复合肥料）工业大气污染物监管主要依照《大气污染物综合排放标准》（GB 16297—1996）、《恶臭污染物排放标准》（GB 14554—93）规定的相关污染物执行，涉及颗粒物、二氧化硫、氮氧化物、硫化氢、氯化氢和氨 6 项有组织废气监测指标。

a）颗粒物为复混肥料（复合肥料）工业排放量较大的污染物；

b）生产过程中涉及干燥工段，均以天然气或煤作为热风炉的原料，涉及氮氧化物和二氧化硫的排放；

c）生产有机—无机复混肥料（复合肥料）的排污单位在造粒和干燥工段有机肥中的硫化氢会有少量排放，硫化氢是一种无色、易燃的酸性气体，浓度低时带恶臭，气味如臭鸡蛋，是一种急性剧毒，吸入少量高浓度硫化氢可于短时间内致命，低浓度的硫化氢对眼、呼吸系统及中枢神经都有影响，故需对硫化氢的排放进行管控；

d）中和和造粒工段涉及氨的排放，氨既是八种恶臭污染物之一，也是 PM$_{2.5}$

中绝大多数二次颗粒物形成的前体物质，即灰霾天气的重要推手，故需要加强对氨排放的管控；

e）氯化钾低温转化法料浆型复混肥料（复合肥料）的排污单位复分解工段反应尾气会有少量氯化氢排放。

根据《总则》"5.2.1.3"中关于划分有组织废气主要监测指标的相关原则确定上述 6 项监测指标的属性，见表 4-13。

表 4-13　复混肥料（复合肥料）工业排污单位有组织废气监测指标属性

监测指标	监测指标属性	备注
颗粒物、氮氧化物、二氧化硫	主要监测指标	排放量大
氨	主要监测指标	有毒有害污染物
硫化氢、氯化氢	其他监测指标	—

3）根据《总则》"5.2.1.4"规定有组织废气监测指标的最低监测频次原则，"主要排放口的主要监测指标按月—季度进行监测，其他监测指标按半年—年进行监测；其他排放口的监测指标按半年—年进行监测"，对复混肥料（复合肥料）工业排污单位有组织废气监测频次作如下规定：

a）为准确核算颗粒物排放总量，要求自动监测主要排放口的颗粒物，其他排放口的颗粒物按半年监测；熔体型复混肥料（复合肥料）造粒尾气处理系统排气筒由于受技术限制，现阶段较难实现颗粒物自动监测，故规定按月监测；

b）主要排放口的氮氧化物、二氧化硫按月监测；

c）主要排放口的氨按季度监测；

d）硫化氢、氯化氢按半年监测。

复混肥料（复合肥料）工业各生产工序有组织废气排放监测点位、监测指标及最低监测频次按表 4-14 执行。

表 4-14　复混肥料（复合肥料）工业有组织废气排放监测点位、监测指标及最低监测频次

产品	生产工序		监测点位	监测指标	最低监测频次
团粒型复混肥料（复合肥料）	原料制备		含尘废气收集处理设施排气筒	颗粒物	半年
	成品制备	造粒	造粒尾气处理系统排气筒	颗粒物	自动监测
				氨	季度
				氮氧化物 [a]	季度
				硫化氢 [b]	半年
		干燥	干燥尾气处理系统排气筒	颗粒物	自动监测
				硫化氢 [b]	半年
				二氧化硫 [c]	月
				氮氧化物	月
		筛分	筛分尾气处理系统排气筒	颗粒物	半年
		破碎	破碎尾气处理系统排气筒	颗粒物	半年
		冷却	冷却系统尾气处理排气筒	颗粒物	半年
		包装	包装尾气处理系统排气筒	颗粒物	半年
熔体型复混肥料（复合肥料）	原料制备		含尘废气收集处理设施排气筒	颗粒物	半年
	成品制备	造粒	造粒尾气处理系统排气筒	颗粒物	自动监测
				氨	季度
				硫化氢 [b]	半年
		筛分	筛分尾气处理系统排气筒	颗粒物	半年
		破碎	破碎尾气处理系统排气筒	颗粒物	半年
		冷却	冷却系统尾气处理排气筒	颗粒物	半年
		包装	包装尾气处理系统排气筒	颗粒物	半年
料浆型复混肥料（复合肥料）	复分解反应		反应尾气处理系统排气筒	氯化氢	半年
	中和反应		反应尾气处理系统排气筒	氨	季度
	成品制备	造粒	造粒尾气处理系统排气筒	颗粒物	自动监测
				氨	季度
		干燥	干燥尾气处理系统排气筒	颗粒物	自动监测
				二氧化硫 [c]	月
				氮氧化物	月
		筛分	筛分尾气处理系统排气筒	颗粒物	半年
		破碎	破碎尾气处理系统排气筒	颗粒物	半年
		冷却	冷却系统尾气处理排气筒	颗粒物	半年
		包装	包装尾气排气筒	颗粒物	半年

产品	生产工序		监测点位	监测指标	最低监测频次
掺混型复混肥料（复合肥料）	成品制备	掺混	掺混尾气处理系统排气筒	颗粒物	半年
		筛分	筛分尾气处理系统排气筒	颗粒物	半年
		包装	包装尾气收集处理设施排气筒	颗粒物	半年

注：废气监测须按照相应标准监测分析方法、技术规范同步监测烟气参数。

[a] 生产硝基复混肥料（复合肥料）的排污单位。

[b] 生产有机—无机复混肥料（复合肥料）的排污单位。

[c] 采用燃煤热风炉的排污单位。

（2）无组织废气排放监测

无组织废气排放监测点位一般布设在下风向厂界，为充分了解无组织废气排放对周边环境的影响，必要时还应在上风向布置对照点。根据复混肥料（复合肥料）工业企业工艺及产污特点，同时考虑复混肥料（复合肥料）工业企业由于恶臭等问题易引起公众投诉较多，确定所有复混肥料（复合肥料）工业排污单位均监测颗粒物、氨 2 项指标，采用低温转化法生产硫基型复混肥料（复合肥料）的排污单位还须监测氯化氢，每季度至少开展一次监测。生产有机—无机复混肥料（复合肥料）的排污单位须监测硫化氢、臭气浓度，每半年至少开展一次监测。

此外，具有生化污水处理站的排污单位，还须在厂界监测氨、硫化氢和臭气浓度，最低监测频次与其他无组织废气监测指标一致。

4.4.3 厂界环境噪声监测

厂界环境噪声监测点位设置应遵循《总则》中的原则，主要考虑噪声源在厂区内的分布情况和周边环境敏感点的位置。厂界环境噪声每季度至少开展一次昼间、夜间监测，夜间不生产的企业可不开展夜间噪声监测。

4.4.4 周边环境质量影响监测

排污单位开展周边环境质量影响监测时，主要考虑：

1）环境管理政策或环境影响评价文件及其批复 [仅限 2015 年 1 月 1 日（含）

后取得环境影响评价批复的排污单位〕有明确要求的，按要求执行。

2）无明确要求的，若排污单位认为有必要的，可对周边空气环境质量开展监测。

对周边环境控制质量开展监测的排污单位，可参照《环境影响评价技术导则　大气环境》（HJ 2.2—2018）设置监测点位开展监测。监测指标的确定除了以废气监测指标与《环境空气质量标准》（GB 3095—2012）的对应关系为依据，还应考虑复混肥料（复合肥料）工业的废气特征污染物，从而确定颗粒物、氨 2 项监测指标，掺混型复混肥料（复合肥料）排污单位可不监测氨。根据《总则》中的监测频次要求，环境空气至少每半年监测一次。

4.5　钾肥工业

4.5.1　废水排放监测

根据《固定污染源排放许可分类管理名录（2019 年版）》的管理要求，钾肥工业属于实施简化管理的行业。排污单位在制定废水监测方案时，可放宽最低监测频次。被地方政府列入重点排污单位的企业仍按照《总则》的相关要求确定监测频次。

按照《总则》"5.3.2"的要求确定监测指标，废水总排口的监测指标以《污水综合排放标准》（GB 8978—1996）为依据，结合钾肥工业产污特点确定；对单独排入外环境的生活污水排放口根据常规污染物种类进行选择；为防止受到污染的雨水对周围环境造成不利影响和保证排污单位合法排污，真正做到雨污分流、清污分流，在雨水排放口也应设置监测点位进行常规指标监测。

（1）废水总排放口

结合钾肥工业企业产污特点，以《污水综合排放标准》（GB 8978—1996）为依据，规定 pH、悬浮物、化学需氧量、氨氮 4 项监测指标。对于排污单位须监测的 4 项监测指标和废水流量的监测频次进行如下规定：

化学需氧量、氨氮 2 项指标是我国污染物总量减排的主要污染物，废水流量是总量核算的基础指标，且自动监测技术较为成熟，因此规定重点排污单位无论是废水直接排放还是间接排放，流量、化学需氧量、氨氮均为自动监测。非重点排污单位降低监测频次，废水直接排放按月监测，间接排放按季度监测。

pH 是衡量溶液酸碱性的尺度，涉及水中化学变化；悬浮物是反映水污染程度的指标，因此规定重点排污单位废水直接排放的可按月监测，间接排放的按季度监测。非重点排污单位可降低监测频次，废水直接排放的按季度监测，间接排放的半年监测一次。

（2）生活污水排放口

对于单独排入外环境的生活污水，为与排污许可衔接，对流量、pH、化学需氧量、氨氮、悬浮物 5 项指标进行监测，监测频次为半年。

（3）雨水排放口

主要监测化学需氧量、氨氮和悬浮物 3 项指标，监测频次受降雨影响，规定在排放期间按日监测。考虑南方地区排污单位监测成本，如监测一年无异常情况，可放宽至每季度监测一次。

各排放口的具体监测指标和监测频次见表 4-15。

表 4-15　钾肥工业废水排放监测点位、监测指标及最低监测频次

监测点位	排污单位级别	监测指标	最低监测频次	
			直接排放	间接排放
废水总排放口	重点排污单位	流量、化学需氧量、氨氮	自动监测	
		pH、悬浮物	月	季度
	非重点排污单位	流量、化学需氧量、氨氮	月	季度
		pH、悬浮物	季度	半年
生活污水排放口		流量、pH、化学需氧量、氨氮、悬浮物	半年	—
雨水排放口		化学需氧量、氨氮、悬浮物	日 [a]	

注：[a] 排水期间按日监测，如监测一年无异常情况，可放宽至每季度监测一次。

4.5.2 废气排放监测

根据钾肥工业生产工序中可能涉及的废气排放源，对废气排放监测进行了明确要求，分为有组织废气排放监测和无组织废气排放监测两类。

（1）有组织废气排放监测

按照《总则》"5.2.1.3"的要求确定监测指标。目前钾肥工业大气污染物监管主要依照《大气污染物综合排放标准》（GB 16297—1996）规定的相关污染物执行。钾肥工业涉及颗粒物、二氧化硫、氮氧化物和氯化氢 4 项有组织废气监测指标。颗粒物为钾肥工业排放量较大的污染物，其中干燥尾气中颗粒物的排放量较大；干燥工段天然气使用量或燃煤量较小，二氧化硫、氮氧化物排放量较小；曼海姆法硫酸钾生产工艺中，降膜酸雾吸收器尾气中含氯化氢，因其具有极刺激性气味，极易溶于水，生成盐酸，有强腐蚀性，能与多种金属反应产生氢气引发爆炸和着火等特点，故需要对氯化氢的排放进行管控。

根据《总则》"5.2.1.3"中关于划分有组织废气主要监测指标的相关原则确定颗粒物、氯化氢为主要监测指标，二氧化硫、氮氧化物为其他监测指标。

钾肥工业属于实施简化管理的行业，根据《总则》"5.2.1.4"中有组织废气监测指标的最低监测频次的规定，钾肥工业有组织废气 4 项监测指标均按半年监测。

钾肥工业各生产工序有组织废气排放监测点位、监测指标及最低监测频次按表 4-16 执行。

（2）无组织废气排放监测

钾肥工业无组织废气排放影响较轻，确定颗粒物、氯化氢 2 项监测指标，每半年开展一次监测。

表 4-16　钾肥工业有组织废气排放监测点位、监测指标及最低监测频次

产品	生产工序	监测点位	监测指标	最低监测频次
氯化钾、硫酸钾（钾混盐转化法、复分解法）、硫酸钾镁肥	成品制备	造粒尾气处理系统排气筒	颗粒物	半年
		干燥尾气处理系统排气筒	颗粒物	半年
			二氧化硫 [a]	半年
			氮氧化物	半年
		包装尾气排气筒	颗粒物	半年
硝酸钾	中和反应	反应尾气处理系统排气筒	氮氧化物	半年
	成品制备	造粒尾气处理系统排气筒	颗粒物	半年
		干燥尾气处理系统排气筒	颗粒物	半年
			二氧化硫 [a]	半年
			氮氧化物	半年
		包装尾气排气筒	颗粒物	半年
硫酸钾（曼海姆法）	曼海姆炉	曼海姆炉烟气排气筒	颗粒物	半年
			二氧化硫 [b]	半年
			氮氧化物	半年
	冷却	浆膜吸收器尾气排气筒	氯化氢	半年
		冷却器尾气处理系统排气筒	颗粒物	半年
	成品制备	破碎尾气处理系统排气筒	颗粒物	半年
		包装尾气排气筒	颗粒物	半年

注：废气监测须按照相应标准监测分析方法、技术规范同步监测烟气参数。

　[a] 采用燃煤热风炉的排污单位。

　[b] 采用重油、燃煤发生炉制气为燃料的排污单位。

4.5.3　厂界环境噪声监测

　　厂界环境噪声监测点位设置应遵循《总则》中的原则，主要考虑噪声源在厂区内的分布情况和周边环境敏感点的位置。厂界环境噪声每季度至少开展一次昼

间、夜间监测，夜间不生产的企业可不开展夜间噪声监测。

4.5.4　周边环境质量影响监测

排污单位开展周边环境质量影响监测时，主要考虑：

1）环境管理政策或环境影响评价文件及其批复［仅限 2015 年 1 月 1 日（含）后取得环境影响评价批复的排污单位］有明确要求的，按要求执行。

2）无明确要求的，若排污单位认为有必要的，可对周边空气环境质量开展监测。

对周边环境控制质量开展监测的排污单位，可参照《环境影响评价技术导则 大气环境》（HJ 2.2—2018）设置监测点位开展监测。监测指标的确定除了以废气监测指标与《环境空气质量标准》（GB 3095—2012）的对应关系为依据，还结合钾肥工业的废气特征污染物，从而确定监测指标为颗粒物。根据《总则》中的监测频次要求，环境空气至少每半年监测一次。

4.6　有机肥料及微生物肥料工业

4.6.1　废水排放监测

有机肥料及微生物肥料工业排污单位在制定废水监测方案时，应在废水总排放口、单独排入外环境的生活污水排放口、雨水排放口布设监测点位，以《污水综合排放标准》（GB 8978—1996）为依据，结合有机肥料及微生物肥料工业的产污特点确定监测指标。根据《固定污染源排放许可分类管理名录（2019 年版）》的管理要求，有机肥料及微生物肥料工业属于实施简化管理的行业，可放宽最低监测频次。被地方政府列入重点排污单位的企业仍按照《总则》的相关要求确定监测频次。

（1）废水总排放口

废水总排放口监测指标包括流量、化学需氧量、氨氮、总磷、总氮、pH、悬浮物 7 项。

对直接排入外环境和排入公共污水处理系统的排污单位须监测的 6 项指标和废水流量进行如下规定：

1）化学需氧量、氨氮 2 项指标是我国污染物总量减排的主要污染物，自动监测技术较为成熟；总氮、总磷是有机肥料及微生物肥料工业的特征污染物，废水流量是总量核算的基础指标，因此规定重点排污单位的流量、化学需氧量、氨氮、总磷、总氮 5 项指标为自动监测，总氮在自动监测技术规范发布实施前按日监测。非重点排放单位可以放宽监测频次要求，以上 5 项指标直接排放的为按月监测，间接排放的按季度监测。

2）pH 是排水安全的重要指标，悬浮物是反映水污染程度的重要指标，考虑有机肥料及微生物肥料工业排污单位的生产废水大多循环利用，因此降低监测频次，规定重点排污单位直接排放的最低监测频次为按月监测，间接排放的按季度监测。对于非重点排污单位，以上 2 项指标直接排放的按季度监测，间接排放的每半年监测一次。

（2）生活污水排放口

对于单独排入外环境的生活污水，为与排污许可衔接，对流量、pH、化学需氧量、氨氮、悬浮物 5 项指标进行监测，监测频次为半年。

（3）雨水排放口

主要监测化学需氧量、氨氮和悬浮物 3 项指标，监测频次受降雨影响，规定在排放期间应按日监测。考虑南方地区排污单位监测成本，如监测一年无异常情况，可放宽至每季度监测一次。

各排放口的具体监测指标和监测频次见表 4-17。

表 4-17　有机肥料及微生物肥料工业废水排放监测点位、监测指标及最低监测频次

监测点位	排污单位级别	监测指标	最低监测频次	
			直接排放	间接排放
废水总排放口	重点排污单位	流量、化学需氧量、氨氮、总磷、总氮 a	自动监测	
		pH、悬浮物	月	季度
	非重点排污单位	流量、化学需氧量、氨氮、总磷、总氮	月	季度
		pH、悬浮物	季度	半年
生活污水排放口		流量、pH、化学需氧量、氨氮、悬浮物	半年	—
雨水排放口		化学需氧量、氨氮、悬浮物	日 b	

注：a 总氮自动监测技术规范发布实施前，按日监测。

　　b 排水期间按日监测，如监测一年无异常情况，可放宽至每季度监测一次。

4.6.2　废气排放监测

根据生产工艺过程分析，有机肥料排污单位废气的产污环节主要包括备料、发酵、干燥、破碎、造粒、筛分、冷却等工序；微生物肥料排污单位废气的产污环节主要包括原料备料、接种、发酵、干燥、破碎、包装等工序。废气排放方式主要为有组织排放和无组织排放。

（1）有组织废气排放监测

按照《总则》"5.2.1.3"的要求确定监测指标。目前有机肥料及微生物肥料工业大气污染物监管主要依照《大气污染物综合排放标准》（GB 16297—1996）、《恶臭污染物排放标准》（GB 14554—93）规定的相关污染物执行，主要涉及颗粒物、氨、硫化氢 3 项污染物。

颗粒物为有机肥料及微生物肥料工业排放量较大的污染物，但与氮肥工业、磷肥工业等行业相比，其排放量相对较少；有机肥料生产的原料制备、发酵和干燥过程，微生物肥料生产的接种、发酵和干燥过程，会产生氨和硫化氢。

有机肥料及微生物肥料工业属于实施简化管理的行业，根据《总则》"5.2.1.4"中有组织废气监测指标的最低监测频次的规定，其有组织废气 3 项监测指标均按半年监测。

有机肥料及微生物肥料工业各生产工序有组织废气排放监测点位、监测指标及最低监测频次按表4-18执行。

表4-18 有机肥料及微生物肥料工业有组织废气排放监测点位、监测指标及最低监测频次

产品	生产工序		监测点位	监测指标	最低监测频次
有机肥料	原料制备		含尘废气收集处理设施排气筒	颗粒物	半年
				氨	半年
				硫化氢	半年
	成品制备	发酵	发酵尾气收集处理设施排气筒	氨	半年
				硫化氢	半年
		干燥	干燥尾气收集处理设施排气筒	氨	半年
				硫化氢	半年
		破碎	破碎尾气收集处理设施排气筒	颗粒物	半年
		造粒	造粒尾气处理系统排气筒	颗粒物	半年
		筛分	筛分尾气处理系统排气筒	颗粒物	半年
		冷却	冷却尾气处理系统排气筒	颗粒物	半年
微生物肥料	原料制备		反应尾气处理系统排气筒	颗粒物	半年
	成品制备	接种	接种尾气收集处理设施排气筒	氨	半年
				硫化氢	半年
		发酵	发酵尾气收集处理设施排气筒	氨	半年
				硫化氢	半年
		干燥	干燥尾气收集处理设施排气筒	氨	半年
				硫化氢	半年
		破碎	破碎尾气处理系统排气筒	颗粒物	半年
		包装	包装尾气排气筒	颗粒物	半年

注：废气监测须按照相应标准监测分析方法、技术规范同步监测烟气参数。

（2）无组织废气排放监测

有机肥料及微生物肥料工业无组织废气排放影响较轻，确定颗粒物、氨、硫化氢、臭气浓度4项监测指标，每半年开展一次监测。

4.6.3　厂界环境噪声监测

厂界环境噪声监测点位设置应遵循《总则》中的原则，主要考虑噪声源在厂区内的分布情况和周边环境敏感点的位置。厂界环境噪声每季度至少开展一次昼间、夜间监测，夜间不生产的企业可不开展夜间噪声监测。

4.6.4　周边环境质量影响监测

排污单位开展周边环境质量影响监测时，主要考虑：

1）环境管理政策或环境影响评价文件及其批复［仅限 2015 年 1 月 1 日（含）后取得环境影响评价批复的排污单位］有明确要求的，按要求执行。

2）无明确要求的，若排污单位认为有必要的，可对周边空气环境质量开展监测。

对周边环境控制质量开展监测的排污单位，可参照《环境影响评价技术导则　大气环境》（HJ 2.2—2018）设置监测点位开展监测。监测指标的确定除了以废气监测指标与《环境空气质量标准》（GB 3095—2012）的对应关系为依据，还结合有机肥料及微生物肥料工业的废气特征污染物，确定监测指标为颗粒物。根据《总则》中的监测频次要求，环境空气至少每半年监测一次。

4.7　其他要求

（1）当肥料制造行业排污单位涉及氮肥、磷肥、钾肥、复混肥料（复合肥料）、有机物肥料和微生物肥料两种以上工业类型时，其指定的自行监测方案应依据《排污单位自行监测技术指南　化肥工业—氮肥》（HJ 948.1—2018）、《排污单位自行监测技术指南　磷肥、钾肥、复混肥料、有机肥料和微生物肥料》（HJ 1088—2020）涵盖所有监测指标，监测频次按照技术指南中规定严格执行。

（2）相应的技术指南中未规定的污染物指标，排污单位所持有的排污许可证中载明的其他污染物指标或其他环境管理明确要求管控的污染物指标，或根据生产过程的原辅用料、生产工艺、中间及最终产品类型、监测结果确定实际排放的，在有毒有害或优先控制污染物相关名录中的污染物指标，或其他有毒污染物指标，也应纳入自行监测范围。监测点位和监测频次依据 HJ 948.1—2018、HJ 1088—2020 和《总则》确定。

（3）排污单位对于多个污染源或生产设备共用一个排气筒的，监测点位可布设在共用的排气筒上，监测指标应涵盖所对应的污染源或生产设备的监测指标，监测频次按照严格的执行。

（4）技术指南中的监测频次均为最低监测频次，排污单位应确保各指标的监测频次在相应技术指南要求的基础上，可根据《总则》中监测频次的确定原则提高监测频次。监测频次的确定原则为：不应低于国家或地方发布的标准、规范性文件、规划、环境影响评价文件及其批复等明确规定的监测频次；主要排放口的监测频次高于非主要排放口；主要监测指标的监测频次高于其他监测指标；排向敏感地区的应适当增加监测频次；排放状况波动大的，应当增加监测频次；历史稳定达标状况较差的需增加监测频次，达标状况良好的可以适当降低监测频次；监测成本应与排污单位自身能力相一致，尽量避免重复监测。

（5）对于 HJ 948.1—2018 和 HJ 1088—2020 中未规定的内容，如内部监测点位设置及监测要求，采样方法、监测分析方法、监测质量保证与质量控制，监测方案的描述、变更等按照《总则》执行。

4.8　自行监测方案案例分析

为了便于对本章中监测方案示例的正确掌握和应用，特别强调以下两点：

第一，本书附录 6 中列出了可供参考的完整的监测方案模板示例，排污单位可根据示例和本单位实际情况，进行相应的调整完善，作为本单位的监测方案使用。本章重点针对附录 6 中的监测点位、监测指标、监测频次、监测方法等内容给出示例，对于共性较大的描述性内容和质量控制等相关内容，在本章中不再进行列举，但并不意味着不重要或者不需要。

第二，本书给出的排放限值仅用于示例，可能会存在与实际要求略有差异的情况，这与各地实际管理要求有关，也与案例企业的特殊情况有关，本书对此不做深入解释和说明。

案例一

某氮肥企业自行监测方案

根据《企业环境信息依法披露管理办法》、《国家重点监控企业自行监测及信息公开办法（试行）》（环发〔2013〕81 号）和《排污单位自行监测技术指南　化肥工业—氮肥》（HJ 948.1—2018）的规定，××化工股份有限公司根据企业实际生产情况特制定本监测方案。

一、企业基本情况

企业名称	××化工股份有限公司		行业类别		氮肥制造
曾用名	—		注册类型		股份有限公司
组织机构代码	—		社会信用代码		91370000××××××
企业规模	中型		对应市平台自动监控企业		××化工股份有限公司
中心经纬度	中心经度	××°××′××″	中心纬度		××°××′××″
企业注册地址	××省××市××镇项目区			邮编	26××××
企业生产地址	××省××市××镇项目区			邮编	26××××
法定代表人	×××		企业网址		
建成投产年月	2012-××-××		管理级别		县（市、区属）
环保联系人	×××		联系电话		05××-22×××3

（一）企业生产情况

公司现有合成氨 40 万 t/a、尿素 60 万 t/a、甲醇 20 万 t/a 的生产规模。

（二）企业污染治理情况

1. 废水治理：为达到生产污水循环利用与无害化处理，最大限度地降低废水污染物排放总量，公司建成处理规模为 10 000 m^3/d 污水处理装置一套，该项目由××工程设计研究院负责设计，采用 A/O 法处理工艺。经处理后的水排至××水务有限公司。

2. 废气治理：锅炉烟气采用 SNCR 脱硝+两电场静电除尘+布袋除尘+（炉外氨法脱硫+湿电除尘）或（石灰石-石膏脱硫+管束超净除尘）处理后，经排气筒排放；三废炉烟气经 SNCR 脱硝+一电场二布袋除尘+石灰-石膏脱硫+湿电除尘处理后，通过排气筒排放；两套尿素尾吸塔排气采用冷凝液洗涤吸收处理后，经过排气筒排入大气；两套尿素造粒塔排气经喷水洗涤吸收尿素粉尘与氨后，通过排气筒排放；两套尿素包装系统产生的废气经过一套公用的喷水洗涤吸收塔吸收尿素粉尘后，经过排气筒排放。

（三）企业自行监测开展情况说明

企业自行监测开展的项目包括废水、废气、噪声，自行监测手段采用手动监测和自动监测相结合的方式。监测分析采取委托第三方检测机构方式。

废水监测点位主要为企业废水排放口。涉及的主要监测指标有流量、pH、化学需氧量、氨氮、总氮、悬浮物、总磷、石油类、硫化物、氰化物、挥发酚等。其中流量、pH、化学需氧量、氨氮和总氮采取自动监测，其他项目采取手工监测方式。

有组织废气监测点位主要有锅炉排放口、三废炉排放口、尿素尾吸塔排气筒、尿素包装排气筒、尿素造粒塔排气筒、原料煤加工废气排气筒以及造气废水沉淀池废气收集处理设施排气筒。主要监测指标包括颗粒物、二氧化硫、氮氧化物、氨、汞及其化合物等。颗粒物、二氧化硫、氮氧化物采取自动监测，其他项目采取手工监测。

无组织废气：在厂界下风向布设监测点位，主要监测指标包括颗粒物、甲醇、氨、臭气浓度、硫化氢、酚类等，所有项目采用手工监测。

厂界环境噪声：根据设备在厂区的布置情况，分别在厂区的东、南、西、北4个边界布设监测点位，每季度一次，昼夜各一次。

二、自行监测内容

1．废水监测内容

排放口	监测项目	监测方法	监测频次	分析方法	标准限值	标准依据
废水排放口（DW002）	氨氮	自动	连续	—	45 mg/L	《污水排入城镇下水道水质标准》（GB/T 31962—2015）^a
	流量	自动	连续	—	—	
	悬浮物	手工	月	《水质　悬浮物的测定　重量法》（GB 11901—1989）	100 mg/L	《合成氨工业水污染物排放标准》（GB 13458—2013）
	pH	自动	连续	—	6～9（无量纲）	
	化学需氧量	自动	连续	—	200 mg/L	
	硫化物	手工	月	《水质　硫化物的测定　亚甲基蓝分光光度法》（GB/T 16489—1996）	0.5 mg/L	
	氰化物	手工	月	《水质　氰化物的测定　容量法和分光光度法》（HJ 484—2009）	0.2 mg/L	
	挥发酚	手工	月	《水质　挥发酚的测定　4-氨基安替比林分光光度法》（HJ 503—2009）	0.1 mg/L	
	石油类	手工	月	《水质　石油类和动植物油类的测定　红外分光光度法》（HJ 637—2018）	3 mg/L	
	总磷（以 P 计）	手工	月	《水质　总磷的测定　钼酸铵分光光度法》（GB/T 11893—1989）	1.5 mg/L	
	总氮（以 N 计）	自动	连续	—	60 mg/L	

注：^a 标准依据由企业所在地生态环境行政主管部门特殊规定。

2. 有组织废气监测内容

排放口	监测点位	监测项目	分析方法	监测方法	监测频次	排放限值	标准依据	分析仪器
DA001	锅炉排放口	二氧化硫	紫外差分光谱吸收法	自动	连续	35 mg/m³	《××火电厂大气污染物排放标准2019》(DB ××/××—2019)	—
		氮氧化物	紫外差分光谱吸收法	自动	连续	50 mg/m³		—
		颗粒物	激光前向散射法	自动	连续	5 mg/m³		—
		林格曼黑度	《固定污染源排放烟气黑度的测定 林格曼烟气黑度图法》(HJ/T 398—2007)	手工	季度	1 级		QT201 豪纳特单筒林格曼黑度仪
		汞及其化合物	原子荧光分光光度法《空气和废气监测分析方法》(第四版增补版)	手工	季度	0.03 mg/m³		AFS-8220 原子荧光光度计
		氨	《环境空气和废气氨的测定 纳氏试剂分光光度法》(HJ 533—2009)	手工	季度	75 kg/h	《恶臭污染物排放标准》(GB 14554—93)	紫外可见分光光度 TU-1810
DA002	三废炉排放口	二氧化硫	紫外差分光谱吸收法	自动	连续	50 mg/m³	《××省锅炉大气污染物排放标准2018》(DB××/×××—2018)	—
		氮氧化物	紫外差分光谱吸收法	自动	连续	100 mg/m³		—
		颗粒物	激光前向散射法	自动	连续	10 mg/m³		—
		汞及其化合物	原子荧光分光光度法《空气和废气监测分析方法》(第四版增补版)	手工	季度	0.05 mg/m³		AFS-8220 原子荧光光度计

排放口	监测点位	监测项目	分析方法	监测方法	监测频次	排放限值	标准依据	分析仪器
DA002	三废炉排放口	氨	《环境空气和废气 氨的测定 纳氏试剂分光光度法》（HJ 533—2009）	手工	季度	75 kg/h	《恶臭污染物排放标准》（GB 14554—93）	紫外可见分光光度计 TU-1810
		林格曼黑度	《固定污染源排放烟气黑度的测定 林格曼烟气黑度图法》（HJ/T 398—2007）	手工	季度	1 级	排污许可证	QT201 豪纳特单筒林格曼黑度仪
DA003	尿素尾吸塔排气筒	氨	《环境空气和废气 氨的测定 纳氏试剂分光光度法》（HJ 533—2009）	手工	季度	75 kg/h	《恶臭污染物排放标准》（GB 14554—93）	紫外可见分光光度计 TU-1810
DA004	尿素包装排气筒	颗粒物	《固定污染源废气低浓度颗粒物的测定 重量法》（HJ 836—2017）	手工	季度	10 mg/m³	《××省区域性大气污染物综合排放标准 2019》（DB××/×××—2019）	自动烟尘（气）采样仪
DA005	尿素造粒塔排气筒	颗粒物	《固定污染源废气低浓度颗粒物的测定 重量法》（HJ 836—2017）	手工	季度	10 mg/m³	《××省区域性大气污染物综合排放标准 2019》（DB××/×××—2019）	自动烟尘（气）采样仪
		氨	《环境空气和废气 氨的测定 纳氏试剂分光光度法》（HJ 533—2009）	手工	季度	75 kg/h	《恶臭污染物排放标准》（GB 14554—93）	紫外可见分光光度计 TU-1810
DA006	原料煤加工废气排气筒	颗粒物	《固定污染源废气低浓度颗粒物的测定 重量法》（HJ 836—2017）	手工	月	10 mg/m³	《××省区域性大气污染物综合排放标准 2019》（DB××/×××—2019）	自动烟尘（气）采样仪

排放口	监测点位	监测项目	分析方法	监测方法	监测频次	排放限值	标准依据	分析仪器
DA007	造气废水沉淀池废气收集处理设施排气筒	氨	《环境空气和废气氨的测定 纳氏试剂分光光度法》（HJ 533—2009）	手工	季度	75 kg/h	《恶臭污染物排放标准》（GB 14554—93）	紫外可见分光光度计 TU-1810
		硫化氢	亚甲基蓝分光光度法《空气和废气监测分析方法》（第四版增补版）	手工	季度	5.2 kg/h		UV-9000S 双光束紫外可见分光光度计/ UV-1801 紫外可见分光光度计
		酚类	《固定污染源排气中酚类化合物的测定 4-氨基安替比林分光光度法》（HJ/T 32—1999）	手工	季度	100 mg/m^3	排污许可证	
		氰化氢	《固定污染源排气中氰化氢的测定 异烟酸-吡唑啉酮分光光度法》（HJ/T 28—1999）	手工	季度	1.9 mg/m^3		
		苯并[a]芘	《固定污染源排气中苯并[a]芘的测定 高效液相色谱法》（HJ/T 40—1999）	手工	半年	0.000 3 mg/m^3		液相色谱法
		挥发性有机物	《固定污染源废气 总烃、甲烷和非甲烷总烃的测定 气相色谱法》（HJ 38—2017）	手工	季度	80 mg/m^3		气相色谱法

3．无组织废气监测内容

监测点位	监测项目	分析方法	监测方法	监测频次	标准限值	标准依据	分析仪器
厂界下风向	颗粒物	《环境空气　总悬浮颗粒物的测定　重量法》（GB/T 15432—1995）	手工	季度	1.0 mg/m³	排污许可证	MS105DU 电子天平
	甲醇	《固定污染源排气中甲醇的测定　气相色谱法》（HJ/T 33—1999）	手工	季度	12 mg/m³		G5 气相色谱仪
	氨	《环境空气和废气　氨的测定　纳氏试剂分光光度法》（HJ 533—2009）	手工	季度	1.5 mg/m³	《恶臭污染物排放标准》（GB 14554—93）	UV-9000S 双光束紫外可见分光光度计/ UV-1801 紫外可见分光光度计
	硫化氢	亚甲基蓝分光光度法《空气和废气监测分析方法》（第四版增补版）	手工	季度	0.06 mg/m³		
	酚类	《固定污染源排气中酚类化合物的测定　4-氨基安替比林分光光度法》（HJ/T 32—1999）	手工	年	0.08 mg/m³	《大气污染物综合排放标准》（GB 16297—1996）	
	臭气浓度	《三点比较式臭袋法》（GB/T 14675—1993）	手工	季度	16（无量纲）	《挥发性有机物排放标准　第7部分：其他行业》（DB ××/ ××××—2019）	气体六向分配器
	苯并[a]芘	《环境空气和废气　气相和颗粒物中多环芳烃的测定　气相色谱质谱法》（HJ 646—2013）	手工	年	0.008 μg/m³	《大气污染物综合排放标准》（GB 16297—1996）	7890B-5977B 气相-质谱联用仪
	挥发性有机物	《环境空气　总烃、甲烷和非甲烷总烃的测定　直接进样-气相色谱法》（HJ 604—2017）	手工	季度	2.0 mg/m³	排污许可证	GC9790-Ⅱ 气相色谱仪

4．厂界环境噪声监测内容

监测点位	监测方式	监测频次	排放标准	标准限值	监测方法	分析仪器
东厂界	手工	季度	《工业企业厂界环境噪声标准》三类标准（GB 12348—2008）	昼：65 dB（A）；夜：55 dB（A）	《工业企业厂界环境噪声排放标准》（GB 12348—2008）	AWA5680 多功能声级计
西厂界	手工	季度		昼：65 dB（A）；夜：55 dB（A）		
南厂界	手工	季度		昼：65 dB（A）；夜：55 dB（A）		
北厂界	手工	季度		昼：65 dB（A）；夜：55 dB（A）		

三、质量控制

有组织废气监测质量控制措施：按照《固定污染源排气中颗粒物测定与气态污染物采样方法》（GB/T 16157—1996）的要求与规定进行全过程质量控制。

无组织废气监测质量控制措施：按照《大气污染物无组织排放监测技术导则》（HJ/T 55—2000）的要求与规定进行全过程质量控制。

废水监测质量控制措施：采取标准物质、平行检测、复检等质控措施。

噪声监测质量控制措施：定期对监测设备进行标定维护。

四、监测点位及厂区平面图

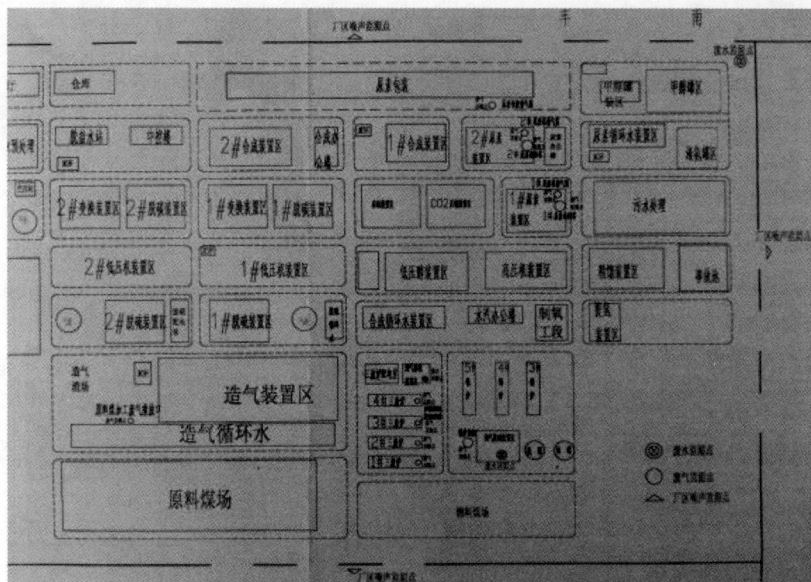

图 4-1　××企业厂区平面图

五、监测结果公开时限

有组织废气监测结果公开时限：锅炉、三废炉烟气中烟尘、SO_2、NO_x 实时公布，其他项目监测分析完成后次日公布。

废水监测结果公开时限：外排废水 COD、NH_3-N、总氮、pH、流量实时公布，其他项目监测分析完成后次日公布。

无组织废气、厂界噪声监测结果公开时限：监测分析完成后次日公布。

案例一分析：

本案例按照《国家重点监控企业自行监测及信息公开办法（试行）》和《排污单位自行监测技术指南　化肥工业—氮肥》中自行监测方案的内容要求，制定了排污单位的自行监测方案。方案中排污单位对单位的基本情况和产排污环节进行了较为详细、透彻的分析，监测的指标和特征污染物也充分体现了单位污染物排放的特点。对照办法和行业技术指南，自行监测方案存在以下几方面的不足，有待进一步完善：

（1）废水监测：方案中未对生活污水排放口和雨水排放口开展监测。

（2）监测点位示意图：方案中给出了全厂的监测点位示意图，但缺乏明确的标识，图中点位应与表格中的点位一一对应。

（3）质量控制与质量保证：这部分内容把涉及的标准规范进行了罗列，排污单位应根据标准规范和自己的特色进行细化，明确采样、样品保存、实验室分析、仪器设备、监测人员、委托社会化检测机构时对他们的质控要求等。

案例二

某磷肥企业自行监测方案

根据《国家重点监控企业自行监测及信息公开办法（试行）》（环发〔2013〕81 号）、公司环境影响评价报告书和排污许可等规定和要求，某磷肥企业为规范自行监测及信息公开行为，自觉履行法定义务和社会责任，特制定本监测方案。

一、企业基本情况

企业名称（所属集团）	××肥业股份有限公司		
生产经营场所地址	××高新技术产业开发区		
生产经营场所中心经纬度	中心经度 ××°××′××″		中心纬度 ××°××′××″
统一社会信用代码	913××××××××72		
排污许可证编号	913××××××××××		
法人代表	×××		
联系人	×××	联系电话	156×××××61
所属行业	肥料制造	投产日期	2006 年
主要产品	磷酸、磷酸一铵等		
主要污染物类别	废气、废水		
主要污染物种类	废气：二氧化硫、氮氧化物、颗粒物、氟化物、氨； 废水：化学需氧量、氨氮、总氮、总磷、pH、悬浮物、氟化物、总砷。		
自行监测开展方式	自动监测+手工监测 手工监测同时存在自行监测和委托第三方检测		

废水、废气处理排放状况

废水及污水主要来源于设备循环冷却废水、地坪设备清洗废水、余热发电锅炉循环冷却废水和生活污水等。污水进入厂内自建污水处理总站，经处理达标后排进××经济开发区污水处理厂进一步处理。

磷酸车间废气主要来源于磷矿浆和硫酸反应产生的反应尾气和磷酸过滤时产生的过滤尾气，车间配套的尾气收集洗涤吸收系统对尾气进行收集洗涤，降低污染物中氟化物的浓度，达标后排入大气。

磷酸一铵一车间废气主要来源于磷酸一铵料浆干燥产生的干燥尾气，车间配套的尾气洗涤吸收系统对尾气进行洗涤吸收，降低污染物中的颗粒物、二氧化硫、氮氧化物、氨和氟化物的浓度，达标后排入大气。

磷酸一铵二车间废气主要来源于磷酸一铵料浆干燥产生的干燥尾气，车间配套的尾气洗涤吸收系统对尾气进行洗涤吸收，降低污染物中颗粒物、二氧化硫、氮氧化物、氨和氟化物的浓度，达标后排入大气。同时为降低水蒸气排放，车间还加装了尾气脱白系统，对尾气中的水蒸气进行冷凝吸收降低湿度后排入大气。

二、自行监测内容

1．废水监测内容

排放口	监测项目	监测方式	监测频次	分析方法	排放限值	标准依据
企业废水总排放口（DW001）	化学需氧量	自动	连续	—	100 mg/L	《磷肥工业水污染物排放标准》（GB 15580—2011）污水处理厂纳管标准
	氨氮	自动	连续	—	20 mg/L	
	pH	自动	连续	—	6～9	
	悬浮物	手工	月	《水质 悬浮物的测定 重量法》（GB 11901—1989）	100 mg/L	
	总磷	自动	连续	—	20 mg/L	

排放口	监测项目	监测方式	监测频次	分析方法	排放限值	标准依据
企业废水总排放口（DW001）	总氮	自动	连续	—	40 mg/L	《磷肥工业水污染物排放标准》（GB 15580—2011）污水处理厂纳管标准
	氟化物	手工	月	《水质 氟化物的测定 离子选择电极法》（GB/T 7484—1987）	15 mg/L	

注：污水进入厂内自建污水处理总站，处理达标后排进经济开发区污水处理厂进一步处理。

2. 废气监测内容

（1）有组织废气监测内容

污染源信息		监测点位	监测项目	监测方式	监测频次	分析方法	排放限值	标准依据
排放口	排放源类型							
DA002	磷酸一车间尾气	排气筒	氟化物	手工	月	《大气固定污染源 氟化物的测定 离子选择电极法》（HJ/T 67—2001）	9 mg/m³	
DA004	磷酸二车间尾气	排气筒	氟化物	手工	月	《大气固定污染源 氟化物的测定 离子选择电极法》（HJ/T 67—2001）	9 mg/m³	
DA005	一线磷酸一铵尾气	排气筒	颗粒物	自动	连续	《固定污染源排气中颗粒物测定与气态污染物采样方法》（GB/T 16157—1996）	120 mg/m³	《大气污染物综合排放标准》（GB 16297—1996）
			氨	手工	季度	《环境空气和废气 氨的测定 纳氏试剂分光光度法》（HJ 533—2009）	—	
			氟化物	手工	月	《大气固定污染源 氟化物的测定 离子选择电极法》（HJ/T 67—2001）	9 mg/m³	
			二氧化硫	自动	连续	《固定污染源排气中二氧化硫的测定 定电位电解法》（HJ/T 57—2000）	550 mg/m³	

污染源信息		监测点位	监测项目	监测方式	监测频次	分析方法	排放限值	标准依据
排放口	排放源类型							
DA005	一线磷酸一铵尾气	排气筒	氮氧化物	自动	连续	《固定污染源废气　氮氧化物的测定　定电位电解法》（HJ 693—2014）	240 mg/m³	《大气污染物综合排放标准》（GB 16297—1996）
DA006	二线磷酸一铵尾气	排气筒	颗粒物	自动	连续	《固定污染源排气中颗粒物测定与气态污染物采样方法》（GB/T 16157—1996）	120 mg/m³	
			氨	手工	季度	《环境空气和废气　氨的测定　纳氏试剂分光光度法》（HJ 533—2009）	—	
			氟化物	手工	月	《大气固定污染源　氟化物的测定　离子选择电极法》（HJ/T 67—2001）	9 mg/m³	
			二氧化硫	自动	连续	《固定污染源排气中二氧化硫的测定　定电位电解法》（HJ/T 57—2000）	550 mg/m³	
			氮氧化物	自动	连续	《固定污染源废气　氮氧化物的测定　定电位电解法》（HJ 693—2014）	240 mg/m³	

（2）无组织废气监测内容

监测点位	监测项目	监测方式	监测频次	分析方法	排放限值	标准依据
厂界	氨	手工	季度	《环境空气和废气　氨的测定　纳氏试剂分光光度法》（HJ 533—2009）	1.5 mg/m³	《恶臭污染物排放标准》（GB 14554—93）
厂界	氟化物	手工	季度	《环境空气　氟化物的测定　滤膜采样/氟离子选择电极法》（HJ 955—2018）	20 μg/m³	《大气污染物综合排放标准》（GB 16297—1996）
厂界	颗粒物	手工	季度	《环境空气　总悬浮颗粒物的测定　重量法》（GB/T 15432—1995）	1.0 mg/m³	

三、厂界环境噪声监测内容

监测点位	监测指标	排放限值	监测方式	监测频次	监测方法
厂界东外 1 m 处	等效 A 声级	昼：65 dB（A）； 夜：55 dB（A）	手工	季度	《工业企业厂界环境噪声排放标准》（GB 12348—2008）
厂界西外 1 m 处	等效 A 声级	昼：65 dB（A）； 夜：55 dB（A）	手工	季度	
厂界南外 1 m 处	等效 A 声级	昼：65 dB（A）； 夜：55 dB（A）	手工	季度	
厂界北外 1 m 处	等效 A 声级	昼：65 dB（A）； 夜：55 dB（A）	手工	季度	

四、质量控制

（1）监测点位的设置根据生产线产排污节点、污染物及污染治理设施，按国家标准、行业标准及国家有关部门颁布的相关技术规范和规定进行，合理布设监测点位，保证监测信息的代表性和完整性。

（2）废气污染物自动监测质量保证措施：按照《固定污染源烟气排放连续监测技术规范（试行）》（HJ/T 75—2007）和《固定污染源烟气排放连续监测系统技术要求及检测方法（试行）》（HJ/T 76—2007），对自动监测设备进行校准与维护。每季度进行在线数据比对监测，确保在线数据的准确性、合规有效性。

（3）废水污染物自动监测质量保证措施：按照《水污染源在线监测系统（COD_{Cr}、NH_3-N 等）运行技术规范》（HJ 355—2019）、《水污染源在线监测系统（COD_{Cr}、NH_3-N 等）数据有效性判别技术规范》（HJ 356—2019）对自动监测设备进行校准与维护。每季度进行在线数据比对监测，确保在线数据的准确性、合规有效性。

（4）在线监测设备故障期间，开展手工监测（委托第三方监测），监测频次 1 次/日，手工测定方法：颗粒物依据《固定污染源排气中颗粒物测定与气态污染物采样方法》（GB/T 16157—1996）执行；氮氧化物依据《固定污染源排气中氮氧化物的测定　紫外分光光度法》（HJ/T 42—1999）执行；二氧化硫依据《固定污染源排气中二氧化硫的测定 定电位电解法》（HJ/T 57—2000）执行。

（5）严格执行监测方案，建立环境管理台账。

五、监测点位及厂区平面图

监测点位及厂区平面示意见图 4-2。

1～10—有组织废气采样点；▲1—废水采样点；❶❷❸❹—厂界噪声采样点。

图 4-2 监测点位示意图

六、自行监测信息公开

1．公开方式

自行监测数据在重点排污单位自行监测及监督性监测信息公开平台发布公示。

2．公布内容

公布内容包括企业信息、自行监测方案、自动监测数据、手工（委托）监测数据、设备停运记录和污染源监测年度报告。

3．公布时限

（1）手工（委托）监测数据、监测结果出具后次日上传公布。

（2）自动监测数据实时公布监测结果。

案例二分析：

根据《国家重点监控企业自行监测及信息公开办法（试行）》（环发〔2013〕81号）和排污许可等规定和要求，排污单位结合自身特点，制定了自行监测方案。经对照分析，方案还存在以下不足，有待进一步完善：

（1）企业基础信息：缺少原辅材料使用、主要生产工艺流程、产排污节点和污染治理流程、设施等信息。

（2）监测点位示意图：监测点位示意图较简单，缺少无组织废气监测点位，与自行监测内容前后不一致。

（3）本案例中废气污染物自动监测未依据最新标准《固定污染源烟气（SO_2、NO_x、颗粒物）排放连续监测技术规范》（HJ 75—2017）和《固定污染源烟气（SO_2、NO_x、颗粒物）排放连续监测系统技术要求及检测方法》（HJ 76—2017）对自动监测设备进行校准与维护。

案例三

某钾肥企业自行监测方案

按照《企业事业单位环境信息公开办法》（环境保护部令 第31号）及《国家重点监控企业自行监测及信息公开办法（试行）》（环发〔2013〕81号）等要求，××钾盐有限责任公司为规范自行监测及信息公开行为，自觉履行法定义务和社会责任，特制定本监测方案。

一、企业基本情况

企业名称	××钾盐有限责任公司		
法人代表	×××		
组织机构代码	72××××××-×	统一社会信用代码	91××××××××T
生产经营地址	××省××区××县××乡（镇）××村		
中心经纬度	中心经度　××°××′××″	中心纬度	××°××′××″
环保联系人	××	联系电话	09××-23××××6
行业类别	钾肥制造业	建设投产时间	××年××月
生产周期	全年		
废气处理工艺及排放情况	低氮燃烧+脱硝+静电除尘+脱硫+布袋除尘工艺，排气筒高度为 120 m		
废水处理工艺及排放去向	预处理（格栅、沉砂沉淀池、调节池）+水解酸化+A²/O 生化处理+混凝+过滤工艺，排水去向：回用于生产，不外排		

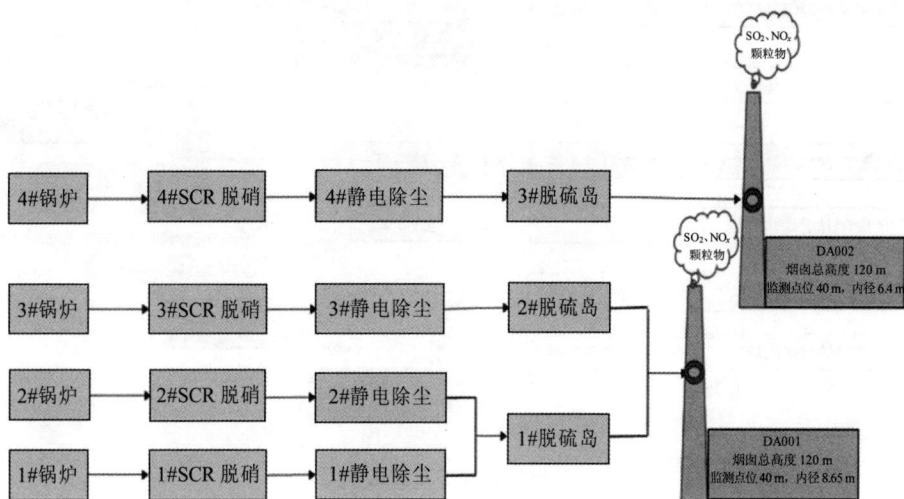

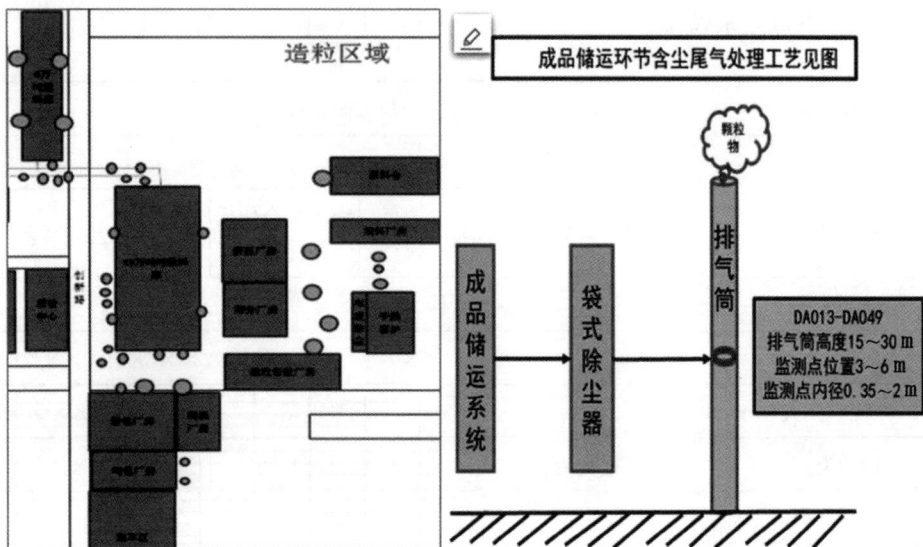

成品储运环节含尘尾气处理工艺见图

DA013-DA049
排气筒高度15～30 m
监测点位置3～6 m
监测点内径0.35～2 m

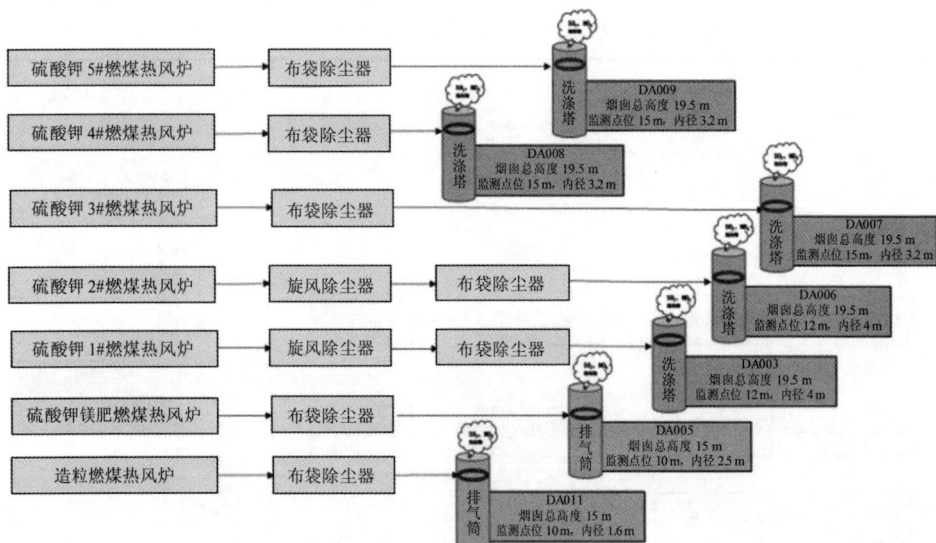

废气处理工艺流程图

```
                          ┌─────────────┐
                          │  800 m³/d   │
                          └──────┬──────┘
    ┌ ─ ─ ─ ─ ─ ┐         ┌──────┴──────┐
    │  栅渣外运  │         │   格栅井    │
    └ ─ ─ ─ ─ ─ ┘         └──────┬──────┘
         ◄─ ─ ─ ─ ─ ─            │        ┌ ─ ─ ─ ─ ─ ┐
                          ┌──────┴──────┐ │  气提排泥  │
                          │ 沉砂沉淀池  │─└ ─ ─ ─ ─ ─ ┘
                          └──────┬──────┘         ┊
    ┌ ─ ─ ─ ─ ─ ┐         ┌──────┴──────┐  ┌──────┴──────┐
    │  空气搅拌  │────────►│   调节池    │  │ 污泥浓缩池  │
    └ ─ ─ ─ ─ ─ ┘         ├─────────────┤  └──────┬──────┘
                          │   提升泵    │         ┊   ┌ ─ ─ ─ ─ ─ ┐
                          └──────┬──────┘         ┊◄──│ 污泥调理剂 │
               ┌ ─ ─ ─ ─ ─ ─ ─ ─┴─ ─ ─ ┐  ┌──────┴──────┐└ ─ ─ ─ ─ ─ ┘
               ┆         ┌─────────────┐┆  │ 污泥调理罐  │
               ┆         │ 水解酸化池  │┆  └──────┬──────┘
   ┌ ─ ─ ─ ─ ─ ┐         └──────┬──────┘┆         ┊
   │ 一体化成套 │               │       ┆  ┌──────┴──────┐
   │  钢制设备  │         ┌──────┴──────┐┆  │ 高压隔膜板  │
   └ ─ ─ ─ ─ ─ ┘         │   厌氧池    │┆ 气│ 框压滤机   │
               ┆         └──────┬──────┘┆ 提└──────┬──────┘
   ┌ ─ ─ ─ ─ ─ ┐         ┌──────┴──────┐┆ 排       ┊
   │  空气搅拌  │────────►│   缺氧池    │┆ 泥 ┌─────┴────┐┊
   └ ─ ─ ─ ─ ─ ┘         └──────┬──────┘┆   │ 泥饼外运 ││压
   ┌ ─ ─ ─ ─ ─ ┐         ┌──────┴──────┐┆   │(含水率)  ││滤
   │    曝气    │────────►│   好氧池    │┆   └──────────┘│液
   └ ─ ─ ─ ─ ─ ┘         └──────┬──────┘┆              ┆
               └ ─ ─ ─ ─ ─ ─ ─ ─┴─ ─ ─ ┘              ┆
                          ┌──────┴──────┐              ┆
                          │   二沉池    │─ ─ ─ ─ ─ ─ ─ ┆
                          ├─────────────┤  ┌──────┴──────┐
                          │  中间水池   │  │ 废液收集池  │
   ┌ ─ ─ ─ ─ ─ ┐         └──────┬──────┘  └──────┬──────┘
   │    PAC     │────────►      │  ┌ ─ ─ ─ ┐     ┊
   └ ─ ─ ─ ─ ─ ┘         ┌──────┴──────┐ 反    ┌──────┴──────┐
                         │  机械过滤器  │ 冲    │   调节池    │
   ┌ ─ ─ ─ ─ ─ ┐         └──────┬──────┘ 排    └─────────────┘
   │   NaClO    │────────►      │       水
   └ ─ ─ ─ ─ ─ ┘         ┌──────┴──────┐└ ─ ─ ─┘
                         │   消毒池    │
   ┌ ─ ─ ─ ─ ─ ┐         ├─────────────┤
   │   回用     │◄───────│   清水池    │
   └ ─ ─ ─ ─ ─ ┘         └─────────────┘
```

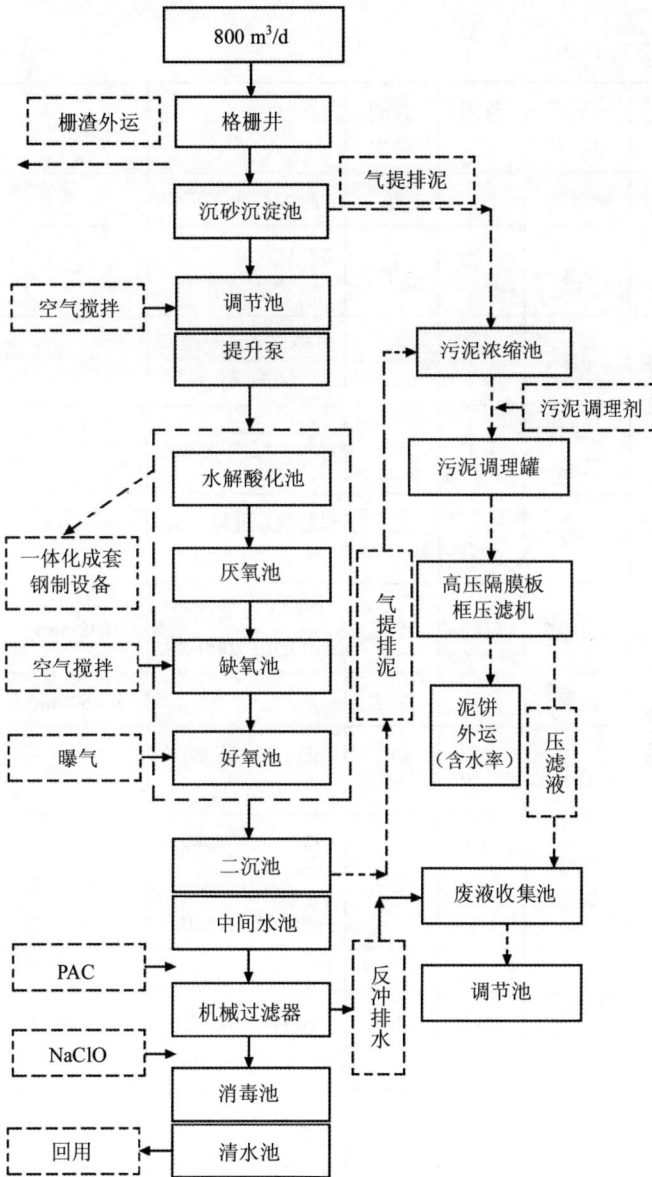

废水处理工艺流程

二、自行监测内容

1. 废水监测内容

排放口	监测项目	监测方式	监测频次	监测仪器	标准限值	标准依据
循环冷却系统（DW001）	悬浮物	手工	年	CP224C 电子天平	—	—
	氨氮	手工	年	7230G 可见光分光光度计	—	
	pH	手工	年	PHBJ-260 便携式 pH 计	—	
	化学需氧量	手工	年	COD 标准消解器	—	
	总磷	手工	年	7230G 可见光分光光度计	—	
生活污水总排口（DW002）	悬浮物	自动	连续	SS 在线监测仪 MODEL2000-SS	10 mg/L	《城镇污水处理厂污染物排放标准》（GB 18918—2002）
	氨氮	自动	连续	—	5（8）mg/L	
	pH	自动	连续	pH 自动监测仪 GPPO2	6~9	
	化学需氧量	自动	连续	COD 水质在线自动监测仪 MODEL9810	50 mg/L	
	总磷	自动	连续	总磷水质在线自动监测仪 MODEL9840	0.5 mg/L	
	总氮	自动	连续	总氮水质在线自动监测仪 MODEL9850	15 mg/L	

2. 有组织废气监测内容

排污口名称编号	监测项目	监测方式	监测频次	分析方法	监测仪器	排放限值	标准依据
锅炉总排口（DA001）	烟尘	自动	连续	—	—	30 mg/m³	《火电厂大气污染物排放标准》（GB 13223—2011）表 1 中现有燃煤锅炉排放限值
	二氧化硫	自动	连续	—	—	200 mg/m³	
	氮氧化物	自动	连续	—	—	100 mg/m³	
洗涤塔（DA002）	颗粒物	手工	半年	《固定污染源排气中颗粒物测定与气态污染物采样方法》（GB/T 16157—1996）	ZR-3260D型低浓度自动烟尘烟气综合测试仪	200 mg/m³	《工业炉窑大气污染物排放标准》（GB 9078—1996）
	二氧化硫	手工	半年	《固定污染源废气二氧化硫的测定定电位电解法》（HJ 57—2017）	ZR-3260型自动烟尘烟气综合测试仪	850 mg/m³	
	氮氧化物	手工	半年	《固定污染源废气氮氧化物的测定定电位电解法》（HJ 693—2014）		240 mg/m³	《大气污染物综合排放标准》（GB 16297—1996）
造粒干燥排气筒（DA003）	颗粒物	手工	半年	《固定污染源排气中颗粒物测定与气态污染物采样方法》（GB/T 16157—1996）	ZR-3260D型低浓度自动烟尘烟气综合测试仪	200 mg/m³	《工业炉窑大气污染物排放标准》（GB 9078—1996）
	二氧化硫	手工	半年	《固定污染源废气二氧化硫的测定定电位电解法》（HJ 57—2017）	ZR-3260型自动烟尘烟气综合测试仪	850 mg/m³	
	氮氧化物	手工	半年	《固定污染源废气氮氧化物的测定定电位电解法》（HJ 693—2014）		240 mg/m³	《大气污染物综合排放标准》（GB 16297—1996）

排污口名称编号	监测项目	监测方式	监测频次	分析方法	监测仪器	排放限值	标准依据
钾镁肥干燥排气筒（DA004）	颗粒物	手工	半年	《固定污染源排气中颗粒物测定与气态污染物采样方法》（GB/T 16157—1996）	ZR-3260D型低浓度自动烟尘烟气综合测试仪	200 mg/m³	《工业炉窑大气污染物排放标准》（GB 9078—1996）
	二氧化硫	手工	半年	《固定污染源废气二氧化硫的测定定电位电解法》（HJ 57—2017）	ZR-3260型自动烟尘烟气综合测试仪	850 mg/m³	
	氮氧化物	手工	半年	《固定污染源废气氮氧化物的测定定电位电解法》（HJ 693—2014）		240 mg/m³	《大气污染物综合排放标准》（GB 16297—1996）
除尘器（DA005）	颗粒物	手工	半年	《固定污染源排气中颗粒物测定与气态污染物采样方法》（GB/T 16157—1996）	ZR-3260D型低浓度自动烟尘烟气综合测试仪	120 mg/m³	《大气污染物综合排放标准》（GB 16297—1996）

3．无组织废气监测内容

监测点位	监测项目	监测方式	监测频次	分析方法	监测仪器	排放限值	标准依据
厂界	颗粒物	手工	季度	《环境空气 总悬浮颗粒物的测定 重量法》（GB/T 15432—1995）	CP224C电子天平	1.0 mg/m³	《大气污染物综合排放标准》（GB 16297—1996）
生活污水处理站	氨	手工	季度	《环境空气和废气 氨的测定 纳氏试剂分光光度法》（HJ 533—2009）	7230G可见光分光光度计	1.5 mg/m³	《恶臭污染物排放标准》（GB 14554—93）
	硫化氢	手工	季度	《空气质量 硫化氢、甲硫醇、甲硫醚和二甲二硫的测定 气相色谱法》（GB/T 14678—93）	GC-4000A气相色谱仪	0.06 mg/m³	

三、监测数据记录要求

手动监测和自动监测的记录均按照自行监测技术指南及行业技术规范要求执

行。自动监测记录烟尘、二氧化硫、氮氧化物、排放浓度及烟气量、氧含量等；手动监测记录由有资质的环境检测机构提供盖章件的检测结果；监测期间同步记录开展监测期间的生产工况。自动监测结果的电子版和手动监测结果纸质版均保存不少于 3 年。

四、监测质量控制措施

1．人员持证上岗

公司委托运维的××技术开发有限公司，具有固定污染源烟气排放连续监测系统运营服务资质证书，且运维人员持有连续自动监测（气）考试合格证书。

2．烟气自动监控系统（CEMS）

公司烟气测量表计均有 MC 认证和标志，CEMS 通过了××检测技术有限公司每季度的比对测试。满足国家计量标准要求。公司烟气监测实施自行监测，主要是对废气中的氮氧化物、烟尘、二氧化硫等进行实时监测，公司烟气在线连续监控系统（即 CEMS 系统），均与生态环境部、××生态环境厅网站连接并实时连续上传相关环保数据。

3．废水自动监控系统

公司生活污水处理系统进出口均安装自动监测系统，pH 计、悬浮物自动监测仪、化学需氧量自动监测仪、氨氮自动监测仪、总磷自动监测仪、总氮自动监测仪均有 MC 认证和标志。生活污水处理系统出口在线监测系统通过了××检测技术有限公司每季度比对测试的合格证，满足国家计量标准要求。公司生活污水监测实施自行监测，主要是对废水中的 pH、悬浮物、化学需氧量、氨氮、总磷、总氮等进行实时监测，公司生活污水排放口安装的实时废水在线连续监控系统，均与生态环境部、××区网站连接并实时连续上传相关环保数据。

4．实验室能力认定

委托有资质的环境监测机构——××检测技术有限公司开展手动监测项目。

5．监测技术规范性

废气监测平台、监测断面和监测孔的设置均符合《固定污染源烟气（SO_2、NO_x、颗粒物）排放连续监测系统技术要求及检测方法》（HJ 76—2017）、《固定源废气监测技术规范》（HJ/T 397—2007）等的要求，同时按照《固定污染源烟气（SO_2、NO_x、颗粒物）排放连续监测技术规范》（HJ 75—2017）对自动监测设备进行校准与维护。监测技术方法首先采用国家标准方法，在没有国标方法时，采用行业标准方法或生态环境部推荐方法。

6．仪器要求

仪器设备档案必须齐全，且所有监测仪器、量具均经过质检部门检定合格并在有效期内使用。

7．记录要求

自动监测设备应保存仪器校验记录。校验记录必须根据在线监测要求，按照规范进行，记录内容须完整准确，各类原始记录内容应完整，不得随意涂改，并有相关人员签字。手动监测记录必须提供原始采样记录，采样记录的内容须准确完整，至少 2 人共同采样和签字，不得随意涂改；采样必须按照《环境空气质量手工监测技术规范》（HJ/T 194—2005）、《固定源废气监测技术规范》（HJ/T 397—2007）和《固定污染源监测质量保证与质量控制技术规范》（HJ/T 373—2007）中的要求进行；样品交接记录内容需完整、规范。

8．环境管理体系

公司参照 ISO 14000 环境管理体系管理。成立以××为组长的资源节约与生态环境保护领导小组，公司各相关专业负责人为工作小组成员，负责对公司环保设施运行、维护和技术改造的管理。环保设施与主设备同等管理，安全生产管理部和动力厂负责生产与环保设施的安全、环保运行管理动力厂负责环保设施的维护和技改管理，确保公司环保设施正常达标运行。公司环保归口于安全生产管理部门，负责公司环保管理工作，建立环保指标体系，对公司环保工作进行月度绩效考核管理，确保环保体系运行正常。

五、监测点位及厂区平面图

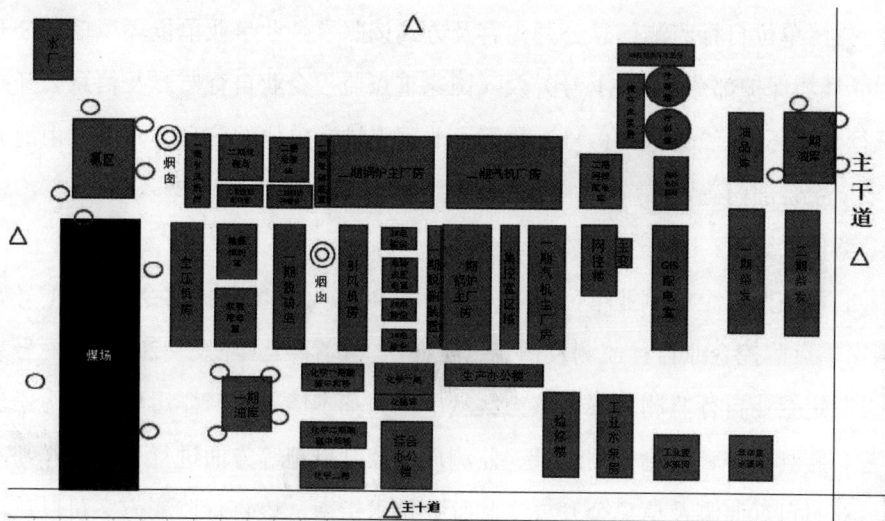

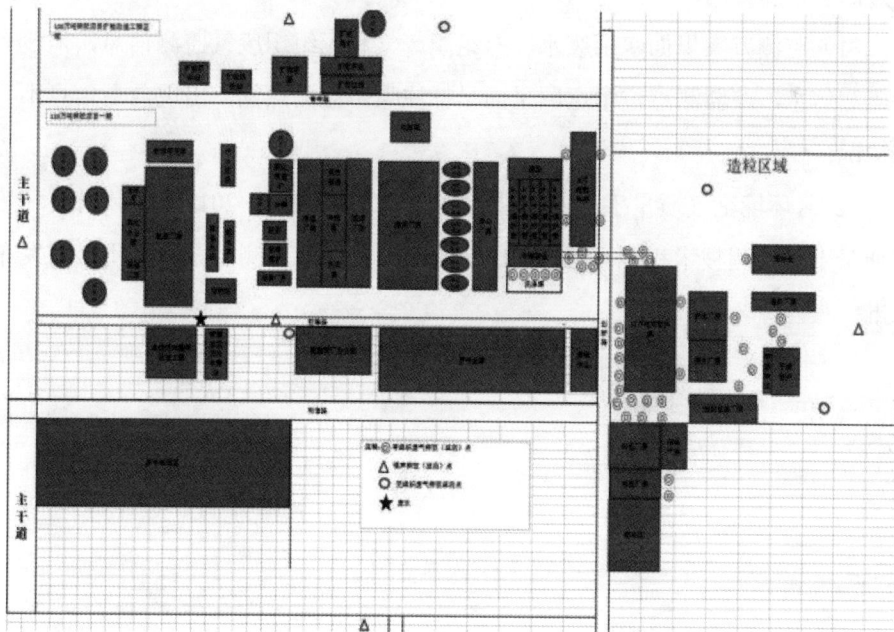

六、信息公开

排污单位自行监测信息公开内容及方式按照《企业事业单位环境信息公开办法》（环境保护部令 第31号）及《国家重点监控企业自行监测及信息公开办法（试行）》（环发〔2013〕81号）执行。非重点排污单位的信息公开要求由地方生态环境主管部门确定。

案例三分析：

公司按照《企业事业单位环境信息公开办法》（环境保护部令 第31号）及《国家重点监控企业自行监测及信息公开办法（试行）》（环发〔2013〕81号）等要求制定企业自行监测方案。该方案从单位的基本情况、产排污环节、污染治理工艺、监测内容、监测数据记录、监测质量控制措施等方面进行了较为详细的分析。对照自行监测及信息公开办法和行业技术指南，该自行监测方案可以从以下两方面完善和提高：

（1）监测方案里面包括废水、有组织废气和无组织废气监测信息，但没有噪声监测信息，在监测点位示意图里面又标注噪声监测点位，出现前后信息不一致的情况；

（2）《环境空气质量手工监测技术规范》（HJ/T 194—2017）已代替《环境空气质量手工监测技术规范》（HJ/T 194—2005），自行监测方案应使用最新发布的标准。

第 5 章　监测设施设置与维护要求

5.1　基本原则和依据

5.1.1　基本原则

排污单位应当依据国家污染源监测相关标准规范、污染物排放标准、自行监测相关技术指南和其他相关规定等进行监测点位的确定和排污口规范化设置；地方颁布执行的污染源监测标准规范、污染物排放标准等对监测点位的确定和排污口规范化设置有要求时，可按照地方规范、标准从严执行。

5.1.2　相关依据

排污单位的排污口主要包括废水排放口和废气排放口。

目前，国家有关废水监测点位的确定及排污口规范化设置的标准规范主要包括《污水监测技术规范》（HJ 91.1—2019）、《水污染物排放总量监测技术规范》（HJ/T 92—2002）、《固定污染源监测质量保证与质量控制技术规范（试行）》（HJ/T 373—2007）、《水污染源在线监测系统（CODCr、NH3-N 等）安装技术规范》（HJ 353—2019）等。

废气监测点位的确定及规范化设置的标准规范主要包括《固定污染源排气中

颗粒物测定与气态污染物采样方法》（GB/T 16157—1996）、《固定源废气监测技术规范》（HJ/T 397—2007）、《固定污染源监测质量保证与质量控制技术规范（试行）》（HJ/T 373—2007）、《固定污染源烟气（SO_2、NO_x、颗粒物）排放连续监测技术规范》（HJ 75—2017）、《固定污染源烟气（SO_2、NO_x、颗粒物）排放连续监测系统技术要求及检测方法》（HJ 76—2017）等。

对于各类污染物排放口监测点位标志牌的规范化设置，主要依据国家环境保护总局于 2003 年发布的《排放口标志牌技术规格》（2003 年 10 月 15 日，国家环保总局环办〔2003〕95 号），以及《环境保护图形标志——排放口（源）》（GB 15562.1—1995）等执行。

此外，国家环境保护局于 1996 年发布的《排污口规范化整治技术要求（试行）》（1996 年 5 月 20 日，国家环保局 环监〔1996〕470 号）对排污口规范化整治技术提出了总体要求，部分省、自治区、直辖市、地级市也对本辖区排污口的规范化管理发布了技术规定、标准；各行业污染物排放标准以及各重点行业的排污单位自行监测的相关技术指南则对废水、废气排放口监测点位进行了进一步明确。

5.2 废水监测点位的确定及排污口规范化设置

5.2.1 废水排放口的类型及监测点位的确定

排污单位的废水排放口一般包括排污单位废水总排口、排污单位车间废水排放口、雨水排放口、生活污水排放口等。

废水总排口排放的废水一般应包括排污单位的生产废水、生活污水、初期雨水、事故废水等，开展自行监测的排污单位均须在废水总排口设置监测点位。

对于环境中难以降解或能在动植物体内蓄积，对人体健康和生态环境产生长远不良影响，具有致癌、致畸、致突变的，根据环境管理要求确定的应在车间或生产设施排放口监控的水污染物，在含有此类水污染物的污水与其他污水混合前的车间或车间预处理设施的出水口设置监测点位，如果含此类水污染物的同种污水实行集中预处理，则车间预处理设施排放口是指集中预处理设施的出水口。如环境管理有要求，还可同时在排污单位的总排放口设置监测点位。对于其他水污染物，监测点位设在排污单位的总排放口。如环境管理有要求，还可同时在污水集中处理设施的排放口设置监测点位。

排污单位应雨污分流，雨水经收集后由雨水管道排放，监测点位设在雨水排放口；如环境管理要求雨水经处理后排放的，监测点位按上述要求设置。

部分排污单位的生产污水和生活污水分别设置排放口，对于此类排污单位，除在生产废水排放口设置监测点位外，还应在生活废水排放口设置监测点位。

此外，排污单位还应根据各行业自行监测技术指南的相关要求设置监测点位。

5.2.2 废水排放口的规范化设置

废水排放口的设置，应达到以下要求：

（1）废水排放口可以是矩形、圆管形或梯形，一般使用混凝土、钢板或钢管等原料。

（2）废水排放口应设置规范的、便于测量流量和流速的测流段，测流段水流应平直、稳定、有一定水位高度。用暗管或暗渠排污的，须设置一段能满足采样条件和流量测量的明渠。

（3）废水排放口应能够方便安装三角堰、矩形堰、测流槽等测流装置或其他计量装置。

（4）有废水自动监测设施的排放口，还应能够满足安装污水水量自动计量装置（如超声波明渠流量计、管道式电磁流量计等）、采样取水系统、水质自动采样器等设备、设施的要求。

（5）排污单位应单独设置各类废水排放口，避免多家不同排污单位共用一个废水排放口。

5.2.3　采样点及监测平台的规范化设置

各类废水排放口监测点位的实际具体采样位置即采样点，原则上设在厂界内，或厂界外不超过 10 m 范围内。压力管道式排放口应安装取样阀门；废水直接从暗渠排入市政管道的，应在企业界内或排入市政管道前设置取样口。有条件的排污单位应尽量设置一段能满足采样条件的明渠，以方便采样。

污水面在地面以下超过 1 m 的排放口，应配建取样台阶或梯架。

废水监测平台面积应不小于 1 m²，平台应设置高度不低于 1.2 m 的防护栏。监测平台、梯架通道及防护栏的相关设计载荷及制造安装应符合《固定式钢梯及平台安全要求　第 3 部分：工业防护栏杆及钢平台》（GB 4053.3—2009）的要求。

排放口应按照《环境保护图形标志——排放口（源）》（GB 15562.1—1995）的要求设置明显标志，并应加强日常管理和维护，确保监测人员的安全，经常进行排放口的清障、疏通工作；保证污水监测点位场所通风、照明正常；产生有毒有害气体的监测场所应强制设置通风系统，并安装相应的气体浓度安全报警装置。

经生态环境主管部门确认的排放口不得随意改动。因生产工艺或其他原因需变更排放口时，须按上述要求重新确认。

5.2.4　废水自动监测设施的规范化设置

5.2.4.1　监测站房的设置

废水自动监测站房的设置，应达到以下要求：

（1）应建有专用监测站房，新建监测站房面积应满足不同监控站房的功能需要并保证水污染源在线监测系统的摆放、运转和维护，使用面积应不小于 15 m²，站房高度不低于 2.8 m。

（2）监测站房应尽量靠近采样点，与采样点的距离应小于 50 m。

（3）应安装空调和冬季采暖设备，空调具有来电自启动功能，具备温湿度计，保证室内清洁，环境温度、相对湿度和大气压等应符合《工业过程测量和控制装置工作条件　第 1 部分　气候条件》（GB/T 17214.1—1998）的要求。

（4）监测站房内应配置安全合格的配电设备，能提供足够的电力负荷，功率≥5 kW，站房内应配置稳压电源。

（5）监测站房内应配置合格的给、排水设施，使用符合实验要求的用水清洗仪器及有关装置。

（6）监测站房应配置完善规范的接地装置和避雷措施、防盗和防止人为破坏的设施，接地装置安装工程的施工应满足《电气装置安装工程　接地装置施工及验收规范》（GB 50169—2016）的相关要求，建筑物防雷设计应满足《建筑物防雷设计规范》（GB 50057—2010）的相关要求。

（7）监测站房应配备灭火器箱、手提式二氧化碳灭火器、干粉灭火器或沙桶等，按消防相关要求布置。

（8）监测站房不应位于通讯盲区，应能够实现数据传输。

（9）监测站房的设置应避免对企业安全生产和环境造成影响。

（10）监测站房内、采样口等区域应安装视频监控设备。

5.2.4.2　水质自动采样单元

（1）水质自动采样单元具有采集瞬时水样及混合水样，混匀及暂存水样、自动润洗及排空混匀桶，以及留样功能。

（2）pH 水质自动分析仪和温度计应原位测量或测量瞬时水样。

（3）COD_{Cr}、TOC、NH_3-N、TP、TN 水质自动分析仪应测量混合水样。

（4）水质自动采样单元的构造应保证将水样不变质地输送到各水质分析仪，应有必要的防冻和防腐设施。

（5）水质自动采样单元应设置混合水样的人工比对采样口。

（6）水质自动采样单元的管路宜设置为明管，并标注水流方向。

（7）水质自动采样单元的管材应采用优质的聚氯乙烯（PVC）、三丙聚丙烯

（PPR）等不影响分析结果的硬管。

（8）采用明渠流量计测量流量时，水质自动采样单元的采水口应设置在堰（槽）前方，合流后充分混合的场所，并尽量设在流量监测单元标准化计量堰（槽）取水口头部的流路中央，采水口朝向与水流的方向一致，减少采水部前端的堵塞。采水装置宜设置成可随水面的涨落而上下移动的形式。

（9）采样泵应根据采样流量、水质自动采样单元的水头损失及水位差合理选择。应使用寿命长、易维护的，并且对水质参数没有影响的采样泵，安装位置应便于采样泵的维护。

5.2.4.3 现场废水自动分析仪的设置

水污染源在线监测仪器的安装，应达到以下要求：

（1）工作电压为单相（220±22）VA，频率为（50±0.5）Hz。

（2）遵循 RS-232、RS-485，具体要求按照《污染物在线监控（监测）系统数据传输标准》（HJ 212—2017）的规定。

（3）水污染源在线监测系统中所采用的仪器设备应符合国家有关标准和技术要求（表 5-1）。

表 5-1　水污染源在线监测仪器技术要求

序号	水污染源在线监测仪器	技术要求
1	超声波明渠污水流量计	HJ 15—2019
2	电磁流量计	HJ/T 367—2007
3	化学需氧量（COD_{Cr}）水质自动分析仪	HJ 377—2019
4	氨氮（NH_3-N）水质自动分析仪	HJ 101—2019
5	总氮（TN）水质自动分析仪	HJ/T 102—2018
6	总磷（TP）水质自动分析仪	HJ/T 103—2017
7	pH 水质自动分析仪	HJ/T 96—2017
8	水质自动采样器	HJ/T 372—2007
9	数据采集传输仪	HJ 477—2009

（4）其他要求

1）水污染源在线监测仪器的各种电缆和管路应加保护管，保护管应在地下铺设或空中架设，空中架设的电缆应附着在牢固的桥架上，并在电缆、管路以及电缆和管路的两端设立明显标识。电缆线路的施工应满足《电气装置安装工程　电缆线路施工及验收标准》（GB 50168—2018）的相关要求。

2）各仪器应落地或壁挂式安装，有必要的防震措施，保证设备安装牢固稳定。在仪器周围应留有足够空间，方便仪器维护。其他要求参照仪器相应说明书相关内容，应满足《自动化仪表工程施工及质量验收规范》（GB 50093—2013）的相关要求。

3）必要时（如南方的雷电多发区），仪器和电源应设置防雷设施。

5.3　废气监测点位的确定及规范化设置

5.3.1　废气排放口类型及监测点位的确定

排污单位的废气排放口一般包括生产设施工艺废气排放口、自备火力发电机组（厂）或配套动力锅炉废气排放口、污染处理设施排放口（如自备危险废物焚烧炉废气排放口、污水处理设施废气排放口）等。

排气筒（烟道）是目前排污单位废气有组织排放的主要排放口，因此，有组织废气的监测点位通常设置在排气筒（烟道）的横截断面（即监测断面）上，并通过监测断面上的监测孔完成废气污染物的采样监测及流速、流量等废气参数的测量。

废气排放口监测点位的确定包括监测断面的设置及监测孔的设置两个部分。排污单位应按照相关技术规范、标准的规定，根据所监测的污染物类别、监测技术手段的不同要求，先确定具体的废气排放口监测断面位置，再确定监测断面上监测孔的位置、数量。

5.3.2 监测断面规范化设置

5.3.2.1 基本要求

废气排放口监测断面包括手工监测断面和自动监测断面，监测断面设置应满足以下基本要求：

（1）监测断面应避开对测试人员操作有危险的场所，并在满足相关监测技术规范、标准规定的前提下，尽量选择方便监测人员操作、设备运输、安装的位置进行设置。

（2）若一个固定污染源排放的废气先通过多个烟道或管道后进入该固定污染源的总排气管时，应尽可能将废气监测断面设置在总排气管上，不得只在其中的一个烟道或管道上设置监测断面开展监测，并将测定值作为该源的排放结果；但允许在每个烟道或管道上均设置监测断面同步开展废气污染物排放监测。

（3）一般优先选择设置在烟道垂直管段和负压区域，应避开烟道弯头和断面急剧变化的部位，确保所采集样品的代表性。

5.3.2.2 手工监测断面设置的具体要求

对于废气手工监测断面，在满足"5.3.2.1"中基本要求的同时，还应按照以下具体规定进行设置：

（1）颗粒态污染物及流速、流量监测断面

a）监测断面的流速应不小于 5 m/s。

b）监测断面位置应在距弯头、阀门、变径管下游方向不小于 6 倍直径（当量直径）和距上述部件上游方向不小于 3 倍直径（当量直径）处。

对矩形烟道，其当量直径按下式计算：

$$D = \frac{2AB}{A+B} \tag{1}$$

式中，A、B——边长。

c）现场空间位置有限，很难满足 b）中要求时，可选择比较适宜的管段采样。手工监测位置与弯头、阀门、变径管等的距离至少是烟道直径的 1.5 倍，并应适当增加测点的数量和采样频次。

（2）气态污染物监测断面

手工监测时若需要同步监测颗粒态污染物及流速、流量，则监测断面应按照"5.3.2.2（1）"中相关要求设置；否则，可不按上述要求设置，但要避开涡流区。

5.3.2.3　自动监测断面设置的具体要求

对于废气自动监测断面，在满足"5.3.2.1"中基本要求的同时，还应按照以下具体规定进行设置：

（1）一般要求

a）位于固定污染源排放控制设备的下游和比对监测断面、比对采样监测孔的上游，且便于用参比方法进行校验；

b）不受环境光线和电磁辐射的影响；

c）烟道振动幅度尽可能小；

d）安装位置应尽量避开烟气中水滴和水雾的干扰，如不能避开，应选用能够适用的检测探头及仪器；

e）安装位置不漏风；

f）固定污染源烟气净化设备设置有旁路烟道时，应在旁路烟道内安装自动监测设备采样和分析探头。

（2）颗粒态污染物及流速、流量监测断面

a）监测断面的流速应不小于 5 m/s。

b）用于颗粒物及流速自动监测设备采样和分析探头安装的监测断面位置，应设置在距弯头、阀门、变径管下游方向不小于 4 倍烟道直径，以及距上述部件上游方向不小于 2 倍烟道直径处。矩形烟道当量直径可按照"5.3.2.2（1）"中式（1）计算。

c）无法满足 b）中要求时，颗粒物及流速自动监测设备采样和分析探头的安装位置尽可能选择在气流稳定的断面，并采取相应措施保证监测断面烟气分布相对均匀，断面无紊流。对烟气分布均匀程度的判定采用相对均方根 σ_r 法，当 $\sigma_r \leqslant$ 0.15 时视为烟气分布均匀，σ_r 按下式计算。

$$\sigma_r = \sqrt{\dfrac{\sum\limits_{i=1}^{n}(v_i - \overline{v})^2}{(n-1) \times \overline{v}^2}} \tag{2}$$

式中，v_i——测点烟气流速，m/s；

$\overline{v}$——截面烟气平均流速，m/s；

n——截面上的速度测点数目，测点的选择按照《固定污染源排气中颗粒物测定与气态污染物采样方法》（GB/T 16157—1996）执行。

（3）气态污染物监测断面

a）对于气态污染物自动监测设备采样和分析探头的安装位置，应设置在距弯头、阀门、变径管下游方向不小于 2 倍烟道直径，以及距上述部件上游方向不小于 0.5 倍烟道直径处。矩形烟道当量直径可按照"5.3.2.2（1）"中式（1）计算。

b）无法满足 a）中要求时，应按照"5.3.2.3（2）c）"中的相关要求及式（2）设置监测断面。

c）同步进行颗粒态污染物及流速、流量监测的，应优先满足颗粒态污染物及流速、流量监测断面的设置条件，监测断面的流速应不小于 5 m/s。

5.3.3　监测孔的规范化设置

5.3.3.1　监测孔规范化设置的基本要求

监测孔一般包括用于废气污染物排放监测的手工监测孔、用于废气自动监测设备校验的参比方法采样监测孔。

监测孔的设置应满足以下基本要求：

（1）监测孔位置应便于人员开展监测工作，应设置在规则的圆形或矩形烟道上，不宜设置在烟道的顶层。

（2）对于输送高温或有毒有害气体的烟道，监测孔应开在烟道的负压段；若负压段下满足不了开孔需求，对正压下输送高温和有毒气体的烟道，应安装带有闸板阀的密封监测孔（图 5-1）。

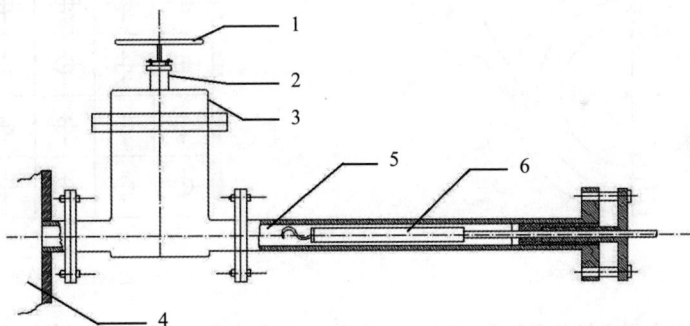

1—闸板阀手轮；2—闸板阀阀杆；3—闸板阀阀体；4—烟道；5—监测孔管；6—采样枪。

图 5-1　带有闸板阀的密封监测孔

（3）监测孔的内径一般不小于 80 mm，新建或改建污染源废气排放口监测孔的内径应不小于 90 mm；监测孔管长不大于 50 mm（安装闸板阀的监测孔管除外）。监测孔在不使用时用盖板或管帽封闭，在监测使用时应易开合。

5.3.3.2 手工监测开孔的具体要求

在确定的监测断面上设置手工监测的监测孔时，应在满足"5.3.3.1"中基本要求的同时，按照以下具体规定设置：

（1）若监测断面为圆形的烟道，监测孔应设在包括各测点在内的互相垂直的直径线上，其中，断面直径小于 3 m 时，应设置相互垂直的 2 个监测孔；断面直径大于 3 m 时，应尽量设置相互垂直的 4 个监测孔（图 5-2）。

（2）若监测断面为矩形烟道，监测孔应设在包括各测点在内的延长线上（图 5-3），其中，监测断面宽度大于 3 m 时，应尽量在烟道两侧对开监测孔，具体监测孔数量按照《固定污染源排气中颗粒物测定与气态污染物采样方法》（GB/T 16157—1996）的要求确定。

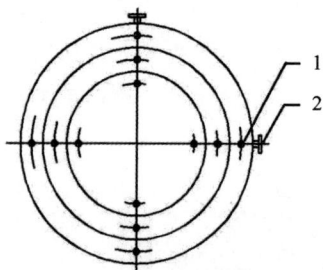

1—测点；2—监测孔

图 5-2 圆形断面测点与监测孔示意图

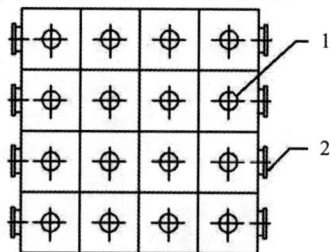

1—测点；2—监测孔

图 5-3 矩形断面测点与监测孔示意图

5.3.3.3 自动监测设备参比方法采样监测开孔的具体要求

废气自动监测设备参比方法采样监测孔的设置，在满足"5.3.3.1"中基本要求的同时，还应按照以下具体规定设置：

（1）应在自动监测断面下游预留参比方法采样监测孔，在互不影响测量的前提下，参比方法采样监测孔应尽可能靠近废气自动监测断面，距离约 0.5 m 为宜。

（2）对于监测断面为圆形的烟道，参比方法采样监测孔应设在包括各测点在内的互相垂直的直径线上，其中，断面直径小于 4 m 时，应设置相互垂直的 2 个监测孔；断面直径大于 4 m 时，应尽量设置相互垂直的 4 个监测孔。

（3）若监测断面为矩形烟道，参比方法采样监测孔应设在包括各测点在内的延长线上，监测断面宽度大于 4 m 时，应尽量在烟道两侧对开监测孔，具体监测孔数量按照《固定污染源排气中颗粒物测定与气态污染物采样方法》（GB/T 16157—1996）的要求确定。

5.3.4　监测平台的规范化设置

监测平台应设置在监测孔的正下方 1.2～1.3 m 处，应安全、便于开展监测活动，必要时应设置多层平台以满足与监测孔距离的要求。

仅用于手工监测的平台可操作面积至少应大于 1.5 m^2（长度、宽度均不小于 1.2 m），最好在 2 m^2 以上。用于安装废气自动监测设备和进行参比方法采样监测的平台面积至少在 4 m^2 以上（长度、宽度均不小于 2 m），或不小于采样枪长度外延 1 m。

监测平台应易于人员和监测仪器到达。应根据平台高度，按照《固定式钢梯及平台安全要求　第 1 部分：钢直梯》（GB 4053.1—2009）、《固定式钢梯及平台安全要求　第 2 部分：钢斜梯》（GB 4053.2—2009）的要求，设置直梯或斜梯。当监测平台距离地面或其他坠落面超过 2 m 时，不应设置直梯，应有通往平台的斜梯、旋梯或通过升降梯、电梯到达，斜梯、旋梯宽度应不小于 0.9 m，梯子倾角不超过 45°，其他具体指标详见 GB 4053.1—2009 和 GB 4053.2—2009。监测平台距离地面或其他坠落面超过 20 m 时，应有通往平台的升降梯（图 5-4）。

监测平台、通道的防护栏杆的高度应不低于 1.2 m，脚部挡板不低于 10 cm。监测平台、通道、防护栏的设计载荷、制造安装、材料、结构及防护要求应符合《固定式钢梯及平台安全要求　第 3 部分：工业防护栏杆及钢平台》（GB 4053.3—2009）的要求（图 5-5）。

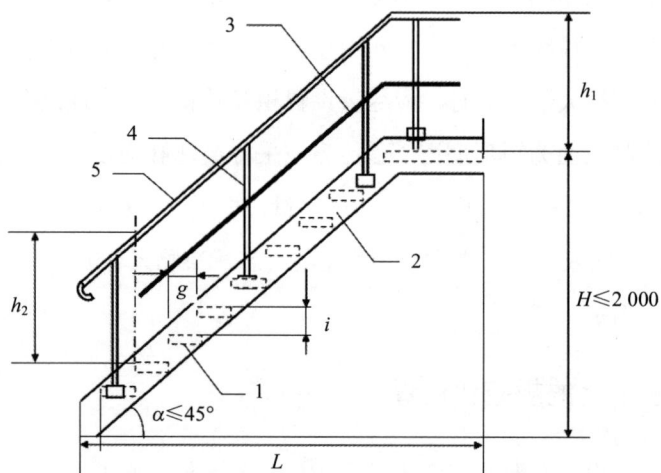

1—踏板；2—梯梁；3—中间栏杆；4—立柱；5—扶手；H—梯高；L—梯跨；

h_1—栏杆高；h_2—扶手高；α—梯子倾角；i—踏步高；g—踏步宽。

图 5-4　固定式钢斜梯

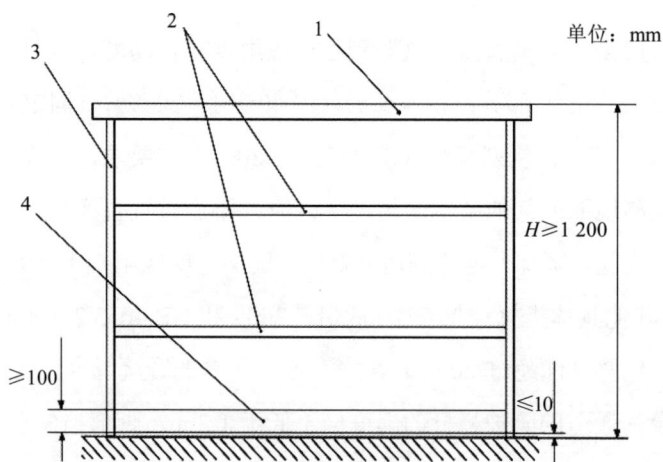

1—扶手（顶部栏杆）；2—中间栏杆；3—立柱；4—踢脚板；H—栏杆高度。

图 5-5　防护栏杆

　　监测平台应设置一个防水低压配电箱，内设漏电保护器、不少于 2 个 16A 插座及 2 个 10A 插座，保证监测设备所需电力。

　　监测平台附近有造成人体机械伤害、灼烫、腐蚀、触电等危险源的，应在平台相应位置设置防护装置。监测平台上方有坠落物体隐患时，应在监测平台上方高处设置防护装置。防护装置的设计与制造应符合《机械安全　防护装置　固定式和活动式防护装置的设计与制造一般要求》（GB/T 8196—2018）的要求。

　　排放剧毒、致癌物及对人体有严重危害物质的监测点位应储备相应安全防护装备。

5.3.5　废气自动监测设施的规范化设置

5.3.5.1　监测站房的设置

　　废气自动监测站房的设置，应达到如下要求：

　　（1）应为室外的废气自动监测系统提供独立站房，监测站房与采样点之间距离应尽可能近，原则上不超过 70 m。

　　（2）监测站房的基础荷载强度应不小于 2 000 kg/m²。若站房内仅放置单台机柜，面积应不小于 2.5 m×2.5 m。若同一站房放置多套分析仪表的，每增加一台机柜，站房面积应至少增加 3 m²，便于开展运维操作。站房空间高度应不小于 2.8 m，站房建在标高不小于 0 m 处。

　　（3）监测站房内应安装空调和采暖设备，室内温度应保持在 15～30℃，相对湿度应不大于 60%，空调应具有来电自动重启功能，站房内应安装排风扇或其他通风设施。

　　（4）监测站房内配电功率能够满足仪表实际要求，功率不小于 8 kW，至少预留三孔插座 5 个、稳压电源 1 个、UPS 电源 1 个。

　　（5）监测站房内应配备不同浓度的有证标准气体，且在有效期内。标准气体应当包含零气（即含二氧化硫、氮氧化物浓度均≤0.1 µmol/mol 的标准气体，一般为高纯氮气，纯度≥99.999%；当测量烟气中二氧化碳时，零气中二氧化碳≤

400 μmol/mol，含有其他气体的浓度不得干扰仪器的读数）和 CEMS 测量的各种气体（SO_2、NO_x、O_2）的量程标气，以满足日常零点、量程校准、校验的需要。低浓度标准气体可由高浓度标准气体通过经校准合格的等比例稀释设备获得（精密度≤1%），也可单独配备。

（6）监测站房应有必要的防水、防潮、隔热、保温措施，在特定场合还应具备防爆功能。

（7）监测站房应具有能够满足废气自动监测系统数据传输要求的通讯条件。

5.3.5.2 自动监测设备的安装施工要求

（1）废气自动监测系统安装施工应符合《自动化仪表工程施工及质量验收规范》（GB 50093—2013）、《电气装置安装工程 电缆线路施工及验收标准》（GB 50168—2018）的规定。

（2）施工单位应熟悉废气自动监测系统的原理、结构、性能，编制施工方案、施工技术流程图、设备技术文件、设计图样、监测设备及配件货物清单交接明细表、施工安全细则等有关文件。

（3）设备技术文件应包括资料清单、产品合格证、机械结构、电气、仪表安装的技术说明书、装箱清单、配套件、外购件检验合格证和使用说明书等。

（4）设计图样应符合技术制图、机械制图、电气制图、建筑结构制图等标准的规定。

（5）设备安装前的清理、检查及保养应符合以下要求：

a）按交货清单和安装图样明细表清点检查设备及零部件，缺损件应及时处理，更换补齐。

b）运转部件如取样泵、压缩机、监测仪器等，滑动部位均需清洗、注油润滑防护。

c）因运输造成变形的仪器、设备的结构件应校正，并重新涂刷防锈漆及表面油漆，保养完毕后应恢复原标记。

（6）现场端连接材料（垫片、螺母、螺栓、短管、法兰等）为焊件组对成焊时，壁（板）的错边量应符合以下要求：

a）管子或管件对口、内壁齐平，最大错边量≥1 mm；

b）采样孔的法兰与连接法兰几何尺寸极限偏差不超过±5 mm，法兰端面的垂直度极限偏差≤0.2%；

c）采用透射法原理颗粒物监测仪器发射单元和颗粒物监测仪反射单元，测量光束从发射孔的中心出射到对面中心线相叠合的极限偏差≤0.2%。

（7）从探头到分析仪的整条采样管线的铺设应采用桥架或穿管等方式，保证整条管线具有良好的支撑。管线倾斜度≥5°，防止管线内积水，在每隔 4～5 m 处装线卡箍。当使用伴热管线时应具备稳定、均匀加热和保温的功能；其设置加热温度≥120℃，且应高于烟气露点温度 10℃以上，其实际温度值应能够在机柜或系统软件中显示查询。

（8）电缆桥架安装应满足最大直径电缆的最小弯曲半径要求。电缆桥架的连接应采用连接片。配电套管应采用钢管和 PVC 管材质配线管，其弯曲半径应满足最小弯曲半径要求。

（9）应将动力与信号电缆分开敷设，保证电缆通路及电缆保护管的密封，自控电缆应符合输入和输出分开、数字信号和模拟信号分开的配线和敷设的要求。

（10）安装精度和连接部件坐标尺寸应符合技术文件和图样规定。监测站房仪器应排列整齐，监测仪器顶平直度和平面度应不大于 5 mm，监测仪器牢固固定，可靠接地。二次接线正确、牢固可靠，配导线的端部应标明回路编号。配线工艺整齐，绑扎牢固，绝缘性好。

（11）各连接管路、法兰、阀门封口垫圈应牢固完整，均不得有漏气、漏水现象。保持所有管路畅通，保证气路阀门、排水系统安装后应畅通和启闭灵活。自动监测系统空载运行 24 h 后，管路不得出现脱落、渗漏、振动强烈的现象。

（12）反吹气应为干燥清洁气体，反吹系统应进行耐压强度试验，试验压力为常用工作压力的 1.5 倍。

（13）电气控制和电气负载设备的外壳防护应符合《外壳防护等级》（GB/T 4208—2017）的技术要求，户内达到防护等级 IP24 级，户外达到防护等级 IP54 级。

（14）防雷、绝缘要求

a）系统仪器设备的工作电源应有良好的接地措施，接地电缆应采用大于 4 mm² 的独芯护套电缆，接地电阻小于 4Ω，且不能和避雷接地线共用。

b）平台、监测站房、交流电源设备、机柜、仪表和设备金属外壳、管缆屏蔽层和套管的防雷接地，可利用厂内区域保护接地网，采用多点接地方式。厂区内不能提供接地线或提供的接地线达不到要求的，应在子站附近重做接地装置。

c）监测站房的防雷系统应符合《建筑物防雷设计规范》（GB 50057—2010）的规定。电源线和信号线设防雷装置。

d）电源线、信号线与避雷线的平行净距离≥1 m，交叉净距离≥0.3 m（图 5-6）。

e）由烟囱或主烟道上数据柜引出的数据信号线要经过避雷器引入监测站房，应将避雷器接地端同站房保护地线可靠连接。

f）信号线为屏蔽电缆线，屏蔽层应有良好绝缘，不可与机架、柜体发生摩擦、打火，屏蔽层两端及中间均需做接地连接（图 5-7）。

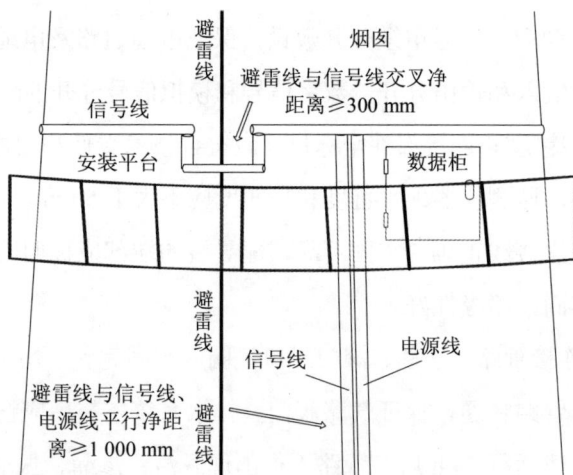

图 5-6　电源线、信号线与避雷线距离示意图

图 5-7　信号线接地示意图

5.4　排污口标志牌的规范化设置

5.4.1　标志牌设置的基本要求

排污单位应在排污口及监测点位设置标志牌，标志牌分为提示性标志牌和警告性标志牌两种。提示性标志牌用于向人们提供某种环境信息，警告性标志牌用于提醒人们注意污染物排放可能会造成危害。

一般性污染物排放口及监测点位应设置提示性标志牌。排放剧毒、致癌物及对人体有严重危害物质的排放口及监测点位应设置警告性标志牌，警告标志图案应设置于警告性标志牌的下方。

标志牌应设置在距污染物排放口及监测点位较近且醒目处，并能长久保留。

排污单位可根据监测点位的情况，设置立式或平面固定式标志牌。

5.4.2　标志牌技术规格

5.4.2.1　环保图形标志

（1）环保图形标志必须符合国家环境保护局和国家技术监督局发布的中华人民共和国国家标准《环境保护图形标志——排放口（源）》（GB 15562.1—1995）的要求。

（2）图形颜色及装置颜色

a）提示标志：底和立柱为绿色，图案、边框、支架和文字为白色；

b）警告标志：底和立柱为黄色，图案、边框、支架和文字为黑色。

（3）辅助标志内容

a）排放口标志名称；

b）单位名称；

c）排放口编号；

d）污染物种类；

e）××环境保护局监制；

f）排放口经纬度坐标、排放去向、执行的污染物排放标准、标志牌设置依据的技术标准等。

（4）辅助标志字型：黑体字。

（5）标志牌尺寸。

a）平面固定式标志牌外形尺寸：提示标志牌为 480 mm×300 mm；警告标志牌为边长 420 mm。

b）立式固定式标志牌外形尺寸：提示标志牌为 420 mm×420 mm；警告标志牌为边长 560 mm；高度为标志牌最上端距地面 2 m，地下 0.3 m。

5.4.2.2 其他要求

（1）标志牌材料

a）标志牌采用 1.5～2 mm 冷轧钢板；

b）立柱采用 38×4 无缝钢管；

c）表面采用搪瓷或者反光贴膜。

（2）标志牌的表面处理

a）搪瓷处理或贴膜处理；

b）标志牌的端面及立柱要经过防腐处理。

（3）标志牌的外观质量要求

a）标志牌、立柱无明显变形；

b）标志牌表面无气泡，膜或搪瓷无脱落；

c）图案清晰，色泽一致，不得有明显缺损；

d）标志牌的表面不应有开裂、脱落及其他破损。

5.5　排污口规范化的日常管理与档案记录

排污单位应将排污口规范化建设纳入企业生产运行的管理体系，制定相应的管理办法和规章制度，选派专职人员对排污口及监测点位进行日常管理和维护，并保存相关管理记录。

排污单位应建立排污口及监测点位档案。档案内容除包括排污口及监测点位的位置、编号、污染物种类、排放去向、排放规律、执行的排放标准等基本信息外，还应包括相关日常管理的记录，如标志牌的内容是否清晰完整，监测平台、各类梯架、监测孔、自动监测设施等是否能够正常使用，废水排放口是否损坏，排气筒有无漏风、破损现象等方面的检查记录，以及相应的维护、维修记录。

排污口及监测点位一经确认，排污单位不得随意变动。监测点位位置、排污口排放的污染物发生变化的，或排污口须拆除、增加、调整、改造或更新的，应按相关要求及时向生态环境主管部门报备，并及时设立新的标志牌或更换标志牌的相应内容。

第6章 废水手工监测技术要点

综合《排污单位自行监测技术指南 化肥工业—氮肥》(HJ 948.1—2018)和《排污单位自行监测技术指南 磷肥、钾肥、复混肥料、有机肥料和微生物肥料》(HJ 1088—2020)这两个技术指南，肥料制造行业涉及的废水监测指标有流量、pH、化学需氧量、氨氮、总氮、悬浮物、总磷、石油类、硫化物、氰化物、挥发酚、氟化物、总砷 13 项指标，为满足排污许可的有效实施，排污单位要根据实际情况对废水流量和具体的污染物指标进行监测，这样废水监测的内容就包括废水流量的监测及各项指标的现场采样和实验室分析。

6.1 流量

流量是排污单位排污总量核算的重要指标，在废水排放监测和管理中有着重要的地位。流量测量最初始于水文水利领域对天然河流、人工运河、引水渠道等的流量监测。对于工业废水的流量监测，目前常用的方法有自动测量和手工测量两种。

6.1.1 自动测量

自动测量是采用污水流量计进行测量，通常包括明渠流量计和管道流量计。通过污水流量计来测量渠道内和管道内废水（或污水）的体积流量。

（1）明渠流量计

利用明渠流量计进行自动测量时，采用超声波液位计和巴歇尔量水槽（以下简称巴氏槽）配合使用进行流量测定，并根据不同尺寸巴氏槽的经验公式计算出流量。需要注意的事项如下：

①巴氏槽安装前，应测算废水排放量并充分考虑污水处理设施的远期扩容，确保巴氏槽能满足最大流量下的测量。巴氏槽的材质要根据污水性质考虑防腐蚀。

②巴氏槽应安装于顺直平坦的渠道段，该段渠道长度不小于槽宽的 10 倍，下游渠道应无阻塞、不壅水，确保巴氏槽的水流处于自由出流状态。渠道应保持清洁，底部无障碍物，水槽应保持牢固可靠、不受损坏，凡有漏水部位应及时修补，每年应校验 1 次液位计的精度和水头零点。详细的安装和维护要求见《城市排水流量堰槽测量标准 巴歇尔量水槽》（CJ/T 3008.3—1993）。

③与巴氏槽配合使用的超声波液位计应注意日常维护，确保稳定运行，出现故障应及时更换。

（2）管道流量计

利用管道流量计测量时，可选择电磁流量计或超声流量计，宜优先选择电磁流量计。需要注意事项如下：

①电磁流量计的选型应充分考虑测量精度、污水性质、流量范围、排水规律等。流量计的口径通常与管道相同，也可以根据设计流量、流速范围来选择流量计和配套管道，管道中的流速通常以 2～4 m/s 为宜。

②电磁流量计选型时，应充分考虑废水的电导率、最大流量、常用流量、最小流量、工艺管径、管内温度、压力，以及是否有负压存在等信息。

③电磁流量计一定要安装在管路的最低点或者管路的垂直段且务必保证管内满流，若安装在垂直管线，要求水流自下而上，尽量不要自上而下，否则容易出现非满流，使读数波动变化较大。流量计前后应避免有阀门、弯头、三通等结构存在，以防产生涡流或气泡，影响测流。

④电磁流量计应避免安装在温度变化很大或受到设备高温辐射的场所，若必

须安装时，须有隔热、通风措施；电磁流量计最好安装在室内，若必须安装于室外，应避免雨水淋浇、积水受淹及太阳暴晒，须有防潮和防晒措施；避免安装在含有腐蚀性气体的环境中，必须安装时，须有通风措施；为了安装、维护、保养方便，在电磁流量计周围需有充裕的空间；避免有磁场及强振动源，如管道振动大，在电磁流量计两边应有固定管道的支座。

⑤应对电磁流量计进行周期性检查，定期扫除尘垢确保无沾污，检查接线是否良好。

6.1.2 手工测量

手工测流方法是相对于自动测流方法而言的，这种方法操作复杂、准确度较低，仅建议作为不满足自动测流条件或自动测流设施损坏时的临时补救措施，不建议用作长期自行监测手段。常用的测流方法有：明渠流速仪、便携式超声波管道测流仪和容积法。

（1）明渠流速仪

明渠流速仪适用于明渠排水流量的测量，它是通过流速仪测量过水断面不同位置的流速，计算平均流速，再乘以断面面积，即得测量时刻的瞬时流量。

用这种方法测量流量时，排污截面底部需硬质平滑，截面形状为规则的几何形，排污口处有不小于 3 m 的平直过流水段，且水位高度不小于 0.1 m。在明渠流量计断电或损坏时，可用此法临时测量排水流量。

（2）便携式超声波管道测流仪

便携式超声波管道测流仪的使用条件与电磁流量计一致，适用于顺直管道的满流测量。测量时，沿着管道的流向，将两个传感器分别贴合于管道，错开一定距离，通过两个传感器的时差测量流速，再乘以管道截面积，最终得出流量。测量的管壁应为能传导超声波的实密介质，如铸铁、碳钢、不锈钢、玻璃钢、PVC等。测点应避开弯头、阀门等，确保流态稳定，无气泡和涡流。测点应避开大功率变频器和强磁场设备，以免产生干扰。在电磁流量计断电或损坏时，可用此法临时测量排水流量。

（3）容积法

容积法是将废水纳入已知容量的容器中，测定其充满容器所需要的时间，从而计算水量的方法。该方法简单易行，适用于计量污水量较小的连续或间歇排放的污水。用此方法测量流量时，溢流口与受纳水体应有适当的落差或能用导水管形成落差。

用手工测量时，一般遵循如下原则：

①如果排放污水的"流量—时间"排放曲线波动较小，即用瞬时流量代表平均流量所引起的误差小于 10%，则在某一时段内的任意时间测得的瞬时流量乘以该时间即为该时段的流量。

②如果排放污水的"流量—时间"排放曲线虽有明显波动，但其波动有固定的规律，可以用该时段中几个等时间间隔的瞬时流量来计算出平均流量，然后再乘以时间得到流量。

③如果排放污水的"流量—时间"排放曲线既有明显波动又无规律可循，则必须连续测定流量，流量对时间的积分即为总量。

6.2　现场采样

采样前要根据采样任务确定监测点位、各监测点位的监测指标、各监测指标需要使用的采样容器、采样要求和保存运输要求等。

6.2.1　采样点位

《排污单位自行监测技术指南　化肥工业—氮肥》和《排污单位自行监测技术指南　磷肥、钾肥、复混肥料、有机肥料和微生物肥料》这两个技术指南均对每个监测点位的监测指标进行了明确规定，对于第一类污染物总砷采样点位一律设在车间或专门处理此类污染物设施的排口。对于 pH、化学需氧量、氨氮、总氮、悬浮物、总磷、石油类、硫化物、氰化物、挥发酚、氟化物等监测指标则在相应的废水总排放口、生活污水排放口和雨水排放口进行采样。

如果排污单位设置内部监测点位时，需根据实际情况在便于采样的地方进行布点采样。

如果排污单位需要考核污水处理设施处理效率时，采样点位的布设如下：

（1）对整体污水处理设施效率监测时，需在各种进入污水处理设施污水的入口和污水设施的总排放口设置采样点。

（2）对各污水处理单元效率监测时，需在各种进入处理设施单元污水的入口和设施单元的排放口设置采样点。

6.2.2　采样方法

废水的监测项目根据行业类型有不同的要求，排污单位可根据本行业自行监测技术指南设置。采集样品时应设在废水混合均匀处，避免引入其他干扰。

在分时间单元采集样品时，测定 pH、COD_{Cr}、硫化物、石油类、悬浮物等项目的样品，不能混合，只能单独采样。

根据监测项目选择不同的采样器，包括不锈钢采水器、有机玻璃水质采样器、油类采样器及用采样容器直接采样。当水深很浅，以上采样器均不适用时，可考虑使用不锈钢或塑料水瓢采集水样，采样人员距水面较远时可使用长柄瓢；废水排口有较大落差的，可使用上方开口的容器，如吊桶、提桶等采集水样。

有需求和条件的排污单位可配备水质自动采样装置进行时间比例采样和流量比例采样。当污水排放量较稳定时可采用时间比例采样，否则必须采用流量比例采样。所用自动采样器必须符合生态环境部颁布的污水采样器技术要求。

样品采集时还应针对具体的监测项目注意以下事项：

（1）采样时不可搅动水底的沉积物。

（2）确保采样准时，点位准确，操作安全。

（3）采样结束前，应核对采样计划、记录水样，如有错误或遗漏，应立即补采或重采。

（4）如采样现场水体很不均匀，无法采到有代表性的样品，则应详细记录不均匀的情况和实际采样情况，供使用该数据者参考。

（5）测定油类的水样，应在水面至 300 mm 采集柱状水样。

（6）用样品容器直接采样时，必须用水样冲洗三次之后再行采样。采油类的容器不能冲洗。

（7）采样时应注意除去水面的杂物、垃圾等漂浮物。

（8）用于测定悬浮物、硫化物、石油类的水样，必须单独定容采样并全部用于测定。

（9）在选用特殊的专用采样器（如油类采样器）时，应按照该采样器的使用方法采样。

（10）采样时应认真填写《污水采样记录表》，表中应有以下内容：污染源名称、监测项目、采样点位、采样时间、样品编号、污水性质、污水流量、采样人姓名及其他有关事项。具体格式可由各企业制定，可参考表 6-1。

（11）对于 pH 和流量需现场监测的项目，应进行现场监测。

表 6-1　污水采样记录表

企业名称	行业名称	监测项目	样品编号	采样时间	采样口	采样口位置（车间或出厂口）	样品类别	样品表观	采样口流量/（m³/s）	采样人

6.2.3　采样容器

当前市面上常见的容器按材质主要分为硬质玻璃瓶和聚乙烯瓶，在表 6-2 中分别用 G、P 表示。硬质玻璃瓶有透明和棕色两种，适用于化学需氧量、石油类等监测项目的样品采集，棕色玻璃瓶能够降低光敏作用，适用于硫化物等监测项目的样品采集。聚乙烯瓶则适用于水中金属元素、氟化物等监测项目的样品采集。在采样之前，采样容器应经过相应的清洗和处理，采样之后要对容器进行适当的封存，具体操作参见本节内容。企业可根据监测项目自行选择采样容器并按照合适的方法进行清洗和处理。

（1）容器选择的一般原则

1）最大限度防止容器及瓶塞对样品的污染，一般的玻璃在贮存水样时可溶出钠、钙、镁、硅、硼等元素，在测定这些项目时应避免使用玻璃容器，以防止新的污染。一些有色瓶塞含有大量的重金属。

2）容器壁应易于清洗、处理，以减少重金属对容器的表面污染。

3）容器或容器塞的化学和生物性质应该是惰性的，以防止容器与样品组分发生反应。如测氟时，水样不能贮于玻璃瓶中，因为玻璃与氟化物发生反应。

4）防止容器吸收或吸附待测组分，引起待测组分浓度的变化。微量金属易于受这些因素的影响。

5）深色玻璃能降低光敏作用。

（2）容器的准备

1）所有的准备都应确保不发生正负干扰。

2）尽可能使用专用容器。如不能使用专用容器，那么最好准备一套容器进行特定污染物的测定，以减少交叉污染。同时应注意防止以前采集高浓度分析物的容器因洗涤不彻底污染随后采集的低浓度污染物的样品。

3）对于新容器，一般应先用洗涤剂清洗，再用纯水彻底清洗。但是，用于清洁的清洁剂和溶剂可能引起干扰，如果使用，应确保洗涤剂和溶剂的质量。所用的洗涤剂类型和选用的容器材质要随待测组分来确定。测总磷不能使用含磷洗涤剂；测重金属的玻璃容器及聚乙烯容器通常用盐酸或硝酸（c=1 mol/L）洗净并浸泡 1～2 天后用蒸馏水或去离子水冲洗。

（3）容器的清洗

1）清洁剂清洗塑料或玻璃容器，程序如下：

a）用水和清洗剂的混合稀释溶液清洗容器和容器帽；

b）用实验室用水清洗两次；

c）控干水并盖好容器帽。

2）溶剂洗涤玻璃容器，程序如下：

a）用水和清洗剂的混合稀释溶液清洗容器和容器帽；

b）用自来水彻底清洗；

c）用实验室用水清洗两次；

d）用丙酮清洗并干燥；

e）用与分析方法匹配的溶剂清洗并立即盖好容器帽。

3）酸洗玻璃或塑料容器，程序如下：

a）用自来水和清洗剂的混合稀释溶液清洗容器和容器帽；

b）用自来水彻底清洗；

c）用 10%硝酸溶液清洗；

d）控干后，注满 10%硝酸溶液；

e）密封，贮存至少 24 h；

f）用实验室用水清洗，并立即盖好容器帽。

6.2.4　样品保存与运输交接

6.2.4.1　样品保存

水样采集后应尽快送到实验室分析，样品长时间放置，受生物、化学、物理等因素，某些组分的浓度可能会发生变化。一般可通过冷藏、冷冻、添加保存剂等方式对样品进行保存。

（1）样品的冷藏、冷冻

在大多数情况下，从采集样品后到运输到实验室期间，在0～5℃冷藏并暗处保存，对保存样品就足够了。冷藏并不适用长期保存，对废水的保存时间更短。-20℃的冷冻温度一般能延长贮存期。但冷冻需要掌握冷冻和融化技术，以使样品在融化时能迅速、均匀地恢复其原始状态，用干冰快速冷冻是令人满意的方法。一般选用聚氯乙烯或聚乙烯等塑料容器。

（2）添加保存剂

1）加入酸和碱，控制溶液pH：测定金属离子的水样常用硝酸酸化至pH1～2，既可以防止重金属的水解沉淀，又可以防止金属在器壁表面上的吸附，同时在pH1～2的酸性介质中还能抑制生物的活动。用此法保存，大多数金属可稳定数周或数月。测定氰化物的水样需加氢氧化钠调至pH12。

2）加入抑制剂：为了抑制生物作用，可在样品中加入抑制剂。如在测酚水样中用磷酸调节溶液的pH，加入硫酸铜以控制苯酚分解菌的活动。

3）加入还原剂：测定硫化物的水样，加入抗坏血酸对保存有利。样品保存剂如酸、碱或其他试剂在采样前应进行空白试验，其纯度和等级必须达到分析的要求。

加入一些化学试剂可固定水样中的某些待测组分，保存剂可事先加入空瓶中，亦可在采样后立即加入水样中。所加入的保存剂不能干扰待测成分的测定，如有疑义应先做必要的试验。

当加入保存剂的样品，经过稀释后，在分析计算结果时要充分考虑。但如果加入足够浓的保存剂，因加入体积很小，可以忽略其稀释影响。固体保存剂，因会引起局部过热，从而影响样品，应该避免使用。

所加入的保存剂有可能改变水中组分的化学或物理性质，因此选用保存剂时一定要考虑对测定项目的影响。如待测项目是溶解态物质，酸化会引起胶体组分和固体的溶解，则必须在过滤后酸化保存。

必须要做保存剂空白试验，特别是对微量元素的检测。要充分考虑加入保存剂所引起待测元素数量的变化。例如，酸类会增加砷、铅、汞的含量。因此，样品中加入保存剂后，应保留做空白试验。

　　针对技术指南中涉及的不同的监测项目应选用的容器材质、保存剂及其加入量、保存期、采样体积和容器洗涤方法可参考表 6-2。

表 6-2　样品保存和容器洗涤

项目	采样容器①	保存剂及用量	保存期限②	建议采样量③/ml	容器洗涤⑤
pH	G.P		12 h	250	I
悬浮物	G.P	冷藏④，避光	14 天	500	I
CODCr	G	加 H_2SO_4，pH≤2	2 天	500	I
	p	−20℃冷冻	30 天	100	I
总磷	G.P	HCl，H_2SO_4，pH≤2	24 h	250	III
	P	−20℃冷冻	30 天	250	III
氨氮	G.P	加 H_2SO_4，pH≤2	24 h	250	I
	G.P	加 H_2SO_4，pH≤2，冷藏④	7 天	250	I
总氮	G.P	加 H_2SO_4，pH≤2	7 天	250	I
	p	−20℃冷冻	30 天	500	I
硫化物	G.P	水样充满容器。1L 水样加 NaOH 至 pH 约为 9，加入 5%抗坏血酸 5 ml，饱和 EDTA3 ml，滴加饱和 $Zn(AC)_2$ 至胶体产生，常温避光	24 h	250	I
氰化物	G.P	NaOH，pH≥9，冷藏④	7 d，如有硫化物，保存 12 h	250	I
砷	G.P	HNO_3，1L 水样中加浓 $HNO_3$10 ml，DDTC 法，HCl2 ml，如用原子荧光法测定，1 L 水样中加 10 ml 浓 HCl	14 天	250	I
石油类	G	HCl，pH≤2	7 天	500	II
挥发酚	G	H_3PO_4，pH 约为 2，用 0.01～0.02 g 抗坏血酸除去余氯	24 h	1 000	I

注：① P 为聚乙烯等材质塑料容器，G 为硬质玻璃容器。

　　② h—小时；d—天。

　　③ 每个监测项目的建议采样量应保证满足分析所需的最小采样量，同时考虑重复分析和质量控制等的需要。

　　④ 冷藏温度范围为 0～5℃。

　　⑤ I、II、III 表示三种洗涤方法，如下：

　　I：洗涤剂洗一次，自来水洗三次；

　　II：洗涤剂洗一次，自来水洗二次，（1+3）HNO_3 荡洗一次，自来水洗三次；

　　III：铬酸洗液洗一次，自来水洗三次。

6.2.4.2　样品运输和交接

样品采集后应尽快送实验室分析，并根据监测项目所采用分析方法的要求确定样品的保存方法，确保样品在规定的保存期限内分析测试。

根据采样点的地理位置和监测项目保存期限，选用适当的运输方式。样品运输前应将容器的外（内）盖盖紧。装箱时应用泡沫塑料等减震材料分隔固定，以防破损。除防震、避免日光照射和低温运输外，还应防止沾污。

同一采样点的样品应尽量装在同一样品箱内，运输前应核对现场采样记录上的所有样品是否齐全，应有专人负责样品运输。

现场监测人员与实验室接样人员进行样品交接时，须清点和检查样品，并在交接记录上签字。样品交接记录内容包括交接样品的日期和时间、样品数量和性状、测定项目、保存方式、交样人、接样人等。

6.2.5　留样

有污染物排放异常等特殊情况，要留样分析时，应针对具体项目的分析用量同时采集留样样品，并填写"留样记录表"，表中应涵盖以下内容：污染源名称、监测项目、采样点位、采样时间、样品编号、污水性质、污水流量、采样人姓名、留样时间、留样人姓名、固定剂添加情况、保存时间、保存条件及其他有关事项。

6.3　监测指标测试

6.3.1　概述

根据肥料制造行业涉及的废水监测项目包括理化指标（如 pH、悬浮物等）、无机阴离子（如硫化物、氰化物、氟化物等）、营养盐及有机污染综合指标（如化学需氧量、氨氮等）、金属及其化合物（如总砷）、有机污染物（如挥发酚）等几大类，梳理肥料制造行业自行监测所涉及的项目、方法和所需的仪器设备，并对各类监测项目测定原理、测定步骤和注意事项进行介绍。肥料制造行业自行监测项目、标准方法、所需设备不限于表 6-3 中所列内容，若有其他适用的方法，也可以使用，但按照《总则》及相关要求开展方法验证。

表 6-3　监测项目、标准方法及所需设备

监测项目	标准方法	所需设备
pH	《水质　pH 值的测定　电极法》（HJ 1147—2020）	酸度计：精度为 0.01 个 pH 单位，具有温度补偿功能，pH 测定范围为 0~14；电极：分体式 pH 电极或复合 pH 电极；温度计：0~100℃；烧杯：聚乙烯或硬质玻璃材质；一般实验室常用仪器和设备
悬浮物	《水质　悬浮物的测定　重量法》（GB 11901—1989）	常用实验室仪器、称量瓶、烘箱、干燥器、万分之一天平、全玻璃微孔滤膜过滤器、CN-CA 滤膜（孔径 0.45μm、直径 60 mm）吸滤瓶、真空泵、无齿扁咀镊子
硫化物	《水质　硫化物的测定　亚甲基蓝分光光度法》（GB/T 16489—1996）	酸化—吹气—吸收装置；氮气流量计；分光光度计；250 ml 碘量瓶；容量瓶；100 ml 具塞比色管
硫化物	《水质　硫化物的测定　碘量法》（HJ/T 60—2000）	酸化—吹气—吸收装置；恒温水浴；150 ml 或 250 ml 碘量瓶；25 ml 或 50 ml 棕色滴定管
硫化物	《水质　硫化物的测定　气相分子吸收光谱法》（HJ/T 200—2005）	气相分子吸收光谱仪；空心阴极灯；一般实验室常用仪器
硫化物	《水质　硫化物的测定　流动注射-亚甲基蓝分光光度法》（HJ 824—2017）	流动注射分析仪；分析天平；超声波清洗器；一般实验室常用仪器
（总）氰化物	《水质　氰化物的测定　容量法和分光光度法》（硝酸银滴定法）（HJ 484—2009）	检定为 A 级的玻璃量器；10 ml 棕色酸式滴定管；250 ml 锥形瓶；一般实验室常用仪器
（总）氰化物	《水质　氰化物的测定　容量法和分光光度法》（异烟酸-吡唑啉酮分光光度法）（HJ 484—2009）	检定为 A 级的玻璃量器；分光光度计或比色计；恒温水浴装置；250 ml 锥形瓶；25 ml 具塞比色管；一般实验室常用仪器
（总）氰化物	《水质　氰化物的测定　容量法和分光光度法》（异烟酸-巴比妥酸分光光度法）（HJ 484—2009）	检定为 A 级的玻璃量器；分光光度计或比色计；25 ml 具塞比色管；一般实验室常用仪器

监测项目	标准方法	所需设备
（总）氰化物	《水质 氰化物的测定 容量法和分光光度法》（吡啶-巴比妥酸分光光度法）（HJ 484—2009）	检定为 A 级的玻璃量器；分光光度计或比色计；恒温水浴装置；25 ml 具塞比色管；一般实验室常用仪器
	《水质 氰化物的测定 流动注射-分光光度法》（HJ 823—2017）	流动注射分析仪；分析天平；超声波清洗器；一般实验室常用仪器
	《水质 氰化物等的测定 真空检测管-电子比色法》（HJ 659—2013）	电子比色计：LED 或氙灯光源；真空检测管；加热装置；一般实验室常用仪器
氟化物	《水质 氟化物的测定 离子选择电极法》（GB 7487—87）	氟离子选择电极；饱和甘汞电极或氯化银电极；离子活度计、毫伏计或 pH 计；磁力搅拌器；聚乙烯杯；氟化物水蒸气蒸馏装置
化学需氧量	《水质 化学需氧量的测定 重铬酸盐法》（HJ 828—2017）	回流装置：磨口 250 ml 锥形瓶的全玻璃回流装置；加热装置；分析天平：感量为 0.000 1 g；酸式滴定管：25 ml 或 50 ml；一般实验室常用仪器和设备
	《水质 化学需氧量的测定 快速消解分光光度》（HJ/T 399—2007）	消解管、加热器、光度计、消解管支架、离心机、手动移液器（枪）：最小分度体积不大于 0.01 ml；A 级吸量管、容量瓶、量筒；搅拌器
	《高氯废水 化学需氧量的测定 氯气校正法》（HJ/T 70—2001）	常用实验室仪器；回流吸收装置；加热装置；氮气流量计；25 ml 或 50 ml 酸式滴定管
	《高氯废水 化学需氧量的测定 碘化钾碱性高锰酸钾法》（HJ/T 132—2003）	沸水浴装置；250 ml 碘量瓶；25 ml 棕色酸式滴定管；定时钟；G-3 玻璃砂芯漏斗
氨氮	《水质 氨氮的测定 蒸馏-中和滴定法》（HJ 537—2009）	氨氮蒸馏装置（500 ml 凯式烧瓶、氮球、直形冷凝管和导管）；50 ml 酸式滴定管
	《水质 氨氮的测定 纳氏试剂分光光度法》（HJ 535—2009）	可见分光光度计：具 20 mm 比色皿；氨氮蒸馏装置（500 ml 凯式烧瓶、氮球、直形冷凝管和导管），亦可使用 500 ml 蒸馏烧瓶
	《水质 氨氮的测定 水杨酸分光光度法》（HJ 536—2009）	可见分光光度计：10～30 mm 比色皿；滴瓶；氨氮蒸馏装置（500 ml 凯式烧瓶、氮球、直形冷凝管和导管），亦可使用蒸馏烧瓶；实验室常用玻璃器皿
	《水质 氨氮的测定 连续流动-水杨酸分光光度法》（HJ 665—2013）	连续流动分析仪；带流量计的蒸馏装置（选配）；天平（精度为 0.000 1 g）；pH 计（精度为±0.02）；离心机（最大转速 4 000 r/min）；一般实验室常用仪器和设备

监测项目	标准方法	所需设备
氨氮	《水质　氨氮的测定　流动注射-水杨酸分光光度法》（HJ 666—2013）	流动注射分析仪；天平（精度为 0.000 1 g）；离心机（最大转速 4 000 r/min）；预蒸馏装置；超声波机；一般实验室常用仪器和设备
	《水质　氨氮的测定　气相分子吸收光谱法》（HJ/T 195—2005）	气相分子吸收光谱仪；空心阴极灯；一般实验室常用仪器
总氮	《水质　总氮的测定　碱性过硫酸钾消解紫外分光光度法》（HJ 636—2012）	紫外分光光度计（具 10 mm 石英比色皿）；高压蒸汽灭菌锅；25 ml 具塞磨口玻璃比色管；一般实验室常用仪器和设备
	《水质　总氮的测定　连续流动-盐酸萘乙二胺分光光度法》（HJ 667—2013）	连续流动分析仪；天平（精度为 0.000 1 g）；pH 计（精度为 0.02）；一般实验室常用仪器和设备
	《水质　总氮的测定　流动注射-盐酸萘乙二胺分光光度法》（HJ 668—2013）	流动注射分析仪；天平（精度为 0.000 1 g）；pH 计（精度为 0.02）；超声波机；一般实验室常用仪器和设备
总磷	《水质　总磷的测定　钼酸铵分光光度法》（GB 11893—1989）	医用手提式蒸气消毒器或一般压力锅；50 ml 具塞（磨口）刻度管；分光光度计
	《水质　总磷的测定　流动注射-钼酸铵分光光度法》（HJ 671—2013）	流动注射分析仪；天平（精度为 0.000 1 g）；超声波机；一般实验室常用仪器和设备
	《水质　磷酸盐和总磷的测定　连续流动-钼酸铵分光光度法》（HJ 670—2013）	流动注射分析仪；天平（精度为 0.000 1 g）；一般实验室常用仪器和设备
总砷	《水质　总砷的测定　二乙基二硫代氨基甲酸银分光光度法》（GB 7485—87）	一般实验室仪器；分光光度计；10 mm 比色皿；砷化氢发生装置
	《水质　65 种元素的测定　电感耦合等离子体质谱》（HJ 700—2014）	电感耦合等离子体质谱仪及其相应的设备；温控电热板；微波消解仪；过滤装置；聚四氟乙烯烧杯；聚乙烯容量瓶；聚丙烯或聚四氟乙烯瓶；一般实验室常用仪器设备
	《水质　汞、砷、硒、铋和锑的测定　原子荧光法》（HJ 694—2014）	原子荧光光谱仪；元素灯（汞、砷、硒、铋、锑）；可调温电热板；恒温水浴装置；抽滤装置；分析天平（精度为 0.000 1 g）；实验室常用器皿
	《水质　32 种元素的测定　电感耦合等离子体发射光谱法》（HJ 776—2015）	电感耦合等离子体发射光谱；温控电热板；微波消解仪；一般实验室常用仪器

监测项目	标准方法	所需设备
挥发酚	《水质 挥发酚的测定 4-氨基安替比林分光光度》（HJ 503—2009）	分光光度计（配光程为 20 mm 比色皿）；一般实验室常用仪器
	《水质 挥发酚的测定 流动注射-4-氨基安替比林分光光度法》（HJ 825—2017）	流动注射分析仪；分析天平：精度 0.000 1 g；一般实验室常用仪器
	《水质 挥发酚的测定 溴化容量法》（HJ 502—2009）	A 级标准的玻璃量器；天平：精度 0.000 1 g；一般实验室常用仪器
石油类	《水质 石油类和动植物油类的测定 红外分光光度法》（HJ 637—2018）	红外测油仪或红外分光光度计（配备 4 cm 带盖石英比色皿）；水平振荡器；分液漏斗（1 000 ml，具聚四氟乙烯旋塞）；三角瓶（50 ml，具塞磨口）；一般实验室常用器皿和设备

6.3.2 指标测定

6.3.2.1 pH

方法：《水质 pH 值的测定 电极法》（HJ 1147—2020）

适用范围：适用于饮用水、地面水及工业废水 pH 的测定。

水的颜色、浊度、胶体物质、氧化剂及还原剂均不干扰测定。在 pH<1 的强酸性溶液中，会产生酸误差；在 pH>10 的强碱性溶液中，会产生钠差。可采用耐酸碱 pH 电极测定，也可以选择与被测溶液的 pH 相近的标准缓冲溶液对仪器进行校准以抵消干扰。测定电解质低的样品时，应采用适用于低离子强度的 pH 电极测定；测定电解质高（盐度大于 5‰）的样品时，应采用适用于高离子强度的 pH 电极测定。测定含高浓度氟的酸性样品时，应采用耐氢氟酸 pH 电极测定。温度影响电极的电位和水的电离平衡，仪器应具备温度补偿功能，温度补偿范围依据仪器说明书。

注意事项：

①酸度计应参照仪器说明书使用和维护。

②电极应参照说明书使用和维护。

③为减少空气中酸碱性气体的溶入，或样品中相应物质的挥发，测定前不应提前打开采样瓶。

④测定 pH>10 的强碱性样品时，应使用聚乙烯烧杯。

⑤使用过的标准缓冲溶液不允许再倒回原瓶中。

⑥如有特殊需求时，可根据需要及仪器的精度确定结果的有效数字位数。

⑦如选用更高精度的仪器设备，需使用更高精度的标准缓冲溶液，标准缓冲溶液配制的精确度应满足仪器的要求。

6.3.2.2　悬浮物

方法：《水质　悬浮物的测定　重量法》（GB 11901—1989）

测定步骤：量取充分混匀的试样 100 ml 抽滤→103～105℃（反复）烘干→冷却称量，直至两次称量的重量差≤0.4 mg 为止。

注意事项：

滤膜上截留过多的悬浮物可能夹带过多的水分，除延长干燥时间外，还可能造成过滤困难，遇此情况，可酌情少取试样。滤膜上的悬浮物过少，则会增大称量误差，影响测定精度，必要时可增大试样体积，一般以 5～100 mg 悬浮物量作为量取试样体积的适用范围。

6.3.2.3　硫化物

方法一：《水质　硫化物的测定　亚甲基蓝分光光度法》（GB/T 16489—1996）

方法原理：样品经酸化，硫化物转化成硫化氢，用氮气将硫化氢吹出，转移到盛乙酸锌-乙酸钠溶液的吸收显色管中，与 N,N-二甲基对苯二胺和硫酸铁铵反应生成蓝色的络合物亚甲基蓝，在 665 nm 波长处测定。

对于无色、透明、不含悬浮物的清洁水样，采用沉淀分离法测定。

沉淀分离法测定步骤：绘制校准曲线→样品和空白于分液漏斗、静置，沉淀

部分放入具塞比色管→加入 *N*,*N*-二甲基对苯二胺溶液，密塞、缓慢倒转→加入硫酸铁铵溶液，密塞摇匀→比色→计算

对于含悬浮物、浑浊度较高、有色、不透明的水样，采用酸化—吹气—吸收法测定。

酸化—吹气—吸收法测定步骤：绘制校准曲线→样品和空白加入抗氧化剂溶液→加入磷酸溶液→加入 *N*,*N*-二甲基对苯二胺溶液，密塞、缓慢倒转→加入硫酸铁铵溶液，密塞，摇匀→比色→计算

注意事项：

硫离子很容易被氧化，硫化氢易从水样中溢出，在采样时应防止曝气，并加适量的氢氧化钠溶液和乙酸锌-乙酸钠溶液，使水样呈碱性并形成硫化锌沉淀。水样应充满瓶，瓶塞下不留空气。

方法二：《水质 硫化物的测定 碘量法》（HJ/T 60—2000）

方法原理：在酸性条件下，硫化物与过量的碘作用，剩余的碘用硫代硫酸钠滴定。由硫代硫酸钠溶液所消耗的量，间接求出硫化物的含量。

测定步骤：试样和空白进行预处理→加入碘标准溶液→加入盐酸，密塞混匀→暗处放置，用硫代硫酸钠标准溶液滴定→计算

方法三：《水质 硫化物的测定 气相分子吸收光谱法》（HJ/T 200—2005）

该标准适用于地表水、地下水、海水、饮用水、生活污水及工业废水中硫化物的测定。使用 202.6 nm 波长，方法的检出限为 0.005 mg/L，测定下限 0.020 mg/L，测定上限 10 mg/L。在 222.8 nm 波长处，测定上限 500 mg/L。

方法四：《水质 硫化物的测定 流动注射-亚甲基蓝分光光度法》（HJ 824—2017）

本标准适用于地表水、地下水、生活污水和工业废水中硫化物的测定。

当检测光程为 10 mm 时，本标准的方法检出限为 0.004 mg/L（以 S^{2-} 计），测定范围为 0.016～2.000 mg/L（以 S^{2-} 计）。

6.3.2.4　（总）氰化物

方法一：《水质　氰化物的测定　容量法和分光光度法》（硝酸银滴定法）（HJ 484—2009）

方法原理：经蒸馏得到的碱性试样"A"，用硝酸银标准溶液滴定，氰离子与硝酸银作用生成可溶性的银氰络合离子$[Ag(CN)_2]^-$，过量的银离子与试银灵指示剂反应，溶液由黄色变为橙红色。

测定步骤：100 ml 制备的试样和制备的空白试样→加入试银灵指示剂，摇匀→硝酸银标准溶液滴定→计算。

注意事项：

用硝酸银标准溶液滴定试样前，应以 pH 试纸测定试样的 pH。必要时应加氢氧化钠溶液调节至 pH＞11。

方法二：《水质　氰化物的测定　容量法和分光光度法》（异烟酸-吡唑啉酮分光光度法）（HJ 484—2009）

方法原理：在中性条件下，样品的氰化物与氯胺 T 反应生成氯化氰，再与异烟酸作用，经水解后生成戊烯二醛，最后与吡唑啉酮缩合生成蓝色染料，在 638 nm 波长处测量吸光度。

测定步骤：绘制校准曲线→10 ml 制备的试样和制备的空白试样→加入磷酸盐缓冲溶液，摇匀迅速加入氯胺 T 溶液，立即盖塞，摇匀，放置→加入异烟酸-吡唑啉酮溶液，混匀→加水稀释至标线，摇匀→水浴放置 40 min→比色→计算。

注意事项：

（1）氯胺 T 发生结块不易溶解，可致显色无法进行，必要时需用碘量法测定有效氯浓度。

（2）异烟酸配成溶液后如呈明显淡黄色，使空白值增高，可过滤。为降低试剂空白值，实验中以选用无色的 *N,N*-二甲基甲酰胺为宜。

（3）当用较高浓度的氢氧化钠溶液作为吸收液时，加缓冲溶液前应以酚酞为指示剂，滴加盐酸溶液至红色褪去。同时需要注意绘制校准曲线时，和水样保持相同的氢氧化钠浓度。

方法三：《水质　氰化物的测定　容量法和分光光度法》（异烟酸-巴比妥酸分光光度法）（HJ 484—2009）

方法原理：在弱酸性条件下，水样中氰化物与氯胺 T 作用生成氯化氰，然后与异烟酸反应，经水解生成戊烯二醛，最后再与巴比妥酸作用生成一紫蓝色化合物，在波长 600 nm 处测定吸光度。

测定步骤：绘制校准曲线→10 ml 制备的试样和制备的空白试样→加入磷酸二氢钾缓冲溶液，摇匀→迅速加入氯胺 T 溶液，立即盖塞，摇匀，放置→加入异烟酸-巴比妥酸显色剂，加水稀释至标线，摇匀→显色→比色→计算。

注意事项：

当氰化物以 HCN 存在时易挥发，加入缓存溶液后，每一步骤操作都要迅速，并随时盖紧塞子。

方法四：《水质　氰化物的测定　容量法和分光光度法》（吡啶-巴比妥酸分光光度法）（HJ 484—2009）

方法原理：在中性条件下，氰离子和氯胺 T 的活性氯反应生成氯化氰，氯化氰与吡啶反应生成戊烯二醛，戊烯二醛与两个巴比妥酸分子缩和生成红紫色化合物，在波长 580 nm 处测量吸光度。

测定步骤：绘制校准曲线→10 ml 制备的试样和制备的空白试样→加入酚酞指示剂，用盐酸溶液调节至红色刚消失为止→加入磷酸盐缓冲溶液，摇匀→迅速加入氯胺 T 溶液，立即盖塞，摇匀，放置→加入吡啶-巴比妥酸显色剂，加水稀释至标线，摇匀→水浴中放置 20 min，冷却至室温→比色→计算。

注意事项：

氰化物以 HCN 存在时易挥发，加入缓冲溶液后，每一步骤操作都要迅速，并随时盖紧塞子。

方法五：《水质　氰化物的测定　流动注射-分光光度法》（HJ 823—2017）

本标准适用于地表水、地下水、生活污水和工业废水中氰化物的测定。

当检测光程为 10 mm 时，异烟酸-巴比妥酸法测定水中氰化物检出限为 0.001 mg/L，测定范围为 0.004～0.100 mg/L；吡啶-巴比妥酸法测定水中氰化物的检出限为 0.002 mg/L，测定范围为 0.008～0.500 mg/L。

方法六：《水质　氰化物等的测定　真空检测管-电子比色法》（HJ 659—2013）

本标准适用于地下水、地表水、生活污水和工业废水中氰化物、氟化物、硫化物、二价锰、六价铬、镍、氨氮、苯胺、硝酸盐氮、亚硝酸盐氮、磷酸盐以及化学需氧量等污染物的快速分析。其他污染物项目如果通过验证也可适用于本标准。

6.3.2.5　氟化物

方法：《水质　氟化物的测定　离子选择电极法》（GB 7487—87）

方法原理：当氟电极与含氟的溶液接触时，电池的电动势 E 随溶液中的氟离子活度变化而改变（遵守 Nernst 方程）。

测定步骤：绘制校准曲线→试样和空白用乙酸钠或盐酸调节至近中性→加入总离子强度调节缓冲溶液，用水稀释至标线，摇匀→倒入聚乙烯杯，放入电极，连续搅拌溶液，电位稳定后读数→计算

注意事项：

（1）温度会影响电极的点位和样品的离解，须使试样与标准溶液的温度相同，并注意调节仪器的温度补偿装置使之与溶液的温度一致，每日要测定电极的实际斜率。

（2）不得用手指触摸电极的膜表面，如果电极的膜表面被有机物等沾污，必须先清洗干净后才能使用。

（3）插入电极前不要搅拌溶液，以免在电极表面附着气泡，影响测定的准确度。

（4）搅拌速度应适中、稳定，不要形成涡流，测定过程中应连续搅拌。

6.3.2.6　化学需氧量

方法一:《水质　化学需氧量的测定　重铬酸盐法》(HJ 828—2017)

方法原理:在水样中加入已知量的重铬酸钾溶液,并在强酸介质下以银盐作催化剂,经沸腾回流后,以试亚铁灵为指示剂,用硫酸亚铁铵滴定水样中未被还原的重铬酸钾,由消耗的重铬酸钾的量计算出消耗氧的质量浓度。

COD_{Cr} 浓度≤50 mg/L 的样品测定步骤:取 10.0 ml 水样和相同体积的空白依次加入硫酸汞溶液(硫酸汞溶液最大加入量为 2 ml)、重铬酸钾标准溶液(浓度为 0.025 0 mol/L)和几颗防爆沸玻璃珠,摇匀→加入硫酸银-硫酸溶液,混匀,加热回流→冷却至室温,加入试亚铁灵指示剂,用硫酸亚铁铵标准溶液滴定→计算

COD_{Cr} 浓度>50 mg/L 的样品测定步骤:取 10.0 ml 水样和相同体积的空白依次加入硫酸汞溶液、重铬酸钾标准溶液(浓度为 0.250 mol/L)和几颗防爆沸玻璃珠,摇匀→加入硫酸银-硫酸溶液,混匀,加热回流→冷却至室温,加入试亚铁灵指示剂,用硫酸亚铁铵标准溶液滴定→计算

注意事项:

(1)在酸性重铬酸钾条件下,芳烃和吡啶难以被氧化,其氧化率较低。在硫酸银催化作用下,直链脂肪酸族化合物可有效地被氧化。

(2)无机还原性物质如亚硝酸盐、硫化物和二价铁盐等将使测定结果增大,其需氧量也是 COD_{Cr} 的一部分。

(3)对于污染严重的水样,可选取所需体积的 1/10 的水样放入硬质玻璃管,加入 1/10 的试剂,摇匀后加热沸腾数分钟,观察溶液是否变成蓝绿色。若呈蓝绿色,应再适当少取水样,直至溶液不变蓝绿色为止,从而可以确定待测水样的稀释倍数。

方法二:《水质　化学需氧量的测定　快速消解分光光度法》(HJ/T 399—2007)

方法原理:试样中加入已知量的重铬酸钾溶液,在强硫酸介质中,以硫酸银作为催化剂,经高温消解后,用分光光度法测定 COD 值。

测定步骤：绘制校准曲线→量取相应体积制备的试样和空白于消解管中，摇匀，放入加热器中加热 15 min→取出，冷却至 60℃，摇动消解管，混匀，静置，冷却至室温→比色→计算

方法三：《高氯废水　化学需氧量的测定　氯气校正法》（HJ/T 70—2001）

方法原理：在水样中加入已知量的重铬酸钾溶液及硫酸汞溶液，并在强酸介质下以硫酸银作催化剂，经 2 h 沸腾回流后，以 1,10-邻菲啰啉为指示剂，用硫酸亚铁铵滴定水样中未被还原的重铬酸钾，由消耗的硫酸亚铁铵的量换算成消耗氧的质量浓度，即为表观 COD。将水样中未络合而被氧化的那部分氯离子所形成的氯气导出，再用氢氧化钠溶液吸收后，加入碘化钾，用硫酸调节 pH 为 2～3，以淀粉为指示剂，用硫代硫酸钠标准溶液滴定，消耗的硫代硫酸钠的量换算成消耗氧的质量浓度，即为氯离子校正值。表观 COD 与氯离子校正值之差，即为所测水样真实的 COD。

测定步骤：吸取 20.0 ml 水样（或取适量水样加水至 20.0 ml）以及相同体积的空白→加入硫酸汞溶液，摇匀→加入重铬酸钾标准溶液以及防爆沸玻璃珠→加入硫酸银-硫酸溶液，混匀→吸收瓶内加入氢氧化钠溶液和水→加热回流→吸收瓶冷却至室温，加入碘化钾，硫酸溶液，放置 10 min→用硫代硫酸钠标准滴定→三角烧瓶冷却后加入邻菲啰啉指示剂→用硫酸亚铁铵标准溶液滴定→计算

方法四：《高氯废水　化学需氧量的测定　碘化钾碱性高锰酸钾法》（HJ/T 132—2003）

方法原理：在碱性条件下，加一定量高锰酸钾溶液于水样中，并在沸水浴上加热反应一定时间，以氧化水中的还原性物质。加入过量的碘化钾还原剩余的高锰酸钾，以淀粉做指示剂，用硫代硫酸钠滴定释放出的碘，换算成氧的浓度，用 COD_{OH-KI} 表示。

测定步骤：100 ml 待测水样（若水样 COD_{OH-KI} 高于 12.5 mg/L，则酌情少取，用水稀释至 100 ml）和相同体积的空白→加入氢氧化钠溶液，摇匀→加入高锰酸钾溶液，摇匀→沸水浴加热→冷却至室温，加入叠氮化钠溶液，摇匀→加入氟化

钾溶液，摇匀→加入碘化钾溶液，摇匀→加入硫酸，加盖摇匀，放置暗处 5 min→硫代硫酸钠溶液滴定→计算。

6.3.2.7 氨氮

方法一：《水质 氨氮的测定 蒸馏-中和滴定法》（HJ 537—2009）

方法原理：调节水样的 pH 在 6.0～7.4，加入轻质氧化镁使呈微碱性，蒸馏释出的氨用硼酸溶液吸收。以甲基红-亚甲蓝为指示剂，用盐酸标准溶液滴定馏出液中的氨氮（以 N 计）。

测定步骤：

试样（空白）进行预蒸馏（馏出液达 200 ml 停止蒸馏）→全部蒸馏液转移到锥形瓶，加入混合指示剂→用盐酸标准溶液滴定→计算。

注意事项：

在蒸馏刚开始时氨气蒸出速度较快，加热不能过快，否则造成水样暴沸、馏出液温度升高、氨吸收不完全，馏出液速率应保持在 10 ml/min 左右。如果水样中存在余氯，应再加入几粒结晶硫代硫酸钠（$Na_2S_2O_3$ 或 $Na_2S_2O_3·5H_2O$）去除。

方法二：《水质 氨氮的测定 纳氏试剂分光光度法》（HJ 535—2009）

方法原理：以游离态的氨或铵离子等形式存在的氨氮与纳氏试剂反应生成淡红棕色络合物，该络合物的吸光度与氨氮的含量成正比，于 420 nm 波长处测量吸光度。

测定步骤：绘制校准曲线→清洁水样直接取 50 ml 有悬浮物或色度干扰的水样取经预处理的水样 50 ml（氨氮质量浓度超过 2 mg/L，可适当少取水样体积）以及空白试样→加入酒石酸钾钠溶液，摇匀→加入纳氏试剂，摇匀，放置 10 min→比色→计算。

注意事项：

经蒸馏或在酸性条件下煮沸方法预处理的水样，须在一定量氢氧化钠溶液，调节水样至中性，用水稀释至标线，再按与校准曲线相同的步骤测量吸光度。

方法三：《水质　氨氮的测定　水杨酸分光光度法》（HJ 536—2009）

方法原理：在碱性介质（pH=11.7）和亚硝基铁氰化钠存在下，水中的氨、铵离子与水杨酸盐和次氯酸离子反应生成蓝色化合物，在波长 697 nm 处用分光光度计测量吸光度。

测定步骤：绘制校准曲线→水样或经过预蒸馏的试样（空白）8.00 ml（水样中氨氮质量浓度高于 1.0 mg/L 时，可适当稀释后取样）于比色管中→加入显色剂和亚硝基铁氰化钠，混匀→加入次氯酸钠使用液，混匀→加水稀释至标线，混匀→比色→计算

方法四：《水质　氨氮的测定　连续流动-水杨酸分光光度法》（HJ 665—2013）

连续流动分析仪工作原理：试样与试剂在蠕动泵的推动下进入化学反应模块，在密闭的管路中连续流动，被气泡按一定间隔规律地隔开，并按特定的顺序和比例混合、反应，显色完全后进入流动检测池进行光度检测。

化学反应原理：在碱性介质中，试样中的氨、铵离子与二氯异氰脲酸钠溶液释放出来的次氯酸根反应生成氯胺。在 40℃ 和亚硝基铁氰化钾存在条件下，氯胺与水杨酸盐反应形成蓝绿色化合物，于 660 nm 波长处测量吸光度。

测定步骤：仪器调试，待基线稳定→绘制校准曲线→试样（空白）由进样器按程序依次取样、测定→计算。

注意事项：

（1）试剂和环境温度影响分析结果，冰箱贮存的试剂需放置到室温后再分析，分析过程中室温波动不超过±5℃。

（2）为减小基线噪声，试剂应保持澄清，必要时，试剂应过滤；分析完毕后，应及时将流动检测池中的滤光片取下放入干燥器中，防尘防湿。

（3）注意流路的清洁，每天分析完毕后所有流路需用纯水清洗 30 min。每周用清洗溶液冲洗 30 min，再用纯水冲洗 15 min。

（4）当同批分析的样品浓度波动大时，可在样品与样品之间插入空白当试样分析，以减小高浓度样品对低浓度样品的影响。

方法五：《水质 氨氮的测定 流动注射-水杨酸分光光度法》（HJ 666—2013）

流动注射分析仪工作原理：在封闭的管路中，将一定体积的试样注入连续流动的载液中，试样和试剂在化学反应模块中按特定的顺序和比例混合、反应，在非完全反应的条件下，进入流动检测池进行光度检测。

化学反应原理：在碱性介质中，试样中的氨、铵离子与次氯酸根反应生成氯胺。在 60℃和亚硝基铁氰化钾存在条件下，氯胺与水杨酸盐反应形成蓝绿色化合物，于 660 nm 波长处测量吸光度。

测定步骤：仪器调试，待基线稳定→绘制校准曲线→试样（空白）由进样器按程序依次取样、测定→计算。

注意事项：

（1）试剂和环境温度影响分析结果，冰箱贮存的试剂应放置至室温 [（20±5)℃] 后再使用，分析过程中室温波动不能超过±2℃。

（2）为减小基线噪声，试剂应保持澄清，必要时试剂应过滤；因次氯酸钠溶液（有效氯含量 5.25%）的不稳定性，须注意试剂的保存和使用期，如果校准曲线斜率较正常值下降30%（有效氯含量降至 2.62%），须更换新试剂。封闭的化学反应系统若有气泡会干扰测定，因此，除标准溶液外的所有溶液须除气，可采用氦气除气 1 min 或超声除气 30 min。

（3）每天分析完毕后，用纯水对分析管路进行清洗，并及时将流动检测池中的滤光片取下放入干燥器中，防尘防湿。

（4）分析过程中发现检测峰峰型异常，一般情况下平峰为超量程，双峰为基体干扰，不出峰为泵管堵塞或试剂失效。

方法六：《水质 氨氮的测定 气相分子吸收光谱法》（HJ/T 195—2005）

该标准适用于地表水、地下水、海水、饮用水、生活污水及工业废水中氨氮的测定。方法的最低检出限为 0.020 mg/L，测定下限 0.080 mg/L，测定上限为 100 mg/L。

6.3.2.8　总氮

方法一：《水质　总氮的测定　碱性过硫酸钾消解紫外分光光度法》（HJ 636—2012）

方法原理：在 120～124℃下，碱性过硫酸钾溶液使样品中含氮化合物的氮转化为硝酸盐，采用紫外分光光度法于波长 220 nm 和 275 nm 处，分别测定吸光度 A_{220} 和 A_{275}，按以下公式计算校正吸光度 A，总氮（以 N 计）含量与校正吸光度 A 成正比。

$$A=A_{220}-2A_{275}$$

测定步骤：绘制校准曲线→取 10.00 ml 试样（空白）加入碱性过硫酸钾溶液，塞紧管塞，置于高压蒸汽灭菌器中，加热→取出比色管冷却至室温，颠倒混匀→加盐酸，用水稀释至标线，混匀→比色→计算。

注意事项：

（1）某些含氮有机物在本标准规定的测定条件下不能完全转化为硝酸盐。

（2）测定应在无氨的实验室环境中进行，避免环境交叉污染对测定结果产生影响。

（3）实验所用的器皿和高压蒸汽灭菌器等均应无氨污染。实验中所用的玻璃器皿应用盐酸溶液或硫酸溶液浸泡，用自来水冲洗后再用无氨水冲洗数次，洗净后立即使用。高压蒸汽灭菌器应每周清洗。

（4）在碱性过硫酸钾溶液配制过程中，温度过高会导致过硫酸钾分解失效，因此要控制水浴温度在 60℃ 以下，而且应待氢氧化钠溶液温度冷却至室温后，再将其与过硫酸钾溶液混合、定容。

（5）使用高压蒸汽灭菌器时，应定期检定压力表，并检查橡胶密封圈密封情况，避免因漏气而减压。

方法二：《水质　总氮的测定　连续流动-盐酸萘乙二胺分光光度法》（HJ 667—2013）

连续流动分析仪工作原理：试样与试剂在蠕动泵的推动下进入化学反应模块，

在密闭的管路中连续流动，被气泡按一定间隔规律地隔开，并按特定的顺序和比例混合、反应，显色完全后进入流动检测池进行光度检测。

化学反应原理：在碱性介质中，试样中的含氮化合物在 107～110℃、紫外线照射下，被过硫酸盐氧化为硝酸盐后，经镉柱还原为亚硝酸盐。在酸性介质中，亚硝酸盐与磺胺进行重氮化反应，然后与盐酸萘乙二胺偶联生成紫红色化合物，于波长 540 nm 处测量吸光度。

测定步骤：仪器调试，待基线稳定→绘制校准曲线→试样（空白）由进样器按程序依次取样、测定→计算。

注意事项：

（1）主要试剂过硫酸钾的含氮量会影响分析结果。当试剂基线较水基线高 20%，校准曲线低浓度点（0.20 mg/L）相对误差大于 20%时，需对过硫酸钾进行提纯。测定总氮时必须用无氨水配制各种试剂，所使用的各种酸类及酸溶液必须及时加盖，防止氨气进入。

（2）为减小基线噪声，试剂应保持澄清，必要时试剂应过滤。试剂和环境温度会影响分析结果，冰箱贮存的试剂需放置到室温后再使用，分析过程中室温波动不能超过±5℃。过硫酸钾消解溶液和四硼酸钠缓冲溶液低温下易结晶，为防止溶质析出堵塞管路，建议这两种试剂不放冰箱。

（3）注意保护镉柱和滤光片。系统清洗完毕应及时切断镉柱，以免空气进入；分析完毕后，应及时将流动检测池中的滤光片取下放入干燥器中，防尘防湿。

（4）注意流路的清洁，每天分析完毕后所有流路需用水清洗 30 min。每周用清洗溶液清洗管路 30 min，再用水清洗 30 min。用清洗溶液清洗系统时，应先将镉柱流路切断（离线），再进行清洗。

（5）应保持透析膜湿润，为防止透析膜破裂，可在清洗分析管路系统时，于每升清洗水中加 1 滴 Brij35。

（6）当同批分析的样品浓度波动大时，可在样品与样品之间插入空白当试样分析，以减小高浓度样品对低浓度样品的影响。

方法三:《水质　总氮的测定　流动注射-盐酸萘乙二胺分光光度法》(HJ 668—2013)

流动注射分析仪工作原理:在封闭的管路中,将一定体积的试样注入连续流动的载液中,试样和试剂在化学反应模块中按规定的顺序和比例混合、反应,在非完全反应的条件下,进入流动检测池进行光度检测。

化学反应原理:在碱性介质中,试样中的含氮化合物在(95±2)℃、紫外线照射下,被过硫酸盐氧化为硝酸盐后,经镉柱还原为亚硝酸盐;在酸性介质中,亚硝酸盐与磺胺进行重氮化反应,然后与盐酸萘乙二胺偶联生成紫红色化合物,于540 nm波长处测量吸光度。

测定步骤:仪器调试,待基线稳定→绘制校准曲线→试样(空白)由进样器依次取样、测定→计算。

注意事项:

(1)因流动注射分析仪流路管径较细,不适用于测定含悬浮物颗粒物较多或颗粒粒径大于250 μm的样品。

(2)试剂和环境温度影响分析结果,冰箱内贮存的试剂应放置至室温[(20±5)℃]后再使用,分析过程中室温最好保持20℃以上,以防止消解溶液溶质析出堵塞管路,且温度波动不能超过±2℃。

(3)配制消解溶液和四硼酸钠缓冲溶液时,加热助溶温度必须控制在60℃以下。

(4)为减小基线噪声,试剂应保持澄清,必要时应过滤。封闭的化学反应系统若有气泡会干扰测定,因此,除标准溶液外的所有溶液须除气,可采用氦气除气1 min或超声除气30 min。

(5)试剂质量会影响空白值,当空白值超出检出限,校准曲线低浓度点(0.15 mg/L)检测值大于10%控制限时,需对过硫酸钾进行提纯。

(6)每次分析完毕后,须用纯水对分析管路进行清洗,并及时将流动检测池中的滤光片取下放入干燥器中,防尘防湿。

6.3.2.9 总磷

方法一：《水质　总磷的测定　钼酸铵分光光度法》（GB/T 11893—1989）

方法原理：在中性条件下用过硫酸钾（或硝酸-高氯酸）使试样消解，将所含磷全部氧化为正磷酸盐。在酸性介质中，正磷酸盐与钼酸铵反应，在锑盐存在下生成磷钼杂多酸后，立即被抗坏血酸还原，生成蓝色的络合物。

测定步骤：绘制工作曲线→取 25 ml 试样和相同体积的空白用过硫酸钾或硝酸-高氯酸消解→消解液中加入抗坏血酸混匀，再加入钼酸盐溶液充分混匀，放置 15 min→比色→计算。

注意事项：

（1）用硝酸-高氯酸消解需要在通风橱中进行。高氯酸和有机物的混合物经加热易发生危险，需将试样先用硝酸消解，然后再加入硝酸-高氯酸消解。

（2）绝不可把消解的试样蒸干。

（3）如消解后有残渣时，用滤纸过滤于具塞刻度管中，并用水充分清洗锥形瓶及滤纸，一并移到具塞刻度管中。

（4）水样中的有机物用过硫酸钾氧化不能完全破坏时，可用此法消解。

方法二：《水质　总磷的测定　流动注射-钼酸铵分光光度法》（HJ 671—2013）

流动注射分析仪工作原理：在封闭的管路中，一定体积的试样注入连续流动的载液中，试样和试剂在化学反应模块中按特定的顺序和比例混合、反应，在非完全反应条件下，进入流动检测池进行光度检测。

化学反应原理：在酸性条件下，试样中各种形态的磷经 125℃高温高压水解，再与过硫酸钾溶液混合进行紫外消解，全部被氧化成正磷酸盐，在锑盐的催化下正磷酸盐与钼酸铵反应生成磷钼杂多酸。该化合物被抗坏血酸还原生成蓝色络合物，于波长 880 nm 处测量吸光度。

测定步骤：仪器调试，待基线稳定→绘制校准曲线→试样（空白）由进样器依次取样、测定→计算。

注意事项：

（1）因流动注射分析仪流路管径较细，不适用于测定含悬浮物颗粒物较多或颗粒粒径大于 250 μm 的样品。

（2）试剂和环境温度影响分析结果，冰箱贮存的试剂应放置至室温［（20±5）℃］后再使用，分析过程中室温波动不能超过±2℃。

（3）为减小基线噪声，试剂应保持澄清，必要时应过滤。封闭的化学反应系统若有气泡会干扰测定，因此，除标准溶液外的所有溶液须除气，可采用氦气除气 1 min 或超声除气 30 min。

（4）每次分析完毕后，用纯水对分析管路进行清洗，并及时将流动检测池中的滤光片取下放入干燥器中，防尘防湿。

（5）预处理盒加热器在加热温度接近 80℃时，应保证加热器的管路中有液体流动。

方法三：《水质　磷酸盐和总磷的测定　连续流动-钼酸铵分光光度法》（HJ 670—2013）

该标准适用于地表水、地下水、生活污水和工业废水中磷酸盐和总磷的测定。当检测池光程为 50 mm 时，本方法测定总磷（以 P 计）的检出限为 0.01 mg/L，测定范围为 0.04～5.00 mg/L。

注意事项：

（1）因流动注射分析仪流路管径较细，不适用于测定含悬浮物颗粒物较多或颗粒粒径大于 250 μm 的样品。

（2）所有玻璃器皿均需用稀盐酸或稀硝酸浸泡。为减小基线噪声，试剂应保持澄清，必要时应过滤。试剂和环境温度影响分析结果，冰箱贮存的试剂应放置至室温［（20±5）℃］后再使用，分析过程中室温波动不能超过±5℃。

（3）分析完毕后，应及时将流动检测池中的滤光片放入干燥器中，防尘防湿。

（4）注意流路的清洁，每天分析完毕后所有流路需用水清洗 30 min。每周用清洗溶液清洗管路 30 min，再用水清洗 30 min。

（5）应保持透析膜湿润，为防止透析膜破裂，可在清洗分析管路系统时，于每升清洗水中加 1 滴 DDD_6。

6.3.2.10 总砷

方法一：《水质 总砷的测定 二乙基二硫代氨基甲酸银分光光度法》（GB 7485—87）

方法原理：水样在酸性条件下，经碘化钾、氯化亚锡的还原作用，样品中砷均呈三价状态。将无砷锌粒加入此酸性溶液中，新生态氢即与三价砷生成砷化氢气体（胂）。若以含二乙基二硫代氨基甲酸银（别名：DDTC 银盐，AgDDTC）的吸收液吸收所生成的砷化氢气体，生成的棕红色胶体银可在波长 510 nm 处比色测定。

测定步骤：

1. 样品预处理

取 50 ml 样品（如样品中砷含量超过 0.50 mg/L，则取适量样品，用无砷水稀释至 50 ml）于砷化氢发生瓶中，加入 4 ml 浓硫酸、5 ml 硝酸，置于通风橱中，插入短柄小玻璃漏斗放在电热板上加热煮沸，消解至产生白色烟雾，去除样品中的有机物。若样品颜色变深，应补加硝酸，继续加热至产生白色烟雾，直至样品清澈为止。冷却后，小心加入 25 ml 水，再加热至产生白色烟雾，赶尽氮氧化物。冷却后加水使总体积为 50 ml。

2. 绘制标准曲线

取 6 个砷化氢发生瓶，分别加入浓度为 1.0 μg/ml 砷标准使用液 0.0 ml、1.0 ml、3.0 ml、5.0 ml、7.0 ml、10.0 ml，定容至 50 ml。分别加入 4 ml 浓硫酸，以下测定步骤同样品预处理、显色。测得的吸光度扣除零浓度溶液的吸光度后，得到校正吸光度。以校正吸光度对应相应的含砷量，绘制工作曲线或统计回归方程。

3. 显色并测量

于预处理过的样品中加入 4 ml 碘化钾溶液，混匀，再加入 2 ml 氯化亚锡溶液，混匀，静置 15 min。取 5 ml 吸收液至吸收管中，插入导气管。样品中加入 4 g

无砷锌粒，立即连接好整个装置，保证反应装置的密闭性，使得产生的砷化氢被吸收于吸收液中。室温下维持反应约 1 h。取下吸收管，用三氯甲烷将吸收液体积补充至 5.0 ml。采用 10 mm 比色皿，于波长 510 nm 处，以吸收液作参比液，测定吸光度。

4. 计算

注意事项：

①砷化氢为剧毒气体，故砷化氢发生系统应严防漏气。加入锌粒后要立即接好导气管，以免砷化氢中毒且影响测定结果。应在通风良好的条件下操作。

②三氧化二砷为剧毒药品，建议购买砷标准中间液，避免中毒。

方法二：《水质　65 种元素的测定　电感耦合等离子体质谱法》（HJ 700—2014）

方法原理：水样经预处理后，采用电感耦合等离子体质谱进行检测，根据元素的质谱图或特征离子进行定性，内标法定量。样品由载气带入雾化系统进行雾化后，以气溶胶形式进入等离子体的轴向通道，在高温和惰性气体中被充分蒸发、解离、原子化和电离，转化成的带电荷的正离子经离子采集系统进入质谱仪，质谱仪根据离子的质荷比即元素的质量数进行分离并定性、定量分析。

测定步骤：

1. 样品预处理

同上样品消解。

2. 绘制标准曲线

依次配制一系列待测元素标准溶液，至少准备 5 个标准溶液，且待测溶液浓度落在这一标准曲线内。用 ICP-MS 测定标准溶液，以标准溶液浓度为横坐标，以样品信号与内标信号的比值为纵坐标，建立校准曲线。

3. 测定试样（或空白试样）

每个试样测定前，先用（2+98）硝酸溶液冲洗系统直到信号降至最低，待分析信号稳定后才可开始测定。

4. 计算

注意事项：

同方法二：《水质 65 种元素的测定 电感耦合等离子体质谱法》（HJ 700—2014）中注意事项。

方法三：《水质 汞、砷、硒、铋和锑的测定 原子荧光法》（HJ 694—2014）

方法原理：经预处理后的试液进入原子荧光仪，在酸性条件的硼氢化钾（或硼氢化钠）还原作用下，生成砷化氢气体，氢化物在氩氢火焰中形成基态原子，其基态原子和汞原子受元素灯发射光的激发产生原子荧光，原子荧光强度与试液中待测元素含量在一定范围内成正比。

测定步骤：

1. 样品预处理

量取 50.0 ml 混匀后的样品于 150 ml 锥形瓶中，加入 5 ml 硝酸-高氯酸混合酸，于电热板上加热至冒白烟，冷却。再加入 5 ml 盐酸溶液，加热至黄褐色烟冒尽，冷却后移入 50 ml 容量瓶中，加水稀释定容，混匀，待测。

2. 绘制标准曲线

分别移取 0 ml、0.50 ml、1.00 ml、2.00 ml、3.00 ml、5.00 ml 砷标准使用液于 50 ml 容量瓶中，分别加入 10 ml 盐酸溶液、10 ml 硫脲-抗坏血酸溶液，室温放置 30 min（室温低于 15℃时，置于 30℃水浴中保温 30 min），用水稀释定容，混匀。以盐酸溶液为载流，硼氢化钾溶液 B 为还原剂，浓度由低到高依次测定各元素标准系列的原子荧光强度，以原子荧光强度为纵坐标，相应元素的质量浓度为横坐标，绘制校准曲线。

3. 样品测定

量取 5.0 ml 试样于 10 ml 比色管中，加入 2 ml 盐酸溶液、2 ml 硫脲-抗坏血酸溶液，室温放置 30 min（室温低于 15℃时，置于 30℃水浴中保温 30 min），用水稀释定容，混匀，按照与绘制校准曲线相同的条件进行测定。

4．计算

方法四：《水质　32 种元素的测定　电感耦合等离子体发射光谱法》(HJ 776—2015)

本标准适用于地表水、地下水、生活污水及工业废水中 32 种元素可溶性元素及元素总量的测定。本标准中砷在水平观察方式下的方法检出限为 0.2 mg/L，测定下限为 0.60 mg/L；砷在垂直观察方式下的方法检出限为 0.2 mg/L，测定下限为 0.81 mg/L。

6.3.2.11　挥发酚

方法一：《水质　挥发酚的测定　4-氨基安替比林分光光度法》(HJ 503—2009)

方法原理：用蒸馏法使挥发性酚类化合物蒸馏出，并与干扰物质和固定剂分离。由于酚类化合物的挥发速度是随馏出液体积而变化，因此，馏出液体积必须与试样体积相等。

被蒸馏出的酚类化合物，于 pH (10.0±0.2) 介质中，在铁氰化钾存在下，与4-氨基安替比林反应生成橙红色的安替比林染料。

显色后，在 30 min 内，于 510 nm 波长测定吸光度。

测定步骤：

1．绘制标准曲线

于一组 8 支 50 ml 比色管中，分别加入 0.00 ml、0.50 ml、1.00 ml、3.00 ml、5.00 ml、7.00 ml、10.00 ml 和 12.50 ml 酚标准中间液 $[\rho (C_6H_5OH) = 10.0 \text{ mg/L}]$，加水至标线。继续加入 0.5 ml 缓冲溶液，混匀，调节 pH 为 10.0±0.2，加 1.0 ml 4-氨基安替比林溶液，混匀，再加入 1.0 ml 铁氰化钾溶液 $(\rho \{K_3[Fe(CN)_6]\} = 80 \text{ g/L})$，充分混匀后，密塞，放置 10 min。于 510 nm 波长，用光程为 20 mm 的比色皿，以蒸馏水为参比，于 30 min 内测定溶液的吸光度值，绘制标准曲线。

2．水样预处理

取 250 ml 样品移入 500 ml 全玻璃蒸馏器中，加入 25 ml 蒸馏水，加数粒玻璃珠以防爆沸，再加数滴甲基橙指示液 $[\rho (甲基橙) = 0.5 \text{ g/L}]$，若试样未显橙红色，则需继续补加（1+9）磷酸溶液。连接冷凝器，加热蒸馏，收集馏出液 250 ml 至容量瓶中。

蒸馏过程中，若发现甲基橙红色褪去，应在蒸馏结束后，放冷，再加入 1 滴甲基橙指示液 [ρ（甲基橙）=0.5 g/L]。若发现蒸馏后残液不呈酸性，则应重新取样，增加（1+9）磷酸溶液加入量，进行蒸馏。

3．水样测定

取预处理后的样品加入 50 ml 比色管中，继续加 0.5 ml 缓冲溶液，混匀，调节 pH 为 10.0±0.2，加 1.0 ml 4-氨基安替比林溶液，混匀，再加入 1.0 ml 铁氰化钾溶液（ρ {$K_3[Fe(CN)_6]$} =80 g/L），充分混匀后，密塞，放置 10 min。于 510 nm 波长，用光程为 20 mm 的比色皿，以蒸馏水为参比，于 30 min 内测定溶液的吸光度值。

4．计算

方法二：《水质　挥发酚的测定　流动注射-4-氨基安替比林分光光度法》（HJ 825—2017）

方法原理：在酸性条件下，样品通过 160℃±2℃在线蒸馏释放出酚，被蒸馏出的酚类化合物，于弱碱性介质中，在铁氰化钾存在下，与 4-氨基安替比林反应，生成橙黄色的安替比林染料，于 500 nm 波长处测定吸光度。

测定步骤：

1．绘制标准曲线

量取适量的苯酚标准使用液（ρ=10.00 mg/L）于一组容量瓶中，用水稀释至标线并混匀，制备 6 个浓度点的标准系列，挥发酚质量浓度（以苯酚计）分别为 0.000 mg/L、0.010 mg/L、0.025 mg/L、0.050 mg/L、0.100 mg/L、0.200 mg/L。分别置于样品杯中，由进样器依次从低浓度到高浓度取样分析，得到不同浓度挥发酚的信号值（峰面积）。以信号值（峰面积）为纵坐标，对应的挥发酚质量浓度（以苯酚计，mg/L）为横坐标，绘制校准曲线。

2．水样测定

按照与绘制校准曲线相同测定条件，量取适量待测样品进行测定，记录信号值（峰面积）。

3．计算

方法三：《水质　挥发酚的测定　溴化容量法》（HJ 502—2009）

方法原理：用蒸馏法使挥发性酚类化合物蒸馏出，并与干扰物质和固定剂分离。由于酚类化合物的挥发速度是随馏出液体积而变化，因此，馏出液体积必须与试样体积相等。

在含过量溴（由溴酸钾和溴化钾所产生）的溶液中，被蒸馏出的酚类化合物与溴生成三溴酚，并进一步生成溴代三溴酚。在剩余的溴与碘化钾作用、释放出游离碘的同时，溴代三溴酚与碘化钾反应生成三溴酚和游离碘。

测定步骤：

1．预蒸馏

取 250 ml 样品移入 500 ml 全玻璃蒸馏器中，加入 25 ml 水，加数粒玻璃珠以防爆沸，再加数滴甲基橙指示液，若试样未显橙红色，则需继续补加磷酸溶液。

连接冷凝器，加热蒸馏，收集馏出液 250 ml 至容量瓶中。

蒸馏过程中，若发现甲基橙红色褪去，应在蒸馏结束后，放冷，加 1 滴甲基橙指示液。若发现蒸馏后残液不呈酸性，则应重新取样，增加磷酸溶液加入量，进行蒸馏。

2．溴化滴定

分取馏出液 100 ml 于碘量瓶中，加入 5.0 ml 盐酸，徐徐摇动碘量瓶，用 5 ml 滴定管滴加溴酸钾-溴化钾溶液 3.00 ml，试样呈亮黄色。若试样无色或呈淡黄色，样品需稀释测定。

迅速盖上瓶塞，混匀，室温放置 15 min。

加入 1 g 碘化钾，盖上瓶塞，混匀后置于暗处放置 5 min。用 25 ml 滴定管滴加硫代硫酸钠溶液至溶液呈淡黄色后，加入 1 ml 淀粉溶液继续滴定至蓝色刚好褪去，记录用量。

3．计算

注意事项：

（1）采集后的样品应及时加磷酸酸化至 pH 约 4.0，并加入适量硫酸铜，使样品中硫酸铜质量浓度约为 1 g/L，以抑制微生物对酚类的生物氧化作用。

（2）每次试验前后，应清洗整个蒸馏设备。

（3）不得用橡胶塞、橡胶管连接蒸馏瓶及冷凝器，以防止对测定产生干扰。

6.3.2.12　石油类

方法：《水质　石油类和动植物油类的测定　红外分光光度法》（HJ 637—2018）

方法原理：水样在 pH≤2 的条件下用四氯乙烯萃取后，测定油类；将萃取液用硅酸镁吸附去除动植物油类等极性物质后，测定石油类。油类和石油类的含量均由波数分别为 2 930 cm^{-1}（CH$_2$ 基团中 C—H 键的伸缩振动）、2 960 cm^{-1}（CH$_3$ 基团中 C—H 键的伸缩振动）和 3 030 cm^{-1}（芳香环中 C—H 键的伸缩振动）处的吸光度 A_{2930}、A_{2960} 和 A_{3030}，根据校正系数进行计算；动植物油类的含量为油类与石油类含量之差。

测定步骤：

1．试样制备

（1）油类试样制备

将样品转移至 1 000 ml 分液漏斗中，量取 50 ml 的四氯乙烯洗涤样品瓶后，全部转移至分液漏斗中，充分振荡 2 min，并经常开启旋塞排气，静置分层；用镊子取玻璃棉置于玻璃漏斗，取适量的无水硫酸钠铺于上面；打开分液漏斗旋塞，将下层有机相萃取液通过装有无水硫酸钠的玻璃漏斗放至 50 ml 比色管中，用适量四氯乙烯润洗玻璃漏斗，润洗液合并至萃取液中，用四氯乙烯定容至刻度。将上层水相全部转移至量筒，测量样品体积并记录。

（2）石油类试样制备

振荡吸附法：取 25 ml 萃取液，倒入装有 5 g 硅酸镁的 50 ml 三角瓶中，置于水平振荡器上，连续振荡 20 min，静置，将玻璃棉置于玻璃漏斗中，萃取液倒入玻璃漏斗过滤至 25 ml 比色管，用于测定石油类。

吸附柱法：取适量的萃取液过硅酸镁吸附柱，弃去前 5 ml 滤出液，余下部分接入 25 ml 比色管中，用于测定石油类。

2．空白试样的制备

用实验用水加入盐酸溶液酸化至 pH≤2，按照试样制备相同的步骤进行空白试样的制备。

3．分析步骤

（1）校准：分别量取 2.00 ml 正十六烷标准使用液、2.00 ml 异辛烷标准使用液和 10.00 ml 苯标准使用液于 3 个 100 ml 容量瓶中，用四氯乙烯定容至标线，摇匀。正十六烷、异辛烷和苯标准溶液的浓度分别为 20.0 mg/L、20.0 mg/L 和 100 mg/L。以 4 cm 石英比色皿加入四氯乙烯为参比，分别测量正十六烷、异辛烷和苯标准溶液在 2 930 cm^{-1}、2 960 cm^{-1}、3 030 cm^{-1} 处的吸光度 A_{2930}、A_{2960}、A_{3030}。

（2）油类的测定：将萃取液转移至 4 cm 石英比色皿中，以四氯乙烯作参比，于 2 930 cm^{-1}、2 960 cm^{-1}、3 030 cm^{-1} 处测量其吸光度 A_{2930}、A_{2960}、A_{3030}。

（3）石油类的测定：将经硅酸镁吸附后的萃取液转移至 4 cm 石英比色皿中，以四氯乙烯作参比，于 2 930 cm^{-1}、2 960 cm^{-1}、3 030 cm^{-1} 处测量其吸光度 A_{2930}、A_{2960}、A_{3030}。

（4）空白试样的测定

按与试样测定相同的步骤，进行空白试样的测定。

4．结果计算

注意事项：

（1）同一批样品测定所使用的四氯乙烯应来自同一瓶，如样品数量多，可将多瓶四氯乙烯混合均匀后使用。

（2）所有使用完的器皿置于通风橱内挥发完后清洗。

（3）对于动植物油类含量＞130 mg/L 的废水，萃取液需要稀释后再按照试样的制备步骤操作。

第7章 废水自动监测运维技术要点

近年来，为加强地区排污的监控力度和满足排污许可的要求，全国各级生态环境部门大力推进废水自动监测系统的建设。废水自动监测系统也称为水污染源在线监测系统，通常是由水污染源在线监测设备和水污染源在线监测站房组成。随着全国废水自动监测系统建设数量的逐年攀升，做好系统的建设、验收及运行维护管理工作成为影响数据质量的关键环节。本章基于《水污染源在线监测系统（COD_{Cr}、$NH_3\text{-}N$ 等）安装技术规范》（HJ 353—2019）、《水污染源在线监测系统（COD_{Cr}、$NH_3\text{-}N$ 等）验收技术规范》（HJ 354—2019）、《水污染源在线监测系统（COD_{Cr}、$NH_3\text{-}N$ 等）运行技术规范》（HJ 355—2019）、《水污染源在线监测系统（COD_{Cr}、$NH_3\text{-}N$ 等）数据有效性判别技术规范》（HJ 356—2019）等标准，对废水自动监测系统的建设、验收、运行维护应注意的技术要点进行了梳理。

7.1 水污染源在线监测系统组成

水污染源在线监测系统通常由流量监测单元、水质自动采样单元、水污染源在线监测仪器、数据控制单元以及相应的建筑设施等组成。

（1）流量监测单元通常包括明渠流量计和管道流量计。采用超声波明渠流量计测定流量，应按技术规范要求修建堰槽；管道流量计可选择电磁流量计。

（2）水质自动采样单元通常是指采样管路、采样泵以及水质自动采样器。采样管路应根据废水水质选择优质的聚氯乙烯（PVC）、三丙聚丙烯（PPR）等不影响分析结果的硬管，配有必要的防冻和防腐设施。采样泵应根据水样流量、废水水质、水质自动采样器的水头损失及水位差合理选择采样泵。采样管路宜设置为明管，并标注水流方向。根据《水污染源在线监测系统（COD$_{Cr}$、NH$_3$-N 等）安装技术规范》（HJ 353—2019）的最新要求，水质自动采样单元应具有采集瞬时水样和混合水样，混匀及暂存水样、自动润洗及排空混匀桶，以及留样功能。

（3）水污染源在线监测仪器是指在现场用于监控、监测污染物排放的化学需氧量（COD$_{Cr}$）在线自动监测仪、pH 水质自动分析仪、氨氮水质自动分析仪、总磷水质自动分析仪、污水流量计、水质自动采样器和数据采集传输仪等仪器、仪表。

COD$_{Cr}$ 在线自动监测仪的测定方法多采用重铬酸钾法测定，对于高氯废水也可考虑采用总有机碳（TOC）法，但必须与重铬酸钾法做对照实验，做出相关系数，换算成重铬酸钾法监测数据输出。

pH 水质自动分析仪采用玻璃电极法测定。

氨氮水质自动分析仪的测定方法有纳氏试剂光度法、氨气敏电极法、水杨酸-次氯酸盐比色法等。

总磷在线自动监测仪的测定方法多采用钼锑抗分光光度法测定。

总氮在线自动监测仪的测定方法多采用连续流动-盐酸萘乙二胺分光光度法和碱性过硫酸钾消解紫外分光光度法。

数据采集设备主要是对各种监测设备测量的数据进行采集、存储及处理，并将有关的数据存储和输出。

数据传输设备对采集的各种监测数据传输至生态环境主管部门，目前，数据的传输有多种方式，包括 GPRS 方式、GSM 短消息方式、局域网方式等。

（4）数据控制单元是指实现控制整个水污染源在线监测系统内部仪器设备联动，自动完成水污染源在线监测仪器的数据采集、整理、输出及上传至监控中心平台，接收监控中心平台命令控制水污染源在线监测仪器运行等功能的单元。根据《水污染源在线监测系统（COD$_{Cr}$、NH$_3$-N 等）安装技术规范》（HJ 353—2019）

的最新要求，数据控制单元可控制水质自动采样单元采样、送样及留样等操作。

（5）总体要求。排污单位在安装自动监测设备时，应当根据国家对每个监测设备的具体技术要求进行选型安装。选型安装在线监测仪器时，应根据污染物浓度和排放标准，选择检测范围与之匹配的在线监测仪器，监测仪器满足国家对应仪器的技术要求。例如，《化学需氧量（COD_{Cr}）水质在线自动监测仪技术要求及检测方法》（HJ 377—2019）、《氨氮水质自动分析仪技术要求及检测方法》（HJ 101—2019）、《总氮水质自动分析仪技术要求》（HJ/T 102—2003）、《总磷水质自动分析仪技术要求》（HJ/T 103—2003）、《pH 水质自动分析仪技术要求》（HJ/T 96—2003）等。选型安装数据传输设备时，应按照《污染物在线监控（监测）系统数据传输标准》（HJ 212—2017）和《污染源在线自动监控（监测）数据采集传输仪技术要求》（HJ 477—2009）规范要求设置，不得添加其他可能干扰监测数据存储、处理、传输的软件或设备。

在污染源自动监测设备建设、联网和管理过程中，如果当地管理部门有相关规定的，应同时参考地方的规定要求。如上海市环境保护局于 2017 年发布了《上海市固定污染源自动监测建设、联网、运维和管理有关规定》。

7.2　现场安装要求

废水自动监测系统现场安装主要涉及现场监测站房建设、排放口规范化整治、采样点位选取等内容，其中监测站房的建筑设计应作为在线监控的专室专用，并满足所处位置的气候、生态、地质、安全等要求，站房内应安装空调和冬季采暖设备，空调具有来电自启动功能，具备温湿度计；排放口应满足生态环境部门规定的排放口规范化设置要求；监测站房内、采样口等区域应安装视频监控设备；采样点位应避开有腐蚀性气体、较强的电磁干扰和振动的地方，应易于到达且保证采样管路不超过 50 m，同时应有足够的工作空间和安全措施，便于采样和维护操作。具体要求详见第 5 章 5.2.4。

7.3　调试检测

废水污染源自动监测设备现场安装完成后，需对其进行调试、试运行及联网检测，以验证设备是否符合连续稳定运行的技术要求。

7.3.1　调试

调试是指在流量计、水质自动采样器、水质自动分析仪运行初期进行校准、校验的初期检查，并按照标准规范要求编制调试报告。具体要求如下：

（1）明渠流量计应进行流量比对误差和液位比对误差测试。

（2）水质自动采样器应进行采样量误差和温度控制误差测试。

（3）水质自动分析仪应根据排污企业排放浓度选择量程，并在该量程下进行 24 h 漂移、重复性、示值误差以及实际水样比对测试。

（4）各水污染源在线监测仪器指标符合相关技术要求的调试效果，TOC 水质自动分析仪参照 COD_{Cr} 在线自动监测仪执行。

7.3.2　试运行

设备调试完成后，进入试运行阶段，根据实际水污染源排放特点及建设情况，编制水污染源在线监测系统运行与维护方案以及相应的记录表格，最终编制试运行报告。具体要求如下：

（1）试运行期间应保持对水污染源在线监测系统连续供电，连续正常运行 30 天。

（2）因排放源故障或在线监测系统故障等造成运行中断，在排放源或在线监测系统恢复正常后，重新开始试运行。

（3）试运行期间数据传输率应不小于 90%。

（4）数据控制系统已经和水污染源在线监测仪器正确连接，并开始向监控中心平台发送数据。

7.4　验收要求

自动监测设备完成安装、调试及试运行并与生态环境部门联网后，建设方组织仪器供应商、管理部门等相关方实施技术验收工作，并编制在线验收报告。验收主要内容包括建设验收、仪器设备验收、联网验收及运行与维护方案验收。验收前自动监测设备应满足如下条件：

（1）提供水污染源在线监测系统的选型、工程设计、施工、安装调试及性能等相关技术资料。

（2）水污染源在线监测系统已完成调试与试运行，并提交运行调试报告与试运行报告。

（3）提供流量计、标准计量堰（槽）的检定证书，水污染源在线监测仪器符合《水污染源在线监测系统（COD_{Cr}、$NH_3\text{-}N$ 等）安装技术规范》（HJ 353—2019）表 1 中技术要求的证明材料。

（4）水污染源在线监测系统所采用基础通信网络和基础通信协议应符合《污染物在线监控（监测）系统数据传输标准》（HJ 212—2017）的相关要求，对通信规范的各项内容做出响应，并提供相关的自检报告。同时提供生态环境主管部门出具的联网证明。

（5）水质自动采样单元已稳定运行 1 个月，可采集瞬时水样和具有代表性的混合水样供水污染源在线监测仪器分析使用，可进行留样并报警。

（6）验收过程供电不间断。

（7）数据控制单元已稳定运行 1 个月，向监控中心平台及时发送数据，期间设备运转率应大于 90%，数据传输率应大于 90%。

7.4.1　建设验收要求

建设验收主要是对污染源排放口、流量监测单元、监测站房、水质自动采样单元、数据控制单元进行验收，主要内容如下：

（1）污染源排放口应符合相关技术规范要求，具备便于水质自动采样单元和流量监测单元安装条件的采样口，并设置人工采样口。

（2）流量计安装处设置有对超声波探头检修和比对的工作平台，可方便实现对流量计的检修和比对工作。

（3）监测站房专室专用，新建监测站房面积应不小于 15 m²，站房高度不低于 2.8 m。

（4）水质自动采样单元应实现采集瞬时水样和混合水样、混匀及暂存水样、自动润洗及排空混匀桶的功能；实现瞬时水样和混合水样的留样功能；实现 pH 水质自动分析仪、温度计原位测量或测量瞬时水样功能；COD_{Cr}、TOC、NH_3-N、TP、TN 水质自动分析仪测量混合水样功能。

（5）数据控制单元可协调统一运行水污染源在线监测系统，采集、储存、显示监测数据及运行日志，向监控中心平台上传污染源监测数据。

7.4.2 在线监测仪器验收要求

7.4.2.1 基本验收要求

（1）水污染源在线监测仪器验收包括对 COD_{Cr} 在线自动监测仪、TOC 水质自动分析仪、pH 水质自动分析仪、氨氮水质自动分析仪、总磷水质自动分析仪、总氮水质自动分析仪、超声波明渠污水流量计、水质自动采样器等技术指标验收。

（2）性能验收内容包括液位比对误差、流量比对误差、采样量误差、温度控制误差、24 h 漂移、准确度以及实际水样比对测试。

7.4.2.2 性能验收

（1）COD_{Cr} 在线自动监测仪、TOC 水质自动分析仪、pH 水质自动分析仪、氨氮水质自动分析仪、总磷水质自动分析仪和总氮水质自动分析仪验收应包括

24 h 漂移、准确度、实际水样比对。验收指标要求见《水污染源在线监测系统验收技术规范（试行）》（HJ 354—2019）表 2。

（2）超声波流量计验收应包括液位比对误差、流量比对误差。验收指标要求见《水污染源在线监测系统验收技术规范（试行）》（HJ 354—2019）表 2。

（3）水质自动采样器验收应包括采样量误差、温度控制误差。验收指标要求见《水污染源在线监测系统验收技术规范（试行）》（HJ 354—2019）表 2。

7.4.3 联网验收

联网验收由通讯验收、数据传输正确性验收、联网稳定性验收、现场故障模拟恢复试验、生成统计报表等内容组成。

7.4.3.1 通讯验收

通讯验收包括通讯稳定性、数据传输安全性、通信协议正确性三部分内容。

（1）通讯稳定性：数据控制单元和监控中心平台之间通信稳定，不应出现经常性的通信连接中断、数据丢失、数据不完整等通信问题。数据控制单元在线率为 90%以上，正常情况下，掉线后应在 5 分钟之内重新上线。数据采集传输仪每日掉线次数在 5 次以内。数据传输稳定性在 99%以上，当出现数据错误或丢失时，启动纠错逻辑，要求数据采集传输仪重新发送数据。

（2）数据传输安全性：数据采集传输仪在需要时可按照《污染物在线监控（监测）系统数据传输标准》（HJ 212—2017）中规定的加密方法进行加密处理传输，保证数据传输的安全性。

（3）通信协议正确性：采用的通信协议应完全符合《污染物在线监控（监测）系统数据传输标准》（HJ 212—2017）的相关要求。

7.4.3.2 数据传输正确性验收

（1）系统稳定运行 1 个月后，任取其中不少于连续 7 天的数据进行检查，要求监控中心平台接收的数据和数据控制单元采集及存储的数据完全一致。

（2）同时检查水污染源在线监测仪器存储的测定值、数据控制单元所采集并存储的数据和监控中心平台接收的数据，这 3 个环节的实时数据误差小于 1%。

7.4.3.3 联网稳定性验收

在连续 1 个月内，系统能稳定运行，不出现除通信稳定性、通信协议正确性、数据传输正确性以外的其他联网问题。

7.4.3.4 其他要求

（1）验收过程中应进行现场故障模拟恢复试验，人为模拟现场断电、断水和断气等故障，在恢复供电等外部条件后，水污染源在线监测系统应能正常自启动和远程控制启动。在数据控制单元中保存故障前完整分析的分析结果，并在故障过程中不被丢失。数据控制系统完整记录所有故障信息。

（2）在线监测系统能够按照规定要求自动生成日统计表、月统计表和年统计表。

7.4.4 运行与维护方案验收

运行与维护方案应包含水污染源在线监测系统情况说明、运行与维护作业指导书及记录表格，并形成书面文件进行有效管理。

（1）水污染源在线监测系统情况说明应至少包含如下内容：排污单位基本情况，水污染源在线监测系统构成图，水质自动采样系统流路图，数据控制系统构成图，所安装的水污染源在线监测仪器方法原理、选定量程、主要参数、所用试剂，以及按照《水污染源在线监测系统（COD_{Cr}、NH_3-N 等）运行技术规范》（HJ 355—2019）中规定建立的各组成部分的维护要点及维护程序。

（2）运行与维护作业指导书内容应至少包含如下内容：水污染源在线监测系统各组成部分的维护方法，所安装的水污染源在线监测仪器的操作方法、试剂配制方法、维护方法，流量监测单元、水样自动采集单元及数据控制单元维护方法。

（3）记录表格应满足运行与维护作业指导书中的设定要求。

7.4.5　验收报告要求

依据上述验收内容，编制验收报告［格式详见《水污染源在线监测系（COD$_{Cr}$、NH$_3$-N 等）统验收技术规范（试行）》（HJ 354—2019）附录 A］。验收报告应附验收比对监测报告、联网证明和安装调试报告。当验收报告内容全部合格或符合后，方可通过验收。

7.5　运行管理要求

污染源自动监测设备通过验收后，即被认定为已处于正常运行状态，设备运行维护单位应按照相关技术规范的要求做好日常运行管理。

7.5.1　总体要求

水污染源在线监测设备运维单位应根据相关技术规范及仪器使用说明书进行运行管理工作，并制定完善的水污染源自动监测设备运行维护管理制度，确定系统运行操作人员和管理维护人员的工作职责。运维人员应具备相关专业知识，通过相应的培训教育和能力确认/考核等活动，熟练掌握水污染源在线监测设备的原理、使用和维护方法。

设备验收完成后应对设备相关参数进行备案，备案参数应与设备参数保持一致，如需修改相关参数，应提交情况说明，重新进行备案。

7.5.2　运维单位

运维单位应在服务省、市无不良运行维护记录，未出现过故意干扰在线监测仪器，在线监测数据弄虚作假的案例。运维单位应严格按照技术规范开展日常运行维护工作，建立完善的运行维护管理制度及档案资料备查，应备有所运行在线监测仪器的备用仪器，同时应配备相应仪器参比方法实际水样比对试验装置。能够提供驻地运行维护服务，设备出现故障 12 小时内到达现场及时处理，能与在线监测仪器建设单位保持良好沟通，确保最短时间内修复故障。

7.5.3　管理制度

运维单位应建立水污染源自动监测设备运行维护管理制度，主要包括：仪器设备运行与维护的作业指导书；日常巡检制度及巡检内容；定期维护制度及定期维护内容；定期校验和校准制度及内容；易损、易耗品的定期检查和更换制度；废药剂的收集处置制度；设备故障及应急处理制度；运行维护记录内容等一系列管理制度。

7.5.4　日常维护总体要求

运维单位应按照相关技术规范及仪器使用说明书建立日常巡检制度，开展日常巡检工作并做好记录。日常巡检内容主要包括每日通过远程检查或现场察看的方式检查仪器运行状态、数据传输系统以及视频监控系统是否正常，设备出现故障时应第一时间处理解决；除日常维护工作外，应按照相关要求和设备说明书完成每周、每月、每季度检查维护内容。每日数据传输情况、定期的设备检查及保养情况应记录并归档。每次进行备件或材料更换时，更换的备件或材料的品名、规格、数量等应记录并归档。如更换标准物质或标准样品，还需记录标准物质或标准样品的浓度、配制时间、更换时间、有效期等信息。对日常巡检或维护保养中发现的故障或问题，系统管理维护人员应及时处理并记录。

7.5.5　运行技术总体要求

运维单位应按照相关技术规范要求定期进行自动标样核查和自动校准，同时定期进行实际水样比对试验。

7.6 质量保证要求

7.6.1 总体要求

水污染源自动监测设备日常运行质量保证是保障设备正常稳定运行、持续提供有质量保证监测数据的必要手段。操作维护人员每日远程检查或现场察看检测设备运行状态，发现异常，应立即前往；操作维护人员每周至少对设备进行一次现场维护，包括试剂添加、设备状态检查、采样系统维护、供电系统检查等；操作维护人员每月一次对现场设备进行保养，包括检查和保养易损耗件、测量部件和设备外壳进行清洗；每季度检查及更换易损耗件，用专用容器回收仪器设备产生的废液；操作维护人员每月至少进行一次实际水样比对试验，定期对设备进行自动标样核查和自动校准。当设备出现因故障或维护原因不能正常运行时，应在24小时内向当地生态环境主管部门报告。以月为周期，每月设备有效数据率不得小于90%，以保证监测数据的数量要求。

有效数据率=仪器实际获得的有效数据个数/应获得的有效数据个数×100%

7.6.2 日常检查维护

7.6.2.1 运行和日常维护

（1）每日远程检查或现场察看仪器运行状态，检查数据传输系统以及视频监控系统是否正常，如发现数据有持续异常情况，应立即前往站点进行检查。

（2）每周至少对监测系统进行一次现场维护，现场维护内容包括：

检查自来水供应、泵取水情况；检查内部管路是否通畅，仪器自动清洗装置是否运行正常；检查各自动分析仪的进样水管和排水管是否清洁，必要时进行清洗；定期清洗水泵和过滤网。

检查监测站房内电路系统、通讯系统是否正常。

对于用电极法测量的仪器，检查标准溶液和电极填充液是否正常，必要时对电极探头进行清洗。

若部分站点使用气体钢瓶，应检查载气气路系统是否密封，气压是否满足使用要求。

检查各仪器标准溶液和试剂是否在有效使用期内，保证按相关要求定期更换标准溶液和分析试剂。

检查数据采集传输仪运行情况，并检查连接处有无损坏，对数据进行抽样检查，对比自动分析仪、数据采集传输仪及监控中心平台接收到的数据是否一致。

检查水质自动采样系统管路是否清洁，采样泵、采样桶和留样系统是否正常工作，留样保存温度是否正常。

（3）每月现场维护内容。

水质自动采样系统：根据情况更换蠕动泵管、清洗混合采样瓶等。

TOC 水质自动分析仪：检查 TOC-COD_{Cr} 转换系数是否适用，必要时进行修正。对 TOC 水质自动分析仪的泵、管、加热炉温度进行一次检查，检查试剂余量（必要时添加或更换），检查卤素洗涤器、冷凝器水封容器、增湿器，必要时加蒸馏水。

COD_{Cr} 在线自动监测仪：检查内部试管是否污染，必要时进行清洗。

氨氮水质自动分析仪：气敏电极表面是否清洁，仪器管路进行保养、清洁。

流量计：检查超声波流量计液位传感器高度是否发生变化，检查超声波探头与水面之间是否有干扰测量的物体，对堰体内影响流量计测定的干扰物进行清理；检查管道电磁流量计的检定证书是否在有效期内。

pH 水质自动分析仪：用酸液清洗一次电极，检查 pH 电极是否钝化，必要时进行校准或更换。

温度计：每月至少进行一次现场水温比对试验，必要时进行校准或更换。

每月的现场维护应包括：对水污染源在线监测仪器进行一次保养，对仪器分析系统进行维护；对数据存储或控制系统工作状态进行一次检查；检查监测仪器接地情况，检查监测站房防雷措施。检查和保养仪器易损耗件，必要时更换；检查及清洗取样单元、消解单元、检测单元、计量单元等。

（4）每季度现场维护内容。

检查及更换仪器易损耗件，检查关键零部件可靠性，如计量单元准确性、反应室密封性等，必要时进行更换。对于水污染源在线监测仪器所产生的废液应以专用容器回收，交由有危险废物处理资质的单位处理，不得随意排放或回流入污水排放口。

（5）其他预防性维护。

保证监测站房的安全性，进出监测站房应进行登记，包括出入时间、人员、出入站房原因等，应设置视频监控系统。

保持监测站房的清洁，保持设备的清洁，保证监测站房内的温度、湿度满足仪器正常运行的需求。

保持各仪器管路通畅，出水正常，无漏液。

对电源控制器、空调、排风扇、供暖、消防设备等辅助设备要进行经常性检查。

此处未提及的维护内容，按相关仪器说明书的要求进行仪器维护保养、易耗品的定期更换工作。

7.6.2.2　维护记录

操作人员应详细了解水污染源在线监测系统的基本情况，填写相关记录表格。在对系统进行日常维护时，应做好巡检维护记录表，巡检维护记录应包含日志检查、耗材检查、辅助设备检查、采样系统检查、水污染源在线监测仪器检查、数据采集传输系统检查等必检项目和记录，以及仪器使用说明书中规定的其他检查项目和仪器参数设置记录、标样核查及校准结果记录、检修记录、易耗品更换记录、标准样品更换记录、实际水样比对试验结果记录。

7.6.3　运行技术要求

运行技术要求包括自动标样核查和自动校准、实际水样比对试验。

7.6.3.1　自动标样核查和自动校准

选用浓度约为现场工作量程上限值 0.5 倍的标准样品定期进行自动标样核查。如果自动标样核查结果不满足《水污染源在线监测系统（COD$_{Cr}$、NH$_3$-N 等）运行技术规范》（HJ 355—2019）表 1（以下简称表 1）的规定，则应对仪器进行自动校准。仪器自动校准完后应使用标准溶液进行验证（可使用自动标样核查代替该操作），验证结果应符合表 1 的规定，如不符合则应重新进行一次校准和验证，6 小时内如仍不符合表 1 的规定，则应进入人工维护状态。

在线监测仪器自动校准及验证时间如果超过 6 小时，则应采取人工监测的方法向相应生态环境主管部门报送数据，数据报送每天不少于 4 次，间隔不得超过 6 小时。

自动标样核查周期最长间隔不得超过 24 小时，校准周期最长间隔不得超过 168 小时。

7.6.3.2　实际水样比对试验

除流量外，运行维护人员每月应对每个站点所有自动分析仪至少进行 1 次实际水样比对试验；对于超声波明渠流量计每季度至少用便携式明渠流量计比对装置进行一次比对试验，试验结果均应满足表 1 规定的要求。

（1）COD$_{Cr}$、TOC、NH$_3$-N、TP、TN 水质自动分析仪

每月至少进行一次实际水样比对试验，采用水质自动分析仪与国家环境监测分析方法标准分别对相同的水样进行分析，两者测量结果组成一个测定数据对，至少获得 3 个测定数据对，计算实际水样比对试验的绝对误差或相对误差。

当实际水样比对试验的结果不满足标准规定的性能指标要求时，应对仪器进行校准和标准溶液验证后再次进行实际水样比对试验。如第二次实际水样比对试验结

果仍不符合性能指标要求时，仪器应进入维护状态，同时此次实际水样比对试验至上次仪器自动校准或自动标样核查期间所有的数据均判断为无效数据。

仪器维护时间超过 6 小时时，应采取人工监测的方法向相应生态环境主管部门报送数据，数据报送每天不少于 4 次，间隔不得超过 6 小时。

（2）pH 水质自动分析仪和温度计

每月至少进行一次实际水样比对试验，采用 pH 水质自动分析仪和温度计与国家环境监测分析方法标准分别对相同的水样进行分析，计算仪器测量值与国家环境监测分析方法标准测定值的绝对误差。

如果比对结果不符合标准规定的性能指标要求时，应对 pH 水质自动分析仪和温度计进行校准，校准完成后需再次进行比对，直至合格。

（3）超声波明渠流量计

每季度至少用便携式明渠流量计比对装置对现场安装使用的超声波明渠流量计进行一次比对试验（比对前应对便携式明渠流量计进行校准），如比对结果不符合标准规定的性能指标要求时，应对超声波明渠流量计进行校准，校准完成后需再次进行比对，直至合格。

1）液位比对：分别用便携式明渠流量计比对装置（液位测量精度≤1 mm）和超声波明渠流量计测量同一水位观测断面处的液位值，进行比对试验，每 2 分钟读取一次数据，连续读取 6 次，计算每一组数据的误差值，选取最大的一组误差值作为流量计的液位误差。

2）流量比对：分别用便携式明渠流量计比对装置和超声波明渠流量计测量同一水位观测断面处的瞬时流量，进行比对试验，待数据稳定后，开始计时，计时10 分钟，分别读取明渠流量比对装置该时段内的累积流量和超声波明渠流量计该时段内的累积流量，最终计算出流量比对误差。

7.6.3.3　有效数据率

以月为周期，计算每个周期内水污染源在线监测仪实际获得的有效数据的个数占应获得的有效数据的个数的百分比不得小于 90%，有效数据的判定参见《水污染源在线监测系统（COD$_{Cr}$、NH$_3$-N 等）数据有效性判别技术规范》（HJ 356—2019）的相关规定。

7.6.4　检修和故障处理要求

污染源自动监测设备发生故障后，应严格按照相关技术规范及管理要求进行设备检修，具体情况如下：

（1）水污染源在线监测系统需维修的，应在维修前报相应生态环境主管部门备案；需停运、拆除、更换、重新运行的，应经相应生态环境主管部门批准同意。

（2）因不可抗力和突发性原因致使水污染源在线监测系统停止运行或不能正常运行时，应当在 24 小时内报告相应生态环境主管部门并书面报告停运原因和设备情况。

（3）运行单位发现故障或接到故障通知，应在规定的时间内赶到现场处理并排除故障，无法及时处理的应安装备用仪器。

（4）水污染源在线监测仪器经过维修后，在正常使用和运行之前应确保其维修全部完成并通过校准和比对试验。若在线监测仪器进行了更换，在正常使用和运行之前，确保其性能指标满足表 1 的要求。维修和更换的仪器，可由第三方或运行单位自行出具比对检测报告。

（5）数据采集传输仪发生故障，应在相应生态环境主管部门规定的时间内修复或更换，并能保证已采集的数据不丢失。

（6）运行单位应备有足够的备品备件及备用仪器，对其使用情况进行定期清点，并根据实际需要进行增购。

（7）水污染源在线监测仪器因故障或维护等原因不能正常工作时，应及时向相应生态环境主管部门报告，必要时采取人工监测，监测周期间隔不大于 6 小时，数据报送每天不少于 4 次，监测技术要求参照《污水监测技术规范》（HJ 91.1—2019）执行。

7.6.5　运行比对监测要求

7.6.5.1　在线监测系统采样管理

比对监测时，应记录水污染源在线监测系统是否按照《水污染源在线监测系统（COD_{Cr}、$NH_3\text{-}N$ 等）安装技术规范》（HJ 353—2019）进行采样并在报告中说明有关情况。比对监测应及时正确地做好原始记录，并及时正确地粘贴样品标签，以免混淆。

7.6.5.2　仪器质量控制要求

比对监测时，应核查水污染源在线监测仪器参数设置情况，必要时进行标准溶液抽查，核查标准溶液是否符合相关规定要求，在记录和报告中说明有关情况；比对监测所使用的标准样品和实际水样应符合现场安装仪器的量程；比对监测期间，不允许对在线监测仪器进行任何调试。

7.6.5.3　比对监测仪器性能要求

比对监测期间应对水污染源在线监测仪器进行比对试验，并符合表 1 的要求。

7.6.6　运行档案与记录

（1）水污染源在线监测系统运行的技术档案包括仪器的说明书、《水污染源在线监测系统（COD_{Cr}、$NH_3\text{-}N$ 等）安装技术规范》（HJ 353—2019）要求的系统安装记录和《水污染源在线监测系统（COD_{Cr}、$NH_3\text{-}N$ 等）验收技术规范》（HJ 354—2019）要求的验收记录、仪器的检测报告以及各类运行记录表格。

（2）运行记录应清晰、完整，现场记录应在现场及时填写。可从记录中查阅和了解仪器设备的使用、维修和性能检验等全部历史资料，以对运行的各台仪器设备做出正确评价。与仪器相关的记录可放置在现场并妥善保存。

（3）运行记录表格主要包括水污染源在线监测系统基本情况、巡检维护记录表、水污染源在线监测仪器参数设置记录表、标样核查及校准结果记录表、检修记录表、易耗品更换记录表、标准样品更换记录表、实际水样比对试验结果记录表、水污染源在线监测系统运行比对监测报告、运行工作检查表等［表格样式详见《水污染源在线监测系统（COD_{Cr}、NH_3-N 等）运行技术规范》（HJ 355—2019）］，运行单位可根据实际需求及管理需要调整及增加不同的表格。

7.6.7 数据有效性判别流程

水污染源在线监测系统的运行状态分为正常采样监测时段和非正常采样监测时段。数据有效性判别流程见图 7-1。

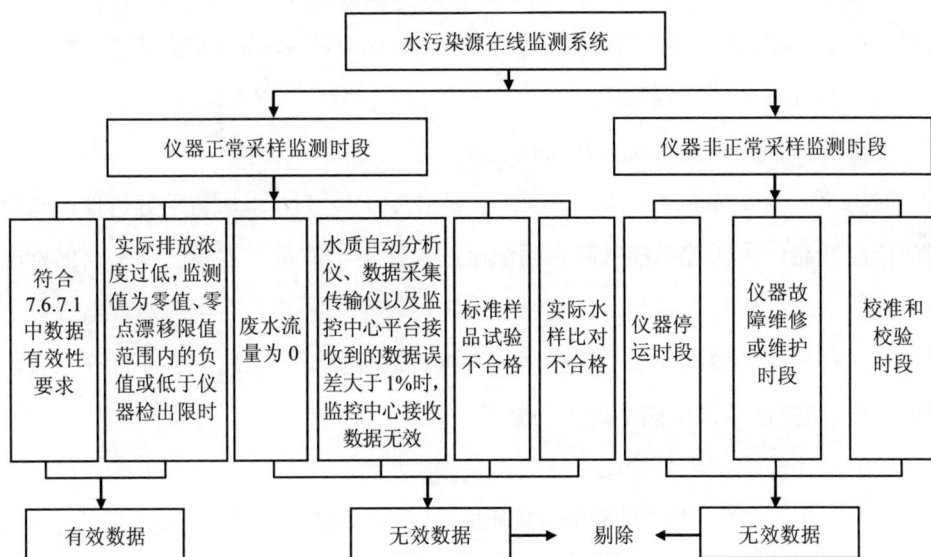

图 7-1 水污染源在线监测系统数据有效性判别流程

7.6.7.1 数据有效性判别指标

（1）实际水样比对试验误差

1）COD_{Cr}、TOC、NH_3-N、TP、TN 水质自动分析仪

对每个站点安装的 COD_{Cr}、TOC、NH_3-N、TP、TN 水质自动分析仪进行自动监测方法与表 1 中规定的国家环境监测分析方法标准的比对试验，两者测量结果组成一个测定数据对，至少获得 3 个测定数据对。比对过程中应尽可能保证比对样品均匀一致，实际水样比对试验结果应满足表 1 的要求。

2）pH 水质自动分析仪与温度计

对每个站点安装的 pH 水质自动分析仪、温度计进行自动监测方法与表 1 中规定的国家环境监测分析方法标准的比对试验，两者测量结果组成一个测定数据对，比对过程中应尽可能保证比对样品均匀一致，实际水样比对试验结果应满足表 1 的要求。

（2）标准样品试验误差

标准样品试验包括自动标样核查、标准溶液验证。

对每个站点安装的 COD_{Cr}、TOC、NH_3-N、TP、TN 水质自动分析仪，采用有证标准样品作为质控考核样品，用浓度约为现场工作量程上限值 0.5 倍的标准样品进行自动标样核查试验，试验结果应满足表 1 的要求，否则应对仪器进行自动校准，仪器自动校准完成后应使用标准溶液进行验证（可使用自动标样核查代替该操作），验证结果应满足表 1 的要求。

（3）超声波明渠流量计比对试验误差

对每个站点安装的超声波明渠流量计进行自动监测方法与手工监测方法的比对试验，比对试验的方法按照 7.6.3.2 的相关规定进行，比对试验结果应满足表 1 的要求。

7.6.7.2 数据有效性判别方法

（1）有效数据判别

1）正常采样监测时段获取的监测数据，满足 7.6.7.1 的数据有效性判别标准，

可判别为有效数据。

2）监测值为零值、零点漂移限值范围内的负值或低于仪器检出限时，需要通过现场检查、实际水样比对试验、标准样品试验等质控手段来识别，对于因实际排放浓度过低而产生的上述数据，仍判断为有效数据。

3）监测值如出现急剧升高、急剧下降或连续不变时，需要通过现场检查、实际水样比对试验、标准样品试验等质控手段来识别，再做判别和处理。

4）水污染源在线监测系统的运维记录中应当记载运行过程中报警、故障维修、日常维护、校准等内容，运维记录可作为数据有效性判别的证据。

5）水污染源在线监测系统应可调阅和查看详细的日志，日志记录可作为数据有效性判别的证据。

（2）无效数据判别

1）当流量为 0 时，在线监测系统输出的监测值为无效数据。

2）水质自动分析仪、数据采集传输仪以及监控中心平台接收到的数据误差大于 1% 时，监控中心平台接收到的数据为无效数据。

3）发现标准样品试验不合格、实际水样比对试验不合格时，从此次不合格时刻至上次校准校验（自动校准、自动标样核查、实际水样比对试验中的任何一项）合格时刻期间的在线监测数据均判断为无效数据，从此次不合格时刻起至再次校准校验合格时刻期间的数据，作为非正常采样监测时段数据，判断为无效数据。

4）水质自动分析仪停运期间、因故障维修或维护期间、有计划（质量保证和质量控制）地维护保养期间、校准和校验等非正常采样监测时间段内输出的监测值为无效数据，但对该时段数据作标记，作为监测仪器检查和校准的依据予以保留。

判断为无效的数据应注明原因，并保留原始记录。

7.6.7.3　有效均值的计算

（1）数据统计

正常采样监测时段获取的有效数据，应全部参与统计。

监测值为零值、零点漂移限值范围内的负值或低于仪器检出限，并判断为有效数据时，应采用修正后的值参与统计。修正规则为：COD_{Cr} 修正值为 2 mg/L、$NH_3\text{-}N$ 修正值为 0.01 mg/L、TP 修正值为 0.005 mg/L、TN 修正值为 0.025 mg/L。

（2）有效日均值

有效日均值是对应于以每日为一个监测周期内获得的某个污染物（COD_{Cr}、$NH_3\text{-}N$、TP、TN）的所有有效监测数据的平均值，参与统计的有效监测数据数量应不少于当日应获得数据数量的 75%。有效日均值是以流量为权的某个污染物的有效监测数据的加权平均值。

（3）有效月均值

有效月均值是对应于以每月为一个监测周期内获得的某个污染物（COD_{Cr}、$NH_3\text{-}N$、TP、TN）的所有有效日均值的算术平均值，参与统计的有效日均值数量应不少于当月应获得数据数量的 75%。

7.6.7.4 无效数据的处理

正常采样监测时段，当 COD_{Cr}、$NH_3\text{-}N$、TP 和 TN 监测值判断为无效数据，且无法计算有效日均值时，其污染物日排放量可以用上次校准校验合格时刻前 30 个有效日排放量中的最大值进行替代，污染物浓度和流量不进行替代。非正常采样监测时段，当 COD_{Cr}、$NH_3\text{-}N$、TP 和 TN 监测值判断为无效数据，且无法计算有效日均值时，优先使用人工监测数据进行替代，每天获取的人工监测数据应不少于 4 次，替代数据包括污染物日均浓度、污染物日排放量。如无人工监测数据替代，其污染物日排放量可以用上次校准校验合格时刻前 30 个有效日排放量中的最大值进行替代，污染物浓度和流量不进行替代。

流量为 0 时的无效数据不进行替代。

第 8 章　废气手工监测技术要点

与废水手工监测类似，废气手工监测也是一项全面性、系统性的工作。我国同样有一系列监测技术规范和方法标准用于指导和规范废气手工监测。本章立足现有的技术规范和标准，结合日常工作经验，分别针对有组织废气、无组织废气归纳总结了常见的方法和操作要求，以及方法使用过程中的重点注意事项。对于一些虽然适用，但不够便捷，目前实际应用很少的方法，本书中未进行列举，若排污单位根据实际情况，确实需要采用这类方法的，应严格按照方法的适用条件和要求开展相关监测活动。

8.1　有组织废气监测

8.1.1　监测方式

有组织废气监测主要是对排污单位有组织排放口排放的污染物的排放浓度、排放速率、排放量等开展的监测，主要的监测方式有现场测试和现场采样+实验室分析两种。

（1）现场测试：是指采用便携式仪器在污染源现场直接采集气态样品，通过简单的预处理后进行即时分析，得到污染物的浓度信息。目前，采用现场测试的指标主要包括二氧化硫、氮氧化物、一氧化碳、硫化氢、烟气参数（温度、含氧量、含湿量、流速）等，监测方法包括定电位电解法、非分散红外法、皮托管法、热电偶法、干湿球法等。

（2）现场采样+实验室分析：是指采用特定仪器采集一定量的污染源废气并妥善保存带回实验室进行分析。目前我国多数污染物指标仍采用这种监测方式，主要的采样方式包括直接采样法（气袋、注射器、真空瓶等）和富集（浓缩）采样法（活性炭吸附、滤筒、滤膜捕集、吸收液吸收等），主要的分析方法包括重量法、色谱法、质谱法、分光光度法等。

8.1.2　现场采样

8.1.2.1　现场采样方式

（1）现场直接采样

现场直接采样包括注射器采样、气袋采样、采气管采样和真空瓶（管）采样。现场采样时，应按照《固定污染源排气中颗粒物测定与气态污染物采样方法》规定配备相应的采样系统采样。

1）注射器采样

常用 100 ml 注射器采集样品。采样时，先用现场气体抽洗 2～3 次，然后抽取100 ml，密封进气口，带回实验室分析。样品存放时间不宜长，一般当天分析完。

气相色谱分析法常采用此法取样。取样后，应将注射器进气口朝下，垂直放置，以使注射器内压略大于外压，避光保存。

2）气袋采样

应选不吸附、不渗漏，也不与样气中污染组分发生化学反应的塑料袋，如聚四氟乙烯袋、聚乙烯袋、聚氯乙烯袋和聚酯袋等，还有用金属薄膜作衬里（如衬银、衬铝）的塑料袋。

采样时，先用待测废气冲洗 2～3 次，再充满样气，夹封进气口，带回实验室尽快分析。

3）采气管采样

采样时，打开两端旋塞，用抽气泵接在采样管的一端，迅速抽进比采样管容积大 6～10 倍的待测气体，使采样管中原有气体被完全置换出，关上旋塞，采样管体积即为采气体积。

4）真空瓶采样

真空瓶是一种具有活塞的耐压玻璃瓶。采样前，先用抽真空装置把采气瓶内气体抽走，抽气减压到绝对压力为 1.33 kPa。采样时，打开旋塞采样，采完关闭旋塞，则采样体积即为真空瓶体积。

（2）富集（浓缩）采样法

主要包括溶液吸收法、填充柱阻留法和滤料阻留法等。

1）溶液吸收法

原理：采样时，用抽气装置将欲测废气以一定流量抽入装有吸收液的吸收瓶采集一段时间。采样结束后，倒出吸收液进行测定。

常用吸收液有酸碱溶液、有机溶剂等。

吸收液选用应遵循的原则：

①反应快，溶解度大；

②稳定时间长；

③吸收后利于分析；

④毒性小，价格低，易于回收。

2）填充柱阻留法

原理：填充柱是用一根长 6～10 cm、内径 3～5 mm 的玻璃管或塑料管，内装颗粒状填充剂制成。采样时，让气样以一定流速通过填充柱，欲测组分因吸附、溶解或化学反应等作用被阻留在填充剂上，达到浓缩采样的目的。采样后，通过解吸或溶剂洗脱，使被测组分从填充剂上释放出来进行测定。

填充剂主要类型：

①吸附型：活性炭、硅胶、分子筛、高分子多孔微球等；

②分配型：涂高沸点有机溶剂的惰性多孔颗粒物；

③惰性多孔颗粒物、纤维状物表面能与被测组分发生化学反应。

3）滤料阻留法

原理：该方法是将过滤材料（滤筒、滤膜等）放在采样装置内，用抽气装置抽气则废气中的待测物质被阻留在过滤材料上，根据相应分析方法测定出待测物质的含量。

常用过滤材料：玻璃纤维滤筒、石英滤筒、刚玉滤筒、玻璃纤维滤膜、过氯乙烯滤膜、聚苯乙烯滤膜、微孔滤膜、核孔滤膜等。

8.1.2.2　现场采样要点

有组织废气排放监测时，采样点位布设、采样频次、时间、监测分析方法以及质量保证等均应符合《固定污染源排气中颗粒物测定与气态污染物采样方法》（GB/T 16157—1996）和《固定源废气监测技术规范》（HJ/T 397—2007）的规定。

（1）采样位置和采样点

1）采样位置应避开对测试人员操作有危险的场所。

2）采样位置应优先选择在垂直管段，应避开烟道弯头和断面急剧变化的部位。采样位置应设置在距弯头、阀门、变径管下游方向不小于 6 倍直径和距上述部件上游方向不小于 3 倍直径处。采样断面的气流速度最好在 5 m/s 以上。采样孔内径应不小于 80 mm，宜选用 90～120 mm 内径的采样孔。

3）测试现场空间位置有限，很难满足上述要求时，可选择比较适宜的管段采样，但采样断面与弯头等的距离至少是烟道直径的 1.5 倍，并应适当增加测点的数量和采样频次。

4）对于气态污染物，由于混合比较均匀，其采样位置可不受上述规定限制，但应避开涡流区。

5）采样平台应有足够的工作面积使工作人员安全、方便地操作。监测平台长度应≥2 m，宽度≥2 m 或不小于采样枪长度外延 1 m，周围设置 1.2 m 以上的安全护栏，有牢固并符合要求的安全措施；当采样平台设置在离地面高度≥2 m 的位置时，应有通往平台的斜梯（或 Z 字梯、旋梯），宽度应≥0.9 m；当采样平台设置在离地面高度≥20 m 的位置时，应有通往平台的升降梯。

6）颗粒物和废气流量测量时，根据采样位置尺寸进行多点分布采样测量；排气参数（温度、含湿量、氧含量）和气态污染物一般在管道中心位置测定。

（2）排气参数的测量

1）温度的测定：常用测定方法为热电偶或电阻温度计。一般情况下可在靠近烟道中心的一点测定，封闭测孔，待温度计读数稳定后读取数据。

2）含湿量的测定：常用测定方法为干湿球法。在靠近烟道中心的一点测定，封闭测孔，使气体在一定的速度下流经干、湿球温度计，根据干、湿球温度计的读数和测点处排气的压力，计算出排气的水分含量。

3）氧含量的测定：常用测定方法为电化学法或氧化锆氧分仪法。在靠近烟道中心的一点测定，封闭测孔，待氧含量读数稳定后读取数据。

4）流速、流量的测定：常用测定方法为皮托管法。根据测得的某点处的动压、静压及温度、断面截面积等参数计算出排气流速和流量。

（3）采样频次和采样时间

采样频次和采样时间确定的主要依据有：相关标准和规范的规定和要求；实施监测的目的和要求；被测污染源污染物排放特点、排放方式及排放规律，生产设施和治理设施的运行状况；被测污染源污染物排放浓度的高低和所采用的监测分析方法的检出限。

具体要求如下：

1）相关标准中对采样频次和采样时间有规定的，按相关标准的规定执行。

2）相关标准中没有明确规定的，排气筒中废气的采样以连续 1 小时的采样获取平均值，或在 1 小时内，以等时间间隔采集 3～4 个样品，并计算平均值。

3）特殊情况下，若某排气筒的排放为间断性排放，排放时间小于 1 h，应在排放时段内实行连续采样，或在排放时段内等间隔采集 2～4 个样品，并计算平均值；若某排气筒的排放为间断性排放，排放时间大于 1 h，则应在排放时段内按 2）的要求采样。

（4）监测分析方法选择

监测分析方法选择时，应遵循以下原则：

1）监测分析方法的选用应充分考虑相关排放标准的规定、被测污染源排放特点、污染物排放浓度的高低、所采用监测分析方法的检出限和干扰等因素。

2）相关排放标准中有监测分析方法的规定时，应采用标准中规定的方法。

3）对相关排放标准未规定监测分析方法的污染物项目，应选用国家环境保护标准、环境保护行业标准规定的方法。

4）在某些项目的监测中，尚无方法标准的，可采用国际标准化组织（ISO）或其他国家的等效方法标准，但应经过验证合格，其检出限、准确度和精密度应能达到质控要求。

（5）质量保证要求

1）属于国家强制检定目录内的工作计量器具，必须按期送计量部门检定，检定合格，取得检定证书后方可用于监测工作。

2）排气温度、氧含量、含湿量、流速测定、烟气、烟尘测定等仪器应根据要求定期校准，对一些仪器使用的电化学传感器应根据使用情况及时更换。

3）采样系统采样前应进行气密性检查，防止系统漏气。检查采样嘴、皮托管等是否变形或损坏。

4）滤筒、滤料等外观无裂纹、空隙或破损，无挂毛或碎屑，能耐受一定的高温和机械强度。采样管、连接管、滤筒、滤料等不被腐蚀、不与待测成分发生化学反应。

5）样品采集后注意样品保存要求，尽快送实验室分析。

8.1.3　监测指标测试

各监测指标除遵循 8.1.1 和 8.1.2 的相关要求外，还应遵循各自的具体要求。

8.1.3.1 二氧化硫（SO₂）的监测

（1）常见方法

二氧化硫（SO₂）是有组织废气排放的主要常规污染物之一，目前主要的监测方法有定电位电解法、非分散红外吸收法和便携式紫外吸收法 3 种现场测试方法，标准监测方法详见表 8-1。

表 8-1 常用二氧化硫监测标准方法

序号	标准方法	原理及特点
1	《固定污染源废气 二氧化硫的测定 定电位电解法》（HJ 57—2017）	(1) 废气被抽入主要由电解槽、电解液和电极组成的传感器中，二氧化硫通过渗透膜扩散到电极表面，发生氧化反应，产生的极限电流大小与二氧化硫浓度成正比。 (2) 需要配备除湿性能好的预处理器，以去除水分对监测的影响。 (3) 测定时，易受一氧化碳干扰
2	《固定污染源废气 二氧化硫的测定 非分散红外吸收法》（HJ 629—2011）	(1) 二氧化硫气体在 6.82～9 μm 红外光谱波长具有选择性吸收。一束恒定波长为 7.3 μm 的红外光通过二氧化硫气体时，其光通量的衰减与二氧化硫的浓度符合朗伯—比尔定律定量。 (2) 需要配备除湿性能好的预处理器，以排除水分对监测的影响
3	《固定污染源废气 二氧化硫的测定 便携式紫外吸收法》（HJ 1131—2020）	(1) 二氧化硫对紫外光区内 190～230 nm 或 280～320 nm 特征波长光具有选择性吸收，根据朗伯—比尔定律定量测定废气中二氧化硫的浓度。 (2) 仪器需具备良好的除湿和除尘性能，以去除水分和颗粒物对监测的影响

（2）注意事项

1）水分对二氧化硫测定影响较大。废气中的高含水量和水蒸气会对测定结果造成负干扰，还会对仪器检测器和检测室造成损坏和污染，因此监测时，特别是在废气含湿量较高的情况下，应使用除湿性能较好的预处理设备，及时排空除湿装置的冷凝水，防止影响测定结果。

2）对于定电位电解法而言，一氧化碳对二氧化硫监测会存在一定程度的干扰。监测仪器应具有一氧化碳测试功能，当一氧化碳浓度高于 50 μmol/mol 时，应根据《固定污染源废气 二氧化硫的测定 定电位电解法》（HJ 57—2017）中的附录 A 进行一氧化碳干扰试验，确定仪器的适用范围，根据一氧化碳、二氧化硫浓度是否超出了干扰试验允许的范围，从而对二氧化硫数据是否有效进行判定。

3）测定结果一般应在校准量程的 20%～100%，特别是应注意不能超过校准量程，因此监测活动正式开展前，应根据历史监测资料，预判二氧化硫可能的浓度范围，从而选择合适的标准气体进行校准，确定校准量程。

4）开展监测活动全过程中，仪器不得关机。

5）定电位电解法仪器测定二氧化硫的传感器更换后，应重新开展干扰试验。对于未开展一氧化碳干扰试验的定电位电解法仪器，有组织废气监测过程中，一氧化碳浓度高于 50 μmol/mol 时同步测得的二氧化硫数据，应作为无效数据予以剔除。

8.1.3.2 氮氧化物（NO_x）的监测

（1）常见方法

有组织废气中的氮氧化物（NO_x）包括了以一氧化氮（NO）和二氧化氮（NO_2）两种形式存在的氮的氧化物，因此对有组织废气中 NO_x 的监测实际上是通过对 NO 和 NO_2 的监测实现的。

表 8-2 中给出了有组织废气中氮氧化物监测标准方法的原理及特点。

表 8-2 常用氮氧化物监测标准方法

序号	标准方法	原理及特点
1	《固定污染源废气 氮氧化物的测定 定电位电解法》（HJ 693—2014）	（1）废气被抽入主要由电解槽、电解液和电极组成的传感器中，NO 或 NO_2 通过渗透膜扩散到电极表面，发生氧化还原反应，产生的极限电流大小与 NO 或 NO_2 浓度成正比。 （2）两个不同的传感器分别测定 NO（结果以 NO 计）和 NO_2，两者测定之和为氮氧化物（以 NO_2 计）

序号	标准方法	原理及特点
2	《固定污染源废气　氮氧化物的测定　非分散红外吸收法》(HJ 692—2014)	(1) 利用 NO 对红外光谱区,特别是 5.3 μm 波长光的选择性吸收,由朗伯—比尔定律定量 NO 和废气中 NO₂ 通过转换器还原为 NO 后的浓度。 (2) 一般先将废气通入转换器,将废气中的 NO₂ 还原为 NO,再将废气通入非分散红外吸收法仪器进行监测,此时,由 NO₂ 转化而来的 NO,将和废气中原有的 NO 一起经过分析测试,测得结果为总的氮氧化物(以 NO₂ 计)
3	《固定污染源废气　氮氧化物的测定　便携式紫外吸收法》(HJ 1132—2020)	NO 对紫外光区内 200～235 nm 特征波长光,NO₂ 对紫外光区内 220～250 nm 或 350～500 nm 特征波长光具有选择性吸收,根据朗伯—比尔定律定量测定废气中 NO 和 NO₂ 的浓度。氮氧化物的浓度以 NO₂ 计

从表 8-2 中可以看出,常用的有组织废气中 NO_x 监测方法主要包括定电位电解法、非分散红外法和便携式紫外吸收法 3 种现场测试方法,这三种方法实现 NO_x 测定的过程方式是有所不同的,但最终监测结果均以 NO_2 计。

(2) 注意事项

1) 测定结果一般应在校准量程的 20%～100%,特别是应注意不能超过校准量程。采用便携式紫外吸收法测定 NO_x 时,若样品测定结果小于测定下限,则不受本条限制。

2) 监测活动开展的全过程中,仪器不得关机。

3) 非分散红外吸收法测定 NO_x 时,应注意至少每半年做一次 NO_2 的转化效率的测定,转化效率不能低于 85%,否则应更换还原剂;监测活动中,进入转换器 NO_2 浓度不要大于 200 μmol/mol。

8.1.3.3　颗粒物的监测

(1) 常见方法

颗粒物的监测一般使用重量法,采用现场采样+实验室分析的监测方式,利用等速采样原理,抽取一定量的含颗粒物的废气,根据所捕集到的颗粒物质量和同时抽取的废气体积，计算出废气中颗粒物的浓度。

目前颗粒物监测方法标准主要有《固定污染源排气中颗粒物测定与气态污染物采样方法》（GB/T 16157—1996）、《固定污染源废气　低浓度颗粒物的测定　重量法》（HJ 836—2017）。根据原环境保护部的相关规定，在测定有组织废气中颗粒物浓度时，应遵循表 8-3 中的规定选择合适的监测方法标准。

表 8-3　常用颗粒物监测标准方法的适用范围

序号	废气中颗粒物浓度范围	适用的标准方法
1	≤20 mg/m³	《固定污染源废气　低浓度颗粒物的测定　重量法》（HJ 836—2017）
2	>20 mg/m³，且≤50 mg/m³	《固定污染源废气　低浓度颗粒物的测定　重量法》（HJ 836—2017）、《固定污染源排气中颗粒物测定与气态污染物采样方法》（GB/T 16157—1996），均适用
3	>50 mg/m³	《固定污染源排气中颗粒物测定与气态污染物采样方法》（GB/T 16157—1996）

依据《固定污染源排气中颗粒物测定与气态污染物采样方法》（GB/T 16157—1996）进行颗粒物监测时，仅将滤筒作为样品，进行采样前后的分析称量，依据《固定污染源废气　低浓度颗粒物的测定　重量法》（HJ 836—2017）进行低浓度颗粒物监测时，需要将装有滤膜的采样头作为样品，进行采样前后的整体称量。

（2）注意事项

1）样品采集时，采样嘴应对准气流方向，与气流方向的偏差不得大于 10°；不同于气态污染物，颗粒物在排气筒监测断面（横截面）上的分布是不均匀的，因此样品采集过程中，须多点等速采样，各点等时长采样，每个点采样时间不少于 3 min。

2）应选择气流平稳的工况下进行等速采样。采样前后，排气筒内气流流速变化不应大于 10%，否则应重新测量。

3）每次开展低浓度颗粒物监测时，都应采集全程序空白样品。实际监测样品的增重若低于全程序空白样品的增重，则认定该实际监测样品无效，低浓度颗粒物样品采样体积为 1 m³ 时，方法检出限为 1.0 mg/m³，废气中颗粒物浓度低于方法检出限时，全程序空白样品采样前后重量之差的绝对值不得超过 0.5 mg。

4）低浓度颗粒物样品称重使用的恒温恒湿设备的温度控制在 15～30℃，控温精度±1℃；相对湿度（RH）应控制在（50±5）%范围内。采样前后样品称重环境条件应保持一致。应避免静电对称量产生影响。采样前后称量为同一台天平，避免称量前后人员不同引起的误差。采样前后，放置、安装、取出、标记、转移采样部件时应戴无粉尘、抗静电的一次性手套。

8.1.3.4　汞排放监测

（1）监测方法标准：废气中汞排放监测时，主要依据《固定污染源废气　汞的测定　冷原子吸收分光光度法（暂行）》（HJ 543—2009）。

（2）监测方式：现场采样+实验室分析。采用气泡吸收管+烟气采样器进行现场吸收液样品采集或者采用经过处理后的活性炭+烟气采样器进行有效富集样品采集，之后送实验室采用冷原子吸收分光光度法或者热裂解后用原子吸收分光光度法进行分析测定。

（3）监测技术要求。

1）采样管的准备：应选择气密性好、阻力和吸收效率合格的吸收管清洗干净并烘干备用。在采样前装入吸收液并密封避光保存。

2）样品采集：按照 GB/T 16157—1996 进行烟气采样。在采样装置上串联两支各装 10 ml 吸收液的大型气泡吸收管，以 0.3 L/min 流量采样 5～30 min。采样时注意采集现场空白样品：将两支装有 10 ml 吸收液的大型气泡吸收管带至采样点，不连接烟气采样器，并与样品在相同的条件下保存、运输，直到送交实验室分析，运输过程中应注意防止沾污。

3）样品保存：采样结束后，封闭吸收管进出气口，置于样品箱内运输，并注意避光，样品采集后应尽快分析。若不能及时测定，应置于冰箱内 0～4℃保存，5 天内测定。

4）注意事项：由于橡皮管对汞有吸附，采样管与吸收管之间应采用聚乙烯管连接，接口处用聚四氟乙烯生料带密封；当汞浓度较高时，可采用大型冲击式吸收采样瓶。全部玻璃器皿在使用前要用 10%硝酸溶液浸泡过液或用（1+1）硝酸溶液浸泡 40 min，以除去器壁上吸附的汞。测定样品前必须做试剂空白试验，空白值不超过 0.005 μg 汞。

8.1.3.5　氨排放监测

（1）监测方法标准：废气中氨排放监测时，主要依据《环境空气和废气　氨的测定　纳氏试剂分光光度法》（HJ 533—2009）。

（2）监测方式：现场采样+实验室分析。采用气泡吸收管+小流量采样器进行现场吸收液样品采集，之后送实验室采用纳氏试剂分光光度法进行分析测定。

（3）监测技术要求。

1）采样管的准备：应选择气密性好、阻力和吸收效率合格的吸收管清洗干净并烘干备用。在采样前装入吸收液并密封避光保存。

2）样品采集：采样系统由干燥管、吸收管和气体采样泵组成，采样时应带采样全程空白采样管。用 50 ml 吸收管，以 0.5～1.0 L/min 的流量采集，采气时间视具体情况而定。开启采样泵前，确认采样系统的连接正确，采样泵的进气端通过干燥管（或缓冲管）与采样管的出气口相连，如果接反会导致酸性吸收液倒吸，污染和损坏仪器。万一出现倒吸的情况，应及时将流量计拆下来，用酒精清洗、干燥，并重新安装，经流量校准合格后方可以继续使用。样品采集时应采集全程序空白，用于检查样品采集、运输、贮存过程中样品是否被污染。如果采样全程序空白明显高于同批配制的吸收液空白，则同批次采集的样品作废。

为避免采样管中的吸收液被污染，运输和贮存过程中勿将采样管倾斜或倒置，并及时更换采样管的密封接头。

3）样品保存：采样后应尽快分析，以防止吸收空气中的氨。若不能立即分析，2～5℃可保存 7 天。

4）干扰及消除：实验室分析时，加入 0.50 ml 酒石酸钾钠溶液络合掩蔽，消除三价铁等金属离子的干扰；在样品溶液中加入稀盐酸除去样品中异色干扰（如硫化物存在时为绿色）；在比色前用 0.1 mol/L 的盐酸溶液将吸收液酸化到 pH≤2 后煮沸除去某些有机物（如甲醛）生产沉淀的干扰。

8.1.3.6　非甲烷总烃排放监测

（1）监测方法标准：废气中总烃、甲烷和非甲烷总烃排放监测时，主要依据《固定污染源废气　总烃、甲烷和非甲烷总烃的测定　气相色谱法》（HJ 38—2017）。

（2）监测方式：现场采样+实验室分析。采用气袋或玻璃注射器进行现场样品采集，之后送实验室将气体样品直接注入具氢火焰离子化检测器的气相色谱仪，分别在总烃柱和甲烷柱上测定总烃和甲烷的含量，两者之差即为非甲烷总烃的含量。同时以除烃空气代替样品，测定氧在总烃柱上的响应值，以扣除样品中的氧对总烃测定的干扰。

（3）监测技术要求。

1）采样前的准备

采样容器：全玻璃材质注射器，容积不小于 100 ml，清洗干燥后备用；气袋材质符合 HJ 732—2014 的相关规定，容积不小于 1 L，使用前用除烃空气清洗至少 3 次。

采样装置：气袋采样装置的要求执行 HJ 732—2014 的相关规定；玻璃注射器采样装置的要求执行 GB/T 16157—1996 的相关规定。

2）样品采集

①气袋采集

废气采样位置与采样点、采样频次和采样时间的确定、排气参数的测定和采样操作执行 GB/T 16157—1996、HJ/T 397—2007 和 HJ 732—2014 的相关规定。连接采样装置，开启加热采样管电源，采样时将采样管加热并保持在 120℃±5℃（有防爆安全要求的除外），气袋须用样品气清洗至少 3 次，结束采样后样品应立即放入样品保存箱内保存，直至样品分析时取出。

②玻璃注射器采集

废气采样位置与采样点、采样频次和采样时间的确定、排气参数的测定和采样操作执行 GB/T 16157—1996 和 HJ/T 397—2007 的相关规定。连接采样装置，开启加热采样管电源，采样时将采样管加热并保持在 120℃±5℃（有防爆安全要求的除外），玻璃注射器须用样品气清洗至少 3 次，结束采样后样品应立即放入样品保存箱内保存，直至样品分析时取出。采集样品的玻璃注射器用惰性密封头密封。

样品采集时应采集全程序空白，将注入除烃空气的采样容器带至采样现场，与同批次的采集样品一起送回实验室分析。

3）样品保存：采集样品的玻璃注射器应小心轻放，防止破损，保持针头端向下状态放入样品保存箱内保存和运送。

样品常温避光保存，采样后尽快完成分析。玻璃注射器保存的样品，放置时间不超过 8 h；气袋保存的样品，放置时间不超过 48 h，如仅测定甲烷，应在 7 d 内完成。

8.1.3.7　苯并[a]芘排放监测

（1）监测方法标准：废气中苯并[a]芘排放监测时，主要依据《固定污染源排气中苯并[a]芘的测定　高效液相色谱法》（HJ/T 40—1999）。

（2）监测方式：现场采样+实验室分析。采用无胶玻璃纤维滤筒或玻璃纤维滤膜+烟气采样器进行现场样品采集，之后送实验室采用配有荧光检测器的高效液相色谱仪进行分析测定。

（3）监测技术要求。

1）采样前的准备：按照 GB/T 16157—1996 中 8.3.3、8.4.2、8.5.2、8.6.2 配置采样仪器；选用与采样仪器相匹配的无胶玻璃纤维滤筒和超细玻璃纤维滤膜。

2）样品采集：按照 GB/T 16157—1996 中 8.1 确定采样位置和采样点。

按照 GB/T 16157—1996 中 8.2 选定采样方法，将玻璃纤维滤筒或滤膜装入采样仪上,然后按照 8.3～8.6 中的某项进行采样,采气体积约为 1.0 m^3。

每批样品应至少做一个全程序空白样品,全程序空白样品中目标化合物的含量过大可疑时,应对本批数据进行核实和检查。

3)样品保存:采集好的样品须避光保存,或用黑纸包好放入 3～5℃冷藏箱中保存;采样后应尽快在 24 小时进行前处理,处理好的样品在 1 个月内分析完毕。

8.1.3.8　酚类化合物排放监测

(1)监测方法标准:废气中酚类化合物排放监测时,主要依据《固定污染源排气中酚类化合物的测定　4-氨基安替比林分光光度法》(HJ/T 32—1999)。

(2)监测方式:现场采样+实验室分析。采用冲击式吸收瓶+小流量烟气采样器进行现场吸收液样品采集,之后送实验室采用分光光度法进行分析测定。

(3)监测技术要求

1)采样前的准备:参考 GB 16157—1996 中 9.3 配置采样仪器。采用不锈钢、硬质玻璃或氟树脂材质,有适当尺寸的管料,采样管应附有加热夹套,保证采样管温度可大于 120℃。

2)样品采集:按 GB 16157—1996 中 9.1.1 和 9.1.2 确定采样位置和采样点。

按照 GB 16157—1996 中 9.3 图 30 连接好采样系统,并按 9.4 的要求检查密封性和可靠性。在采样管口塞适量无碱玻璃棉,将其尾部通过连接管接入两支串联的 50 ml 冲击式吸收瓶,每瓶各装入 25 ml 的氢氧化钠吸收液,以 1.0 L/min 的流量采气 10～30 min,记录采样时间、温度和流量等参数。采样完毕后应小心取下采样管头部的玻璃棉,置于清洁干燥的玻璃小瓶中,与吸收瓶一起带回实验室分析。

样品采集时应采集全程序空白,如果采样全程序空白明显高于同批配制的吸收液空白,则同批次采集的样品作废。为避免采样管中的吸收液被污染,运输和贮存过程中勿将采样管倾斜或倒置,并及时更换采样管的密封接头。

3)样品保存:采集好的样品最好于当天分析完毕。在室温不超过 25℃,干扰物质影响不大时,碱性样品可存放 3 天。

8.1.3.9 甲醇排放监测

（1）监测方法标准：废气中甲醇排放监测时，主要依据《固定污染源排气中甲醇的测定　气相色谱法》（HJ/T 33—1999）。

（2）监测方式：现场采样+实验室分析。采用玻璃注射器进行现场采集样品，之后送实验室将气体样品直接注入具氢火焰离子化检测器的气相色谱仪进行分析测定。

（3）监测技术要求。

1）采样前的准备：参考 GB 16157—1996 中 9.3 配置采样仪器。采用不锈钢、硬质玻璃或聚四氟乙烯材质，有适当尺寸的管料，并附有可加温至 120℃以上的保温夹套；100 ml 的全玻璃注射器。

2）样品采集：按 GB 16157—1996 中 9.1.1 和 9.1.2 确定采样位置和采样点。

按照 GB 16157—1996 中 9.3 图 30 连接好采样系统，并按 9.4 的要求检查密封性和可靠性。在采样管口塞适量玻璃棉，然后将其伸入至排气筒内的采样点位置，启动抽气泵，首先将采样系统管路用排气筒内的气体充分清洗，然后抽动注射器，反复抽洗 5～6 次后，抽满所需体积的气体，迅速用橡皮帽（内衬聚四氟乙烯薄膜）密封，带回实验室分析。为便于运输和存放，可将注射器内的样品充入贮气袋中存放。

样品采集时应采集全程序空白，与同批次的采集样品一起送回实验室分析。

3）样品保存：采样后应尽快分析。若不能及时分析，可于冰箱中 3～5℃冷藏，一星期内分析完毕。采集样品的玻璃注射器应小心轻放，防止破损，保持针头端向下状态放入样品保存箱内保存和运送。

8.1.3.10 臭气浓度监测

（1）监测方法标准：废气中臭气浓度监测时，主要依据《恶臭污染环境监测技术规范》（HJ 905—2017）和《空气质量　恶臭的测定　三点比较式臭袋法》

（GB/T 14675—93）。

（2）监测方式：现场采样+实验室分析。利用真空瓶（管）或气袋用抽气泵采集恶臭气体样品后，送回实验室利用三点比较式臭袋法进行分析。

（3）监测技术要求

有组织废气排放源的采样点位布设和采样频次、时段符合 GB/T 16157—1996、HJ/T 397—2007 和 HJ 905—2017 的规定。

1）真空瓶采样

①真空瓶的准备：采样前应采用空气吹洗，再抽真空使用，使用后的真空瓶应及时用空气吹洗。当使用后的真空瓶污染较严重时，应采用蒸沸或重铬酸钾洗液清洗的方法处理。当有组织排放源样品浓度过高，需对样品进行预稀释时，在采样前应对真空瓶进行定容，可采用注水计量法对真空瓶定容，定容后的真空瓶应经除湿处理后再抽气采样。对新购置的真空瓶或新配置的胶塞，应进行漏气检查。用带有真空表的胶塞塞紧真空瓶的大口端，抽气减压到绝对压力 1.33 kPa 以下，放置 1 h 后，如果瓶内绝对压力不超过 2.66 kPa，则视为不漏气。

②系统漏气检查：采样前将除湿定容后的真空瓶抽真空至 1.0×10^{5} Pa，放置 2 小时后，观察并记录真空瓶压力变化不能超过规定负压的 20%。连接采样系统，打开抽气泵抽气，使真空压力表负压上升至 13 kPa，关闭抽气泵一侧阀门，压力在 1 min 之内下降不超过 0.15 kPa，则视为系统不漏气。

③样品采集：采样前，打开气泵以 1L/min 流量抽气约 5 分钟，置换采样系统中的空气。接通采样管路，打开真空瓶旋塞，使气体进入真空瓶，然后关闭旋塞，将真空瓶取下。必要时记录采样的工况、环境温度及大气压力及真空瓶采样前瓶内压力。

④采样频次：连续有组织排放源按生产周期确定采样频次，样品采集次数不小于 3 次，取其最大测定值。生产周期在 8 h 以内的，采样间隔不小于 2 h；生产周期大于 8 h 的，采样间隔不小于 4 h。间歇有组织排放源应在恶臭污染浓度最高时段采样，样品采集次数不小于 3 次，取其最大测定值。

⑤样品保存：真空瓶存放的样品应有相应的包装箱，防止光照和碰撞，所有样品均应在17~25℃条件下进行保存，样品应在采样后24 h内测定。

⑥注意事项：采集样品时，应注意：采样位置应选择在排气压力为正压或常压点位处；真空瓶应尽量靠近排放管道处，并应采用惰性管材（如聚四氟乙烯管等）作为采样管；如采集排放源强酸或强碱性气体时，应使用洗涤瓶。取100 ml洗涤瓶，内装5 mol/L的氢氧化钠溶液或3 mol/L的硫酸溶液洗涤气体。

2）气袋采样

①连接好采样系统，在抽气泵前加装一个真空压力表，按照真空瓶采样系统一样进行系统漏气检查。

②打开采样气体导管与采样袋之间阀门，启动抽气泵，抽取气袋采样箱成负压，气体进入采样袋，采样袋充满气体后，关闭采样袋阀门。采样前按上述操作，用被测气体冲洗采样袋3次。

③采样结束，从气袋采样箱取出充满样气的采样袋，送回实验室分析。气袋样品应避光保存，所有样品均应在17~25℃条件下进行保存，样品应在采样后24 h内测定。

④采集排气温度较高样品时，应注意气袋的适用温度。必要时记录采样的工况、环境温度及大气压力。

8.1.3.11   硫酸雾排放监测

（1）监测方法标准：废气中硫酸雾排放监测时，主要依据《固定污染源废气 硫酸雾的测定   离子色谱法》（HJ 544—2016）。

（2）监测方式：现场采样+实验室分析。采用玻璃或石英纤维滤筒+吸收液利用烟尘采样器进行现场样品采集，采集后送实验室用离子色谱法进行分析测定。

（3）监测技术要求。

1）滤筒准备：滤筒对粒径大于3 μm的颗粒物阻隔效率不低于99.9%。如玻璃纤维滤筒空白值高于检出限，用实验用水反复浸洗滤筒，将滤筒装入盛有实验用水的大烧杯，用石蜡封口膜或表面皿盖好烧杯，放入超声波清洗器中清洗 10 min，然后测定浸泡水的电导率，电导率值应小于 30 mS/m，否则重复上述步骤。将洗涤完毕的滤筒放在滤筒架上，置于干燥箱中常温晾干，干燥后放入滤筒盒中备用。石英纤维滤筒无须前处理。

滤筒和滤膜应选用空白较低且数值稳定的产品。空白滤筒和滤膜的硫酸根含量应低于方法测定下限。

2）样品采集：将滤筒装入采样器头部的滤筒夹内，在烟尘采样器后串联两支内装 50 ml 吸收液的冲击式吸收瓶，采集三氧化硫气体和穿透滤筒的细小液滴，然后与空瓶及干燥器连接，连接管应尽可能短，并检查系统的气密性和可靠性。将装有滤筒的采样器伸入排气筒内的采样点等速采样，采样过程中，烟枪加热温度不低于烟气温度。根据硫酸雾浓度选择适当的采样时间，连续 1 小时采样，或在 1 小时内以等时间间隔采集 3～4 个样品，同时测定温度、压力等参数。采样完毕后，小心取出滤筒放入旋盖式口聚乙烯密封管中，用少量实验用水冲洗采样嘴及弯管内壁，洗涤液并入密封管中，盖好瓶塞，第一支、第二支冲击式吸收瓶用聚乙烯管密封好待测。

每次采集样品应至少带两套全程序空白样品。将同批次滤筒以及装好吸收液的吸收瓶带至采样现场，不与采样器连接，采样结束后带回实验室待测。全程序空白及实验室空白中硫酸根含量应小于方法测定下限，否则需要查找原因。

3）样品保存：采集的样品及全程序空白应于 0～4℃冷藏，密封保存，于 24 h 内完成试样制备。若不能及时测定，应将制备好的试样于 0～4℃冷藏，密封可保存 30 天。

8.1.3.12　氟化物排放监测

（1）监测方法标准：废气中氟化物排放监测时，主要依据《大气固定污染源　氟化物的测定　离子选择电极法》（HJ/T 67—2001）。

（2）监测方式：现场采样+实验室分析。采用大型冲击式吸收瓶或多孔玻板吸收瓶+烟尘（气）采样器进行现场样品采集，之后送实验室用离子选择电极法进行分析测定。

（3）监测技术要求。

1）样品采集：污染源中尘氟和气态氟共存时，采用烟尘采样方法进行等速采样，在采样管的出口串联 3 支装有 75 ml 吸收液的大冲击式吸收瓶，分别捕集尘氟和气态氟。

若污染源中只存在气态氟，可采用烟气采样方法，在采样管粗口串联两支装有 50 ml 吸收液的多孔玻板吸收瓶，以 0.5～2.0 L/min 的流速采集 5～20 min。

采样管与吸收瓶之间的连接管，选用聚四氟乙烯管，并应尽量短。连接管也可使用聚乙烯塑料管和橡胶管。

采样点数目、采样点位设置及操作步骤，按《固定污染源排气中颗粒物的测定和气态污染物采样方法》（GB/T 16157—1996）有关规定进行。采样频次和时间，按《大气污染物综合排放标准》（GB 16297—1996）有关规定进行。

2）样品保存：采样结束后，将滤筒取出，编号后放入干燥洁净的器皿中，并按采样要求做好记录。吸收瓶中的样品全部转移至聚乙烯瓶中，并用少量水洗涤 3 次吸收瓶，洗涤液并入聚乙烯瓶中。编号做好记录，采样管与连接管先用 50 ml 吸收液洗涤，再用 400 ml 水冲洗，全部并入聚乙烯瓶中，编号做好记录。

样品常温下可保存一周。

3）注意事项：实验室分析时，至少取 2 支同批号空白滤筒与样品用同样方法进行处理制备测定，滤筒空白值要均匀，本底值要低。

8.1.3.13　氯化氢、氯化物（以 HCl 计）排放监测

（1）监测方法标准：废气中氯化氢、氯化物（以 HCl 计）排放监测时，主要依据《固定污染源排气中氯化氢的测定　硫氰酸汞分光光度法》（HJ/T 27—1999）、《固定污染源废气　氯化氢的测定　硝酸银容量法》（HJ 548—2016）和《环境空气和废气　氯化氢的测定　离子色谱法》（HJ 549—2016）。

（2）监测方式：现场采样+实验室分析。采用多孔玻板吸收瓶或冲击式吸收瓶+小流量采样器进行现场吸收液样品采集，之后送实验室按照相应分析方法进行分析测定。

（3）监测技术要求。

1）按照《固定污染源排气中氯化氢的测定　硫氰酸汞分光光度法》（HJ/T 27—1999）方法监测

①采样器材：采样管用硬质玻璃或氟树脂材质，具有适当尺寸的管料，并应附有可加热至120℃以上的保温夹套。样品吸收装置采用50 ml多孔玻板吸收瓶。

②样品采集：串联两支各装25 ml氢氧化钠吸收液的多孔玻板吸收瓶，以0.5 L/min流量，采样5~30 min。在采样过程中，根据排气温度和湿度调节采样管保温夹套温度，以避免水汽于吸收瓶之前凝结。

③样品保存：如果样品采集后不能当天测定，应将试样密封后置于冰箱3~5℃保存，保存期不超过48小时。

④注意事项：若排气中含有氯化物颗粒性物质，应在吸收瓶之前接装滤膜夹，否则可不装滤膜夹。采样管、吸收瓶之间连接时不可用乳胶管，应用聚乙烯管或聚四氟乙烯管内接外套法连接。用过的吸收瓶、具塞比色管、连接管等，将溶液倒出后，直接用去离子水洗涤，不能用自来水洗涤，操作过程注意防尘，避免用手指触摸连接管口，防止氯化物沾污。采样分析时，样品溶液、标准溶液和空白对照必须用同一批试剂同时操作。

2）按照《固定污染源废气　氯化氢的测定　硝酸银容量法》（HJ 548—2016）方法监测

①采样器材：75 ml多孔玻板吸收瓶或大型气泡吸收瓶，吸收瓶应严密不漏气，多孔玻板吸收瓶发泡要均匀，当流量为0.5 L/min时，其阻力应在5 kPa±0.7 kPa。

②样品采集：固定污染源废气布点及采样应符合GB/T 16157—1996中的相关规定。采样时，串联两支内装50 ml氢氧化钠吸收液的吸收瓶，按照气态污染物采集方法，以0.5~1.0L/min的流量，连续1小时采样，或在1小时内以相等时间

间隔采集 3～4 个样品。在采样过程中，应保持采样保温夹套温度为 120℃，以避免水汽在采样管路中凝结。采样完毕后，用连接管密封吸收瓶，待测。

当废气中湿度较大，氯化氢吸湿并主要以颗粒态存在时，其采样点位布设及采样应按照 GB/T 16157—1996 中颗粒物采集的相关规定执行。在烟尘采样器后连接加热装置（内含分流阀及内含乙酸纤维微孔滤膜的滤膜夹），之后通过分流阀再按照气态采样方法进行采集，采样过程中，保持烟气采样器和加热装置温度保持在 120℃。

③样品保存：采集的样品及全程序空白，应当天尽快测定，若不能及时测定，应于 4℃以下冷藏、密封保存，48 小时内完成分析测定。

④注意事项：排气中含有颗粒态氯化物，应在采样枪与吸收瓶之间接装有乙酸纤维微孔滤膜的滤膜夹；采样枪与吸收瓶之间的连接管应尽可能短并检查系统的气密性和可靠性；采样器应在使用前进行气密性检查和流量校准；每批样品至少要带两个实验室空白和两个全程序空白，空白测定值应小于方法检出限。

3）按照《环境空气和废气　氯化氢的测定　离子色谱法》（HJ 549—2016）方法监测

①采样器材：25 ml 或 75 ml 的冲击式吸收瓶。用水预先清洗冲击式吸收瓶至洗液电导率小于 1.0 μS/cm，至于清洁的环境中晾干备用。采样前，装入吸收液并用连接管密封保存运输。

②样品采集：固定污染源废气布点及采样应符合 GB/T 16157—1996 中的相关规定。串联两支各装 50 ml 吸收液的 75 ml 冲击式吸收瓶，按照气态污染物采集方法，以 0.5～1.0 L/min 的流量，连续 1 小时采样，或在 1 小时内以等时间间隔采集 3～4 个样品，采样前后流量偏差应≤5%。在采样过程中，应保持采样管保温夹套温度为 120℃，以避免水汽于吸收瓶之前凝结，若排气中含有颗粒态氯化物，应在吸收瓶之前接装放入滤膜的滤膜夹。

当废气中氯化氢质量浓度高于 100 mg/m³ 时，吸收液质量浓度可适当增加，测定时应稀释至与淋洗液质量浓度相当。

当废气中含有氯气时，串联 4 支吸收瓶，前两支为各装 50 ml 硫酸吸收液的 75 ml 冲击式吸收瓶，后两支为各装 50 ml 碱性吸收液的 75 ml 冲击式吸收瓶，前、后两组吸收瓶分别吸收氯化氢气体和氯气，以避免氯气干扰。

当废气中湿度较大，氯化氢吸湿并主要以颗粒态存在时，其采样点位布设及采样应按照 GB/T 16157—1996 中颗粒物采集的相关规定执行。在烟尘采样器后连接加热装置（内含分流阀及内含乙酸纤维微孔滤膜的滤膜夹），之后通过分流阀再按照气态采样方法进行采集，采样过程中，保持烟气采样器和加热装置温度保持在 120℃。

③样品保存：样品采集后用连接管密封吸收瓶，于 4℃下冷藏保存，48 小时内完成分析测定。如不能及时分析，应将样品转移至聚乙烯瓶中，于 4℃以下冷藏可保存 7 天。

④注意事项：吸收瓶、连接管及各器皿均应用实验用水反复洗涤并防止被污染，操作中应防止自来水、空气微尘及手上氯化物干扰；采样器、滤膜夹、吸收瓶之间连接管应尽可能短，并检查系统的气密性和可靠性；每次分析样品结束后，用淋洗液清洗仪器管路，实验结束后用实验室用水清洗仪器泵及抑制器，以免受到淋洗液腐蚀；如出现仪器分析精度下降，应检查柱效及抑制器工作状态，必要时进行更换。

8.1.3.14　氰化氢排放监测

（1）监测方法标准：废气中氰化氢排放监测时，主要依据《固定污染源排气中氰化氢的测定　异烟酸-吡唑啉酮分光光度法》（HJ/T 28—1999）。

（2）监测方式：现场采样+实验室分析。采用多孔玻板吸收瓶或大型气泡吸收瓶+小流量采样器进行现场吸收液样品采集，之后送实验室用分光光度法进行分析测定。

（3）监测技术要求。

1）采样管的准备：采样管材质为不锈钢、硬质玻璃或聚四氟乙烯，直径为 6～8 mm，并具有可加热至 120℃以上的保温夹套。多孔玻板吸收瓶：125 ml。

2）样品采集：串联两支内装 20 ml 氢氧化钠吸收液的 125 ml 多孔玻板吸收

瓶，并将它接入采样系统中，将采样管头部塞适量无碱玻璃棉，伸入排气筒采样点，以 0.5 L/min 流量采样 10～30 min，记录采样流量、时间、温度、气压等，密封吸收瓶进出口，避光运回实验室。

3）样品保存：如果样品采集后不能当天测定，应将试样密封后置于 2～5℃下保存，保存期不超过 48 小时。在采样、运输和贮存过程中应避免日光照射。

4）采样防护：采集有组织排气的人员必须两人以上，并戴好防毒面具才能进入现场采样。

8.1.3.15　硫化氢排放监测

（1）监测方法标准：废气中硫化氢排放监测时，主要依据污染源废气　硫化氢　亚甲基蓝分光光度法《空气和废气监测分析方法》（第四版）国家环境保护总局（2003 年）。

（2）监测方式：现场采样+实验室分析。采用大型气泡吸收瓶+小流量采样器进行现场吸收液采集样品，之后送实验室用分光光度法进行分析测定。

（3）监测技术要求。

1）样品采集：内装 10 ml 吸收液的 125 ml 大型气泡吸收瓶，将它接入采样系统中，伸入排气筒采样点，以 1.0 L/min 流量采样 30～60 min，记录采样流量、时间、温度、气压等，密封吸收瓶进出口，避光运回实验室。

2）样品保存：样品 8 小时内测定。在采样、运输和贮存过程中应避免日光照射。

3）采样防护：采集有组织排气的人员必须两人以上，并戴好防毒面具才能进入现场采样。

8.1.3.16　甲醛排放监测

（1）监测方法标准：废气中甲醛排放监测时，主要依据《空气质量　甲醛的测定　乙酰丙酮分光光度法》（GB/T 15516—1995）。

（2）监测方式：现场采样+实验室分析。采用多孔玻板吸收瓶+小流量采样器进行现场吸收液样品采集，之后送实验室用分光光度法进行分析测定。

（3）监测技术要求

1）采样管的准备：采样引气管材质聚四氟乙烯，内径为 6~7 mm，引气管前端带有玻璃纤维滤料。多孔玻板吸收瓶：50 ml 或 125 ml。

2）样品采集：采样系统由采样引气管，采样吸收管和空气采样器串联组成。吸收管体积为 50 ml 或 125 ml，吸收液装液量分别为 20 ml 或 50 ml，以 0.5~1.0 L/min 的流量采气 5~20 min，记录采样流量、时间、温度、气压等，密封吸收瓶进出口，避光运回实验室。

3）样品保存：采集好的样品于 2~5℃储存，2 天内分析完毕，以防止甲醛被氧化。

4）采样防护：采集有组织排气的人员必须两人以上，并戴好防毒面具才能进入现场采样。

8.1.3.17　烟气黑度的监测

（1）监测方法标准：废气烟气黑度的监测，主要依据《固定污染源排放烟气黑度的测定　林格曼烟气黑度图法》（HJ/T 398—2007）。

（2）监测方式：现场对照林格曼烟气黑度图观测比对。

（3）监测技术要求。

1）黑度图安装：应在白天进行观测，观测者与烟囱的距离应足以保证对烟气排放情况清晰地观察。林格曼烟气黑度图安置在固定支架上，图片面向观测者，尽可能使图位于观测者至烟囱顶部的连线上，并使图与烟气有相似的天空背景。图距观测者应有足够的距离，以使图上的线条看起来融合在一起，从而使每个方块有均匀的黑度，对于绝大多数观测者这一距离约为 15 m。

2）观察条件：应在白天进行观测；观察者的视线应尽量与烟气飘动的方向垂直；观察排气的仰视角尽可能低，应尽量避免在过于陡峭的角度下观察；观察烟气宜在比较均匀的天空照明下进行，如在阴霾的情况下观察，由于天空背景较暗，在读数时应根据经验取稍偏低的级数。

3）烟气观察位置：观察烟气的部位应选择在烟气黑度最大的地方，该部位应没有冷凝水蒸气存在。

4）读数：观察时，将烟囱排出烟气的黑度与林格曼烟气黑度图进行比较，记下烟气的林格曼级数。如烟气黑度处于两个林格曼级之间，可估计一个 0.5 或 0.25 林格曼级数。

5）观察时间：连续观测烟气黑度的时间不少于 30 分钟，每分钟观测 4 次。观察者不宜一直盯着烟气观测，而应看几秒钟然后停几秒钟，每次观测（包括观看和间歇时间）约 15 秒。

6）现场记录：观察者应将现场观测结果、观测日期、被测单位、设备名称、净化设施等内容，以及烟囱距观测点的距离、烟囱位于观测点的方向、风向和风速、天气状况以及烟羽背景的情况逐一记录。

8.2 无组织废气监测

8.2.1 监测方式

无组织废气监测是指排污单位对没有经过排气筒无规则排放的废气或者废气虽经排气筒排放但排气筒高度没有达到有组织排放要求的低矮排气筒排放的废气污染物浓度进行监测。

无组织废气排放监测的主要方式为现场采样+实验室分析，与有组织废气的这种方式相同，是指采用特定仪器采集一定量的无组织废气并妥善保存带回实验室进行分析。主要的采样方式包括现场直接采样法（注射器、气袋、采样管、真空瓶等）和富集（浓缩）采样法（活性炭吸附、滤筒、滤膜捕集、吸收液吸收等），主要的分析方法包括重量法、色谱法、质谱法、分光光度法等。

8.2.2　现场采样

8.2.2.1　现场采样技术要点

无组织废气排放监测的主要参考标准为《大气污染物无组织排放监测技术导则》（HJ/T 55—2000）、《大气污染物综合排放标准》（GB 16297—1996）和排污单位具体执行的行业标准。

（1）控制无组织排放的基本方式

按照《大气污染物综合排放标准》（GB 16297—1996）的规定，我国以控制无组织排放所造成的后果来对无组织排放实行监督和限制。采用的基本方式是规定设立监控点（监测点）和规定监控点的污染物浓度限值。在设置监测点时，有的污染物要求除在下风向设置监控点外，还要在上风向设置对照点，监控浓度限值为监控点与参照点的浓度差值。有的污染物要求只在周界外浓度最高点设置监控点。

（2）设置监控点的位置和数目

根据《大气污染物综合排放标准》（GB 16297—1996）的规定，二氧化硫、氮氧化物、颗粒物和氟化物的监控点设在无组织排放源下风向 2～50 m 的浓度最高点，相对应的参照点设在排放源上风向 2～50 m 内；其余物质的监控点设在单位周界外 10 m 范围内的浓度最高点。按规定监控点最多可设 4 个，参照点只设 1 个。

（3）采样频次的要求

按《大气污染物无组织排放监测技术导则》（HJ/T 55—2000）规定对无组织排放实行监测时，实行连续 1 小时的采样，或者实行在 1 小时内以等时间间隔采集 4 个样品计平均值。在进行实际监测时，为了捕捉到监控点最高浓度的时段，实际安排的采样时间可超过 1 小时。

（4）工况的要求

由于大气污染物排放标准对无组织排放实行限制的原则是在最大负荷下生产

和排放，以及在最不利于污染物扩散稀释的条件下，无组织排放监控值不应超过排放标准所规定的限制，因此，监测人员应在不违反上述原则的前提下，选择尽可能高的生产负荷及不利于污染物扩散稀释的条件进行监测。

针对以上基本要求，如果排污单位执行的行业排放标准中对无组织排放有明确要求的，按照行业标准执行。

8.2.2.2 监测前准备工作

（1）单位基本情况调查

1）主要原、辅材料和主、副产品，相应用量和产量、来源及运输方式等，重点了解用量大和可产生大气污染的材料和产品，列表说明，并予以必要的注释。

2）注意车间和其他主要建筑物的位置和尺寸，有组织排放和无组织排放口位置及其主要参数，排放污染物的种类和排放速率；单位周界围墙的高度和性质（封闭式或通风式）；单位区域内的主要地形变化等。对单位周界外的主要环境敏感点（影响气流运动的建筑物和地形分布、有无排放被测污染物的源存在）进行调查，并标于单位平面布置图中。

3）了解环境保护影响评价、工程建设设计、实际建设的污染治理设施的种类、原理、设计参数、数量以及目前的运行情况等。

（2）无组织排放源基本情况调查

除调查排放污染物的种类和排放速率（估计值）之外，还应重点调查被监测无组织排放源的形状、尺寸、高度及其处于建筑群的具体位置等。

（3）仪器设备准备

按照被测物质的对应标准分析方法中有关无组织排放监测的采样部分所规定仪器设备和试剂做好准备。所用仪器应通过计量监督部门的性能检定合格，并在使用前做必要调试和检查。采样时应注意检查电路系统、气路部分，校正流量计。

（4）监测条件

监测时，被测无组织排放源的排放负荷应处于相对较高，或者处于正常生产和排放状态。主导风向（平均风速）利于监控点的设置，并使监控点和被测无组织排放源之间的距离尽可能缩小。通常情况下，选择冬季微风的日期，避开阳光辐射较强烈的中午时段进行监测是比较适宜的。

8.2.3　监测指标测试

各监测指标除遵循 8.2.1 和 8.2.2 的相关要求外，还应遵循各自的具体要求。根据肥料制造行业涉及的无组织废气监测指标，实验室常见分析方法、所需设备见表 8-4。企业开展自行监测时，所采用的方法和使用的设备不限于表 8-4 中所列内容，若有其他适用的方法，也可以使用，但按照《总则》及相关要求开展方法的验证。

表 8-4　无组织废气监测项目、标准方法及所需设备

监测项目	标准方法	所需设备
颗粒物	《环境空气　总悬浮颗粒物的测定　重量法》（GB/T 15432—1995）	采样器；流量计；U 形管压差计；滤膜；滤膜保存盒；分析天平；恒温恒湿设备；一般实验室常用仪器
非甲烷总烃	《环境空气　总烃、甲烷和非甲烷总烃的测定　直接进样-气相色谱法》（HJ 604—2017）	采样容器；真空气体采样箱；样品保存箱；气相色谱仪；一般实验室常用仪器
氯化氢	《环境空气和废气　氯化氢的测定　离子色谱法》（HJ 549—2016）	空气采样器；烟气采样器；烟尘采样器；聚四氟乙烯滤膜或石英滤膜；冰水浴；冲击式吸收瓶；离子色谱仪；乙酸纤维微孔滤膜；一次性注射器；一般实验室常用仪器
硫化氢	《空气质量　硫化氢、甲硫醇、甲硫醚和二甲二硫的测定　气相色谱法》（GB/T 14678—93）	气相色谱仪；采样装置；浓缩装置；解吸装置；一般实验室常用仪器
臭气浓度	《空气质量　恶臭的测定　三点比较式臭袋法》（GB/T 14675—93）	标准臭液和无臭液；无臭纸；无臭空气净化装置；聚酯无臭袋；真空处理装置；注射器；一般实验室常用仪器

监测项目	标准方法	所需设备
氨	《空气质量 氨的测定 离子选择电极法》（GB/T 14669—93）	氨敏感膜电极；pH 计，精确到 0.2 mV；磁力搅拌棒；大气采样器；一般实验室常用仪器
	《环境空气 氨、甲胺、二甲胺和三甲胺的测定 离子色谱法》（HJ 1076—2019）	空气采样器：0～1 L/min；离子色谱仪；电导检测器；具塞比色管：10 ml；多孔玻板吸收管；一般实验室常用仪器
	《环境空气和废气 氨的测定 纳氏试剂分光光度法》（HJ 533—2009）	空气采样器：0～1L/min；具塞比色管：10 ml；玻板吸收瓶或大气冲击式吸收瓶；分光光度计；聚四氟乙烯管内径 6～7 mm；干燥管；一般实验室常用仪器
	《环境空气 氨的测定 次氯酸钠-水杨酸分光光度法》（HJ 534—2009）	空气采样泵：1～10 L/min；大型气泡吸收管；具塞比色管：10 ml；分光光度计；干燥管；一般实验室常用仪器
苯并[a]芘	《环境空气 苯并[a]芘的测定 高效液相色谱法》（HJ 956—2018）	高效液相色谱仪：具有荧光检测器和梯度洗脱功能；采样器；提取设备；浓缩设备；净化装置；一般实验室常用仪器
	《环境空气和废气 气相和颗粒物中多环芳烃的测定 高效液相色谱法》（HJ 647—2013）	高效液相色谱仪：具有荧光检测器或紫外检测器和梯度洗脱功能；采样器；索式提取设备；浓缩设备；固相萃取净化装置；玻璃层析柱；恒温水浴；微量注射器；气密性注射器；一般实验室常用仪器
	《环境空气和废气 气相和颗粒物中多环芳烃的测定 气相色谱-质谱法》（HJ 646—2013）	气相色谱—质谱仪；采样器；索式提取设备；浓缩设备；固相萃取净化装置；玻璃层析柱；恒温水浴；微量注射器；气密性注射器；一般实验室常用仪器
甲醇	气相色谱法《空气和废气监测分析方法》（第四版）[国家环境保护总局（2003 年）]	气相色谱仪、气泡吸收管、具塞比色管、空气采样器、微量注射器
酚类	《环境空气 酚类化合物的测定 高效液相色谱法》（HJ 638—2012）	采样器、采样管、高效液相色谱仪（HPLC）、色谱柱、索氏提取器、马弗炉、真空干燥器、一般实验室常用仪器和设备
氟化物	《环境空气 氟化物的测定 滤膜采样/氟离子选择电极法》（HJ 955—2018）	大气采样器：小流量采样器，流量范围满足 10～60 L/min；离子活度计或精密酸度计；氟离子选择电极：测量氟离子浓度范围满足 10^{-5}～10^{-1} mol/L；参比电极：甘汞电极/银-氯化银电极；磁力搅拌器；超声清洗器；一般实验室常用仪器和设备

8.2.3.1　臭气浓度

方法：《空气质量　恶臭的测定　三点比较式臭袋法》（GB/T 14675—93）

本标准适用于各类恶臭源以不同形式排放的气体样品和环境空气样品臭气浓度的测定。样品包括仅含一种恶臭物质的样品和含二种以上恶臭物质的复合臭气样品。

本标准测定方法不受恶臭物质种类、种类数目、浓度范围及所含成分浓度比例的限制。

注意事项：

（1）方法标准中使用的标准恶臭气体样品应妥善保管，严防泄漏造成恶臭污染。经嗅辨后的样品袋不得在嗅辨室内排气。

（2）要通过技术培训，使嗅辨员了解典型恶臭物质的气味特性，提高对各种臭气的嗅辨能力。

（3）稀释臭气样品所需的无臭清洁气体由本标准 4.3 的空气净化器提供。

（4）可采用无油空气泵向空气净化器供气，严禁使用含油或其他散发气味的供气设备。

8.2.3.2　氯化氢

（1）常用方法

无组织废气监测时，氯化氢浓度监测主要依据《环境空气和废气　氯化氢的测定　离子色谱法》（HJ 549—2016）

（2）注意事项

1）吸收瓶、连接管及各器皿均应用实验用水反复洗涤并防止被污染，操作中应防止自来水、空气微尘及手上氯化物的干扰。

2）采样时，采样器与滤膜夹、滤膜夹与吸收瓶、吸收瓶之间的连接管均应尽可能短，并检查系统的气密性和可靠性。将滤膜置于滤膜夹内，串联两支各装 10 ml

去离子水作为吸收液的 25 ml 冲击式吸收瓶,与空气采样器连接。以 0.5～1.0 L/min 的采样流量,连续 1 小时采样,或在 1 小时内以等时间间隔采集 3～4 个样品计平均值,如浓度偏低可适当延长采样时间,采样前后流量偏差应≤5%。

3）颗粒态氯化物对测定有干扰,采样时可用聚四氟乙烯滤膜或石英滤膜去除其干扰。氯气对测定有干扰,使用酸性吸收液串联碱性吸收液采样,分别吸收氯化氢和氯气可去除其干扰。每次采集样品应至少带两套全程序空白样品。将同批次装好吸收液的吸收瓶带至采样现场,不与采样器连接,采样结束后带回实验室待测。

4）样品采集后用连接管密封吸收瓶,于 4℃以下冷藏保存,48 h 内完成分析测定。如不能及时分析,应将样品转移至聚乙烯瓶中,于 4℃以下冷藏可保存 7 d。

5）每次分析样品结束后,应用淋洗液清洗仪器管路。实验结束后用实验用水清洗仪器泵及抑制器,以免受到淋洗液腐蚀。如出现仪器分析精度下降,应检查柱效及抑制器工作状态,必要时进行更换,以确保分析数据的准确性。

8.2.3.3 颗粒物

方法:《环境空气 总悬浮颗粒物的测定 重量法》(GB/T 15432—1995)

本标准适用于大流量或中流量总悬浮颗粒物采样器(简称采样器)进行空气中总悬浮颗粒物的测定。方法的检测限为 0.001 mg/m³。总悬浮颗粒物含量过高或雾天采样使滤膜阻力大于 10 kPa 时,本方法不适用。

注意事项:

1）每张滤膜均需用 X 光看片机进行检查,不得有针孔或任何缺陷。在选中的滤膜光滑表面的两个对角上打印编号,滤膜袋上打印同样编号备用。

2）将滤膜放在恒温恒湿箱中平衡 24 h,平衡温度取 15～30℃,记录下平衡温度与湿度。

3）在上述平衡条件下称量滤膜,大流量采样器滤膜称量精确到 1 mg,中流量采样器滤膜称量精确到 0.1 mg,记录下滤膜重量。

4）称量好的滤膜平展地放在滤膜保存盒中,采样前不得将滤膜弯曲或折叠。

8.2.3.4　非甲烷总烃

方法：《环境空气　总烃、甲烷和非甲烷总烃的测定　直接进样-气相色谱法》（HJ 604—2017）。

本标准适用于环境空气中总烃、甲烷和非甲烷总烃的测定，也适用于污染源无组织排放监控点空气中总烃、甲烷和非甲烷总烃的测定。

当进样体积为 1.0 ml 时，本标准测定总烃、甲烷的检出限均为 0.06 mg/m³（以甲烷计），测定下限均为 0.24 mg/m³（以甲烷计）；非甲烷总烃的检出限为 0.07 mg/m³（以碳计），测定下限为 0.28 mg/m³（以碳计）。

注意事项：

1）采样容器使用前应充分洗净，经气密性检查合格，置于密闭采样箱中以避免污染。

2）样品返回实验室时，应平衡至环境温度后再进行测定。

3）测定复杂样品后，如发现分析系统内有残留时，可通过提高柱温等方式去除，以分析除烃空气确认。

8.2.3.5　硫化氢

方法：《空气质量　硫化氢、甲硫醇、甲硫醚和二甲二硫的测定　气相色谱法》（GB/T 14678—93）。

本标准适用于恶臭污染源排气和环境空气中硫化氢、甲硫醇、甲硫醚和二甲二硫的同时测定。气相色谱仪的火焰光度检测器（GC-FPD）对四种成分的检出限为 $0.2\times10^{-9} \sim 1.0\times10^{-9}$ g，当气体样品中四种成分浓度高于 1.0 mg/m³ 时，可取 1～2 ml 气体样品直接注入气相色谱仪分析。对 1L 气体样品进行浓缩，四种成分的方法检出限为 $0.2\times10^{-3} \sim 1.0\times10^{-3}$ mg/m³。

8.2.3.6 氨

（1）《空气质量　氨的测定　离子选择电极法》（GB/T 14669—93）

本标准适用于测定空气和工业废气中的氨。

本方法检测限为 10 ml 吸收溶液中 0.7 μg 氨。当样品溶液总体积为 10 ml，采样体积为 60 L 时，最低检测浓度为 0.014 mg/m³。

（2）《环境空气　氨、甲胺、二甲胺和三甲胺的测定　离子色谱法》（HJ 1076—2019）

本标准适用于环境空气和固定污染源无组织排放监控点空气中氨、甲胺、二甲胺和三甲胺的测定。

环境空气采样体积为 30 L，吸收液体积为 10 ml 时，本标准氨、甲胺、二甲胺和三甲胺的检出限分别为 0.003 mg/m³、0.009 mg/m³、0.009 mg/m³ 和 0.007 mg/m³，测定下限分别为 0.012 mg/m³、0.036 mg/m³、0.036 mg/m³ 和 0.028 mg/m³。

（3）《环境空气和废气　氨的测定　纳氏试剂分光光度法》（HJ 533—2009）

本标准适用于环境空气中氨的测定，也适用于制药、化工、炼焦等工业行业废气中氨的测定。本标准的方法检出限为 0.5 μg/10 ml 吸收液。当吸收液体积为 50 ml，采气为 10 L 时，氨的检出限为 0.25 mg/m³，测定下限为 1.0 mg/m³，测定上限为 20 mg/m³。当吸收液体积为 10 ml，采气为 45 L 时，氨的检出限为 0.01 mg/m³，测定下限为 0.04 mg/m³，测定上限为 0.88 mg/m³。

（4）《环境空气　氨的测定　次氯酸钠-水杨酸分光光度法》（HJ 534—2009）

本标准适用于环境空气中氨的测定，也适用于恶臭源厂界空气中氨的测定。

本标准的方法检出限为 0.1 μg/10 ml 吸收液。当吸收液体积为 10 ml，采样体积为 1~4 L 时，氨的检出限为 0.025 mg/m³，测定下限为 0.10 mg/m³，测定上限为 12 mg/m³。当吸收液体积为 10 ml，采样体积为 25 L 时，氨的检出限为 0.004 mg/m³，测定下限为 0.016 mg/m³。

8.2.3.7　甲醇

方法：气相色谱法　《空气和废气监测分析方法》（第四版）国家环境保护总局（2003 年）

原理：纯水吸收空气中的甲醇，样品经 PEG-6000 柱分离，可有效地将甲醇和乙醇峰分开，以火焰离子化检测器测定。方法检出限为 0.8 ng/2 μl，当采样体积为 20 L，样品溶液为 5 ml 时，最低检出浓度为 0.1 mg/m³。

8.2.3.8　酚类

方法：《环境空气　酚类化合物的测定　高效液相色谱法》（HJ 638—2012）

本标准适用于环境空气中 12 种酚类化合物的测定（具体测定组分见标准附录 A）。本标准不适用于颗粒物中酚类化合物的测定。

当采样体积为 25L 时，本方法检出限为 0.006～0.039 mg/m³，测定下限为 0.024～0.156 mg/m³；当采样体积为 75L 时，本方法检出限为 0.002～0.013 mg/m³，测定下限为 0.008～0.052 mg/m³。

8.2.3.9　氟化物

方法：《环境空气　氟化物的测定　滤膜采样/氟离子选择电极法》（HJ 955—2018）

本标准适用于环境空气中气态和颗粒态氟化物的测定。

当采样流量为 50 L/min，采样时间为 1 h 时，方法检出限为 0.5 μg/m³，测定下限为 2.0 μg/m³；当采样流量为 16.7 L/min，采样时间为 24 h 时，方法检出限为 0.06 μg/m³，测定下限为 0.24 μg/m³。

注意事项：

（1）应注意电极的清洁与维护，符合电极的使用说明要求。

（2）取用滤膜的实验过程中应佩戴防静电的一次性手套，并用不锈钢或聚四氟乙烯的镊子进行操作。

（3）测定过程中应避免使用玻璃器皿。

8.2.3.10 苯并[*a*]芘

（1）《环境空气 苯并[*a*]芘的测定 高效液相色谱法》（HJ 956—2018）

本标准适用于环境空气和无组织排放监控点空气颗粒物（PM$_{2.5}$、PM$_{10}$ 或 TSP 等）中苯并[*a*]芘的测定。

用二氯甲烷提取，定容体积为 1.0 ml 时，方法检出量为 0.008μg，方法测定量下限为 0.032μg；用 5.0 ml 乙腈提取时，方法检出量为 0.040μg，方法测定量下限为 0.160μg。

当采样体积为 144 m^3（标准状态下），用二氯甲烷提取，定容体积为 1.0 ml 时，方法的检出限为 0.1 ng/m^3，测定下限为 0.4 ng/m^3；当采样体积为 6 m^3（标准状态下），用二氯甲烷提取，定容体积为 1.0 ml 时，方法的检出限为 1.3 ng/m^3，测定下限为 5.2 ng/m^3。

当采样体积为 1 512 m^3（标准状态下），取十分之一滤膜，用二氯甲烷提取，定容体积为 1.0 ml 时，方法的检出限为 0.1 ng/m^3，测定下限为 0.4 ng/m^3；用 5.0 ml 乙腈提取时，方法的检出限为 0.3 ng/m^3，测定下限为 1.2 ng/m^3。

（2）《环境空气和废气 气相和颗粒物中多环芳烃的测定 高效液相色谱法》（HJ 647—2013）

本标准适用于环境空气、固定污染源排气和无组织排放空气中气相和颗粒物中 16 种多环芳烃（PAHs）的测定。16 种多环芳烃包括萘、苊烯、苊、芴、菲、蒽、荧蒽、芘、苯并[*a*]蒽、䓛、苯并[*b*]荧蒽、苯并[*k*]荧蒽、苯并[*a*]芘、茚并[1,2,3-*c,d*]芘、二苯并[*a,h*]蒽、苯并[*g,h,i*]苝。若通过验证本标准也适用于其他多环芳烃的测定。

当以 100 L/min 采集环境空气 24 h 时，苯并[*a*]芘的检出限为 0.14 ng/m^3，测定下限为 0.56 ng/m^3。

（3）《环境空气和废气　气相和颗粒物中多环芳烃的测定　气相色谱-质谱法》（HJ 646—2013）

本标准适用于环境空气、固定污染源排气和无组织排放空气中气相和颗粒物中 16 种多环芳烃的测定。16 种多环芳烃包括萘、苊烯、苊、芴、菲、蒽、荧蒽、芘、苯并[a]蒽、䓛、苯并[b]荧蒽、苯并[k]荧蒽、苯并[a]芘、茚并[1,2,3-c,d]芘、二苯并[a,h]蒽、苯并[g,h,i]芘。若通过验证本标准也适用于其他多环芳烃的测定。

当以 100 L/min 采集环境空气 24 h 时，采用全扫描方式测定，苯并[a]芘的检出限为 0.000 9 μg/m³，测定下限为 0.003 6 μg/m³；当以 225L/min 采集环境空气 24 h 时，采用全扫描方式测定，苯并[a]芘的检出限为 0.000 4 μg/m³，测定下限为 0.001 6 μg/m³。

8.2.3.11　其他污染物无组织排放监测

（1）监控点布设方法

根据《大气污染物综合排放标准》（GB 16297—1996）的规定，监控点布设方法有 2 种：

1）在排放源上、下风向分别设置参照点和监控点的方法：对于 1997 年 1 月 1 日之前设立的污染源，监测二氧化硫、氮氧化物、颗粒物和氟化物污染物无组织排放时，在排放源的上风向设参照点，下风向设监控点，监控点设于排放源下风向的浓度最高点，不受单位周界的限制。

2）在单位周界外设置监控点的方法：对于 1997 年 1 月 1 日之后设立的污染源，监测其污染物无组织排放时，监控点设置在单位周界外污染物浓度最高点处，监控点设置方法参照《大气污染物无组织排放监测技术导则》（HJ/T 55—2000）标准文本中条目 9.1。对于 1997 年 1 月 1 日之前设立的污染源，监测除二氧化硫、氮氧化物、颗粒物和氟化物之外的污染物无组织排放时，也用此方法布设监控点。

设置参照点的原则要求：参照点应不受或尽可能少受被测无组织排放源的影响，要力求避开其近处的其他无组织排放源和有组织排放源的影响，尤其要注意避开那些可能对参照点造成明显影响而同时对监控点无明显影响的排放源；参照点的设置，要以能够代表监控点的污染物本底浓度为原则。具体设置方法参见《大气污染物无组织排放监测技术导则》（HJ/T 55—2000）标准文本中条目 9.2.1。

设置监控点的原则要求：监控点应设置于无组织排放下风向，距排放源 2～50 m 范围内的浓度最高点。设置监控点不需要回避其他源的影响。具体设置方法参见《大气污染物无组织排放监测技术导则》（HJ/T 55—2000）标准文本中条目 9.2.2。

3）复杂情况下的监控点设置。

在特别复杂的情况下，不可能单独运用上述各点的内容来设置监控点，需对情况作仔细分析，综合运用《大气污染物综合排放标准》（GB 16297—1996）和《大气污染物无组织排放监测技术导则》（HJ/T 55—2000）的有关条款设置监控点。同时，也不太可能对污染物的运动和分布作确切的描述和得出确切的结论，此时监测人员应尽可能利用现场可利用的条件，如利用无组织排放废气的颜色、嗅味、烟雾分布、地形特点等，甚至采用人造烟源或其他情况，借以分析污染物的运动和可能的浓度最高点，并据此设置监控点。

（2）样品采集

1）有与大气污染物排放标准相配套的国家标准分析方法的污染物项目，应按照配套标准分析方法中适用于无组织排放采样的方法执行。

2）尚缺少配套标准分析方法的污染物项目，应按照环境空气监测方法中的采样要求进行采样。

3）无组织排放监测的采样频次，参见 8.2.2.1（3）。

（3）分析方法

1）有与大气污染物排放标准相配套的国家标准分析方法的污染物项目，应按照配套标准分析方法（其中适用于无组织排放部分）执行；

2）个别没有配套标准分析方法的污染物项目，应按照适用于环境空气监测的标准分析方法执行。

（4）计值方法

1）在污染源单位周界外设监控点的监测结果，以最多 4 个监控点中的测定浓度最高点的测值作为无组织排放监控浓度值。注意：浓度最高点的测值应是 1 小时连续采样或由等时间间隔采集的 4 个样品所得的 1 小时平均值。

2）在无组织排放源上、下风向分别设置参照点和监控点的监测结果，以最多 4 个监控点中的浓度最高点测值扣除参照点测值所得之差值，作为无组织排放监控浓度值。注意：监控点和参照点测值是指 1 小时连续采样或由等时间间隔采集的 4 个样品所得的 1 小时平均值。

第9章 废气自动监测建设及运维技术要点

随着"蓝天保卫战"的打响,大气污染防治工作继续向纵深推进,废气自动监测系统因其实时、自动等功能,在环境管理中发挥着越来越大的作用。如何确保废气自动监测数据能够有效应用,这就要求排污单位加强废气自动监测系统的运维和管理,使其能够稳定、良好地运行。本章基于《固定污染源烟气(SO₂、NO_x、颗粒物)排放连续监测技术规范》(HJ 75—2017)和《固定污染源烟气(SO₂、NO_x、颗粒物)排放连续监测系统技术要求及检测方法》(HJ 76—2017)标准,对废气自动监测系统的建设、验收、运行维护应注意的技术要点进行了梳理。

9.1 自动监测系统

废气自动监测系统通常是指烟气排放连续监测系统(Continuous Emission Monitoring System,CEMS),能够对固定污染源排放的颗粒物和(或)气态污染物的排放浓度和排放量进行连续、实时的自动监测。连续监测固定污染源烟气参数所需要的全部设备组成连续监测系统(Continuous Monitoring System,CMS)。

一套完整的 CEMS 主要由颗粒物监测单元、气态污染物监测单元、烟气参数监测单元、数据采集与传输单元以及相应的建筑设施等组成。

颗粒物监测单元:主要对排放烟气中的烟尘浓度进行测量。

气态污染物监测单元:主要对排放烟气中 SO₂、NO_x、CO、HCl 等气态形式存在的污染物进行监测。

烟气参数监测单元：主要对排放烟气的温度、压力、湿度、含氧量等参数进行监测，用于污染物排放量的计算以及将污染物的浓度转化成标准干烟气状态和排放标准中规定的过剩空气系数下的浓度。

数据采集与传输单元：主要完成测量数据的采集、存储、统计功能，并按照相关标准要求的格式将数据传输至生态环境主管部门。

对于配有锅炉的肥料排污单位，废气自动监测时主要包括烟尘、SO_2、NO_x，还有 CO、HCl 等主要污染物的自动监测。在选择 CEMS 时，应选择能测量烟气中烟尘、SO_2、NO_x 以及 CO、HCl 浓度，同时还要测量烟气参数（温度、压力、流速或流量、湿度、含氧量等），能够计算出烟气中污染物的排放速率和排放量，显示（可支持打印）和记录各种数据和参数，形成相关图表，并通过数据、图文等方式传输至管理部门等功能。

对于 NO_x 监测单元，NO_2 可以直接测量，也可通过转化炉转化为 NO 后一并测量，但不允许只监测烟气中的 NO，NO_2 转换为 NO 的效率不小于 95%。

排污单位在进行自动监控系统安装选型时，应当根据国家对每个监测设备的具体技术要求进行选型安装。选型安装在线监测仪器时，应根据污染物浓度和排放标准，选择检测范围与之匹配的在线监测仪器，监测仪器满足国家对应仪器的技术要求。如二氧化硫、氮氧化物、颗粒物应符合《固定污染源烟气（SO_2、NO_x、颗粒物）排放连续监测技术规范》（HJ 75—2017）和《固定污染源烟气（SO_2、NO_x、颗粒物）排放连续监测系统技术要求及检测方法》（HJ 76—2017）等相关规范要求。选型安装数据传输设备时，应按照《污染物在线监控（监测）系统数据传输标准》（HJ 212—2017）和《污染源在线自动监控（监测）数据采集传输仪技术要求》（HJ 477—2009）规范要求设置，不得添加其他可能干扰监测数据存储、处理、传输的软件或设备。

在污染源自动监测设备建设、联网、运维和管理过程中，当地生态环境主管部门有相关规定的，应同时参考地方的规定要求。如上海市环保局于 2017 年发布了《上海市固定污染源自动监测建设、联网、运维和管理有关规定》。

9.2　现场安装要求

CEMS 的现场安装主要涉及现场监测站房、废气排放口、自动监控点位设置及监测断面等内容。现场监测站房必须能满足仪器设备功能需求且专室专用，保障供电、给排水、温湿度控制、网络传输等必需的运行条件，配备安装必要的电源、通讯网络、温湿度控制、视频监视和安全防护设施；排放口应设置符合《环境保护图形标志　排放口（源）》（GB 15562.1—1995）要求的环境保护图形标志牌。排放口的设置应按照原环境保护部和地方生态环境主管部门的相关要求，进行规范化设置；自动监控点位的选取应尽可能选取固定污染源烟气排放状况有代表性的点位。具体要求见 5.3 的相关部分内容。

9.3　调试检测

CEMS 在现场安装运行以后，在接受验收前，应对其进行技术性能指标和联网情况的调试检测。

9.3.1　技术指标调试检测

CEMS 在进行调试检测工作时，需认真记录调试过程中出现的自动监测数据，同时编制调试报告并加盖公章存档。具体要求如下：

在现场完成 CEMS 安装、初调之后，CEMS 连续运行时间不少于 168 小时。连续运行 168 小时后可开展调试检测，调试检测周期为 72 小时。需要注意的是，调试检测期间不允许出现计划外的检修和调节仪器，一旦因不可预期的故障（如 CEMS 故障、固定污染源故障或断电等）造成调试中断，排污单位应在恢复正常后重新开始为期 72 小时的调试检测。

调试检测的技术指标包括：

（1）颗粒物 CEMS：零点漂移、量程漂移、线性相关系数、置信区间、允许区间。

（2）气态污染物 CEMS 和氧气 CMS：零点漂移、量程漂移、示值误差、系统响应时间、准确度。

（3）流速 CMS：速度场系数、速度场系数精密度。

（4）温度 CMS：准确度。

（5）湿度 CMS：准确度。

9.3.2　联网调试检测

完成 CEMS 设备安装、调试后，15 天内按照《污染物在线监控（监测）系统数据传输标准》（HJ 212—2017）技术要求，将在线监测仪器输出的监测数据通过数据采集传输仪上传至生态环境主管部门自动监测平台，数据采集传输仪要求至少稳定运行 1 个月，且向上位机发送数据准确、及时。

9.4　验收要求

同废水自动监测设备一样，CEMS 在完成安装、调试检测并与生态环境主管部门联网后，同时符合下列要求后，建设方组织仪器供应商、管理部门等相关方实施技术验收工作，并编制在线验收报告。验收主要内容应包括在线监测仪器的技术指标验收和联网验收。验收前废气自动监测系统应满足如下条件：

（1）CEMS 的安装位置及手工采样位置应符合 9.2 的要求。

（2）数据采集和传输以及通信协议均应符合《污染物在线监控（监测）系统数据传输标准》（HJ 212—2017）的要求，并提供一个月内数据采集和传输自检报告，报告应对数据传输标准的各项内容做出响应。

（3）根据 9.3.1 的要求进行 72 小时的调试检测，并提供调试检测合格报告及调试检测结果数据。

（4）调试检测后至少稳定运行 7 天。

9.4.1　技术指标验收

9.4.1.1　验收要求

CEMS 技术指标验收包括颗粒物 CEMS、气态污染物 CEMS、烟气参数 CMS 技术指标验收。符合下列要求后，即可进行技术指标验收。

（1）现场验收期间，生产设备应正常且稳定运行，可通过调节固定污染源烟气净化设备达到某一排放状况，该状况在测试期间应保持稳定。

（2）日常运行中更换 CEMS 分析仪表或变动 CEMS 取样点位时，应进行再次验收。

（3）现场验收时必须采用有证标准物质或标准样品，较低浓度的标准气体可以使用高浓度的标准气体采用等比例稀释方法获得，等比例稀释装置的精密度在 1%以内。标准气体要求贮存在铝或不锈钢瓶中，不确定度不超过±2%。

（4）对于光学法颗粒物 CEMS，校准时须对实际测量光路进行全光路校准，确保发射光先经过出射镜片，再经过实际测量光路，到校准镜片后，再经过入射镜片到达接收单元，不得只对激光发射器和接收器进行校准。对于抽取式气态污染物 CEMS，当对全系统进行零点校准和量程校准、示值误差和系统响应时间的检测时，零气和标准气体应通过预设管线输送至采样探头处，经由样品传输管线回到站房，经过全套预处理设施后进入气体分析仪。

（5）验收前检查直接抽取式气态污染物采样伴热管的设置，从探头到分析仪的整条采样管线的铺设应采用桥架或穿管等方式，保证整条管线具有良好的支撑。管线倾斜度≥5°，防止管线内积水，在每隔 4～5 m 处装线卡箍。使用的伴热管线应具备稳定、均匀加热和保温的功能，其设置加热温度≥120℃，且应高于烟气露点温度 10℃以上，实际温度值应能够在机柜或系统软件中显示查询。冷干法 CEMS

冷凝器的设置和实际控制温度应保持在 2～6℃。

9.4.1.2　验收内容

　　颗粒物 CEMS 技术指标验收包括颗粒物的零点漂移、量程漂移和准确度验收。气态污染物 CEMS 和氧气 CMS 技术指标验收包括零点漂移、量程漂移、示值误差、系统响应时间和准确度验收。

　　现场验收时，先做示值误差和系统响应时间的验收测试，不符合技术要求的，可不再继续开展其余项目验收。

　　通入零气和标气时，均应通过 CEMS 系统，不得直接通入气体分析仪。

　　示值误差、系统响应时间、零点漂移和量程漂移验收技术需满足表 9-1 要求。

表 9-1　示值误差、系统响应时间、零点漂移和量程漂移验收技术要求

检测项目		技术要求
气态污染物 CEMS	二氧化硫 示值误差	当满量程≥100 μmol/mol（286 mg/m³）时，示值误差不超过±5%（相对于标准气体标称值）；当满量程<100 μmol/mol（286 mg/m³）时，示值误差不超过±2.5%（相对于仪表满量程值）
	系统响应时间	≤200 s
	零点漂移、量程漂移	不超过±2.5%
	氮氧化物 示值误差	当满量程≥200 μmol/mol（410 mg/m³）时，示值误差不超过±5%（相对于标准气体标称值）；当满量程<200 μmol/mol（410 mg/m³）时，示值误差不超过±2.5%（相对于仪表满量程值）
	系统响应时间	≤200 s
	零点漂移、量程漂移	不超过±2.5%
氧气 CMS	氧气 示值误差	±5%（相对于标准气体标称值）
	系统响应时间	≤200 s
	零点漂移、量程漂移	不超过±2.5%
颗粒物 CEMS	颗粒物 零点漂移、量程漂移	不超过±2.0%

注：氮氧化物以 NO_2 计。

准确度验收技术需满足表 9-2 要求。

表 9-2　准确度验收技术要求

检测项目			技术要求
气态污染物 CEMS	二氧化硫	准确度	排放浓度≥250 μmol/mol（715 mg/m³）时，相对准确度≤15%
			50 μmol/mol（143 mg/m³）≤排放浓度<250 μmol/mol（715 mg/m³）时，绝对误差不超过±20 μmol/mol（57 mg/m³）
			20 μmol/mol（57 mg/m³）≤排放浓度<50 μmol/mol（143 mg/m³）时，相对误差不超过±30%
			排放浓度<20 μmol/mol（57 mg/m³）时，绝对误差不超过±6 μmol/mol（17 mg/m³）
	氮氧化物	准确度	排放浓度≥250 μmol/mol（513 mg/m³）时，相对准确度≤15%
			50 μmol/mol（103 mg/m³）≤排放浓度<250 μmol/mol（513 mg/m³）时，绝对误差不超过±20 μmol/mol（41 mg/m³）
			20 μmol/mol（41 mg/m³）≤排放浓度<50 μmol/mol（103 mg/m³）时，相对误差不超过±30%
			排放浓度<20 μmol/mol（41 mg/m³）时，绝对误差不超过±6 μmol/mol（12 mg/m³）
	其他气态污染物	准确度	相对准确度≤15%
氧气 CMS	氧气	准确度	>5.0%时，相对准确度≤15%
			≤5.0%时，绝对误差不超过±1.0%
颗粒物 CEMS	颗粒物	准确度	排放浓度>200 mg/m³ 时，相对误差不超过±15%
			100 mg/m³<排放浓度≤200 mg/m³ 时，相对误差不超过±20%
			50 mg/m³<排放浓度≤100 mg/m³ 时，相对误差不超过±25%
			20 mg/m³<排放浓度≤50 mg/m³ 时，相对误差不超过±30%
			10 mg/m³<排放浓度≤20 mg/m³ 时，绝对误差不超过±6 mg/m³
			排放浓度≤10 mg/m³，绝对误差不超过±5 mg/m³
流速 CMS	流速	准确度	流速>10 m/s 时，相对误差不超过±10%
			流速≤10 m/s 时，相对误差不超过±12%
温度 CMS	温度	准确度	绝对误差不超过±3℃
湿度 CMS	湿度	准确度	烟气湿度>5.0%时，相对误差不超过±25%
			烟气湿度≤5.0%时，绝对误差不超过±1.5%

注：氮氧化物以 NO_2 计，以上各参数区间划分以参比方法测量结果为准。

9.4.2　联网验收

联网验收由通信及数据传输验收、现场数据比对验收和联网稳定性验收三部分组成。

9.4.2.1　通信及数据传输验收

按照《污染物在线监控（监测）系统数据传输标准》（HJ 212—2017）的规定检查通信协议的正确性。数据采集和处理子系统与监控中心之间的通信应稳定，不出现经常性的通信连接中断、报文丢失、报文不完整等通信问题。为保证监测数据在公共数据网上传输的安全性，所采用的数据采集和处理子系统应进行加密传输。监测数据在向监控系统传输的过程中，应由数据采集和处理子系统直接传输。

9.4.2.2　现场数据比对验收

数据采集和处理子系统稳定运行一周后，对数据进行抽样检查，对比上位机接收到的数据和现场机存储的数据是否一致，精确至小数点后一位。

9.4.2.3　联网稳定性验收

在连续 1 个月内，子系统能稳定运行，不出现除通信稳定性、通信协议正确性、数据传输正确性以外的其他联网问题。

9.4.2.4　联网验收技术指标要求

联网验收技术指标要求见表 9-3。

表 9-3 联网验收技术指标要求

验收检测项目	考核指标
通信稳定性	1. 现场机在线率为 95% 以上； 2. 正常情况下，掉线后，应在 5 分钟之内重新上线； 3. 单台数据采集传输仪每日掉线次数在 3 次以内； 4. 报文传输稳定性在 99% 以上，当出现报文错误或丢失时，启动纠错逻辑，要求数据采集传输仪重新发送报文
数据传输安全性	1. 对所传输的数据应按照 HJ 212—2017 中规定的加密方法进行加密处理传输，保证数据传输的安全性； 2. 服务器端对请求连接的客户端进行身份验证
通信协议正确性	现场机和上位机的通信协议应符合 HJ 212—2017 的规定，正确率达 100%
数据传输正确性	系统稳定运行 1 周后，对 1 周的数据进行检查，对比接收的数据和现场的数据一致，精确至小数点后一位，抽查数据正确率 100%
联网稳定性	系统稳定运行 1 个月，不出现除通信稳定性、通信协议正确性、数据传输正确性以外的其他联网问题

9.5 运行管理要求

废气自动监测系统通过验收后，CEMS 设备即被认定为已处于正常运行状态，设备运行维护单位应按照相关技术规范的要求做好日常运行管理工作。

9.5.1 总体要求

CEMS 运维单位应根据 CEMS 使用说明书和本节要求编制仪器运行管理规程，确定系统运行操作人员和管理维护人员的工作职责。运维人员应当熟练掌握烟气排放连续监测仪器设备的原理、使用和维护方法。CEMS 日常运行管理应包括日常巡检、日常维护保养和 CEMS 的校准和检验。

9.5.2 管理制度

运维单位应建立 CEMS 运行维护管理制度，主要包括设备操作、使用和维护保养制度；运行、巡检和定期校准、校验制度；标准物质和易耗品的定期更换制度；设备故障及应急处理制度；自动监测数据分析记录、统计制度等一系列管理制度。

9.5.3　日常巡检

CEMS 运维单位应根据本章节要求和仪器使用说明中的相关要求制定巡检规程，并严格按照规程开展日常巡检工作并做好记录。日常巡检记录应包括检查项目、检查日期、被检项目的运行状态等内容，每次巡检应记录并归档。CEMS 日常巡检时间间隔不超过 7 天。

日常巡检可参照《固定污染源烟气（SO_2、NO_x、颗粒物）排放连续监测技术规范》（HJ 75—2017）附录 G 中的表 G.1～表 G.3 中的格式记录。

9.5.4　日常维护保养

运维单位应根据 CEMS 说明书的要求对 CEMS 系统保养内容、保养周期或耗材更换周期等做出明确规定，每次保养情况应记录并归档。每次进行备件或材料更换时，更换的备件或材料的品名、规格、数量等应记录并归档。如更换有证标准物质或标准样品，还需记录新标准物质或标准样品的来源、有效期和浓度等信息。对日常巡检或维护保养中发现的故障或问题，运维人员应及时处理并记录。

CEMS 日常运行管理参照《固定污染源烟气（SO_2、NO_x、颗粒物）排放连续监测技术规范》（HJ 75—2017）附录 G 中的格式记录。

9.5.5　校准和检验

运维单位应根据 9.6 规定的方法和质量保证规定的周期制定 CEMS 系统的日常校准和校验操作规程。校准和校验记录应及时归档。

9.6 质量保证要求

9.6.1 总体要求

CEMS 日常运行质量保证是保障 CEMS 正常稳定运行、持续提供有质量保证监测数据的必要手段。当 CEMS 不能满足技术指标而失控时，应及时采取纠正措施，并应缩短下一次校准、维护和校验的间隔时间。

9.6.2 定期校准

CEMS 运行过程中的定期校准是质量保证中的一项重要工作，定期校准应做到：

（1）具有自动校准功能的颗粒物 CEMS 和气态污染物 CEMS 每 24 小时至少自动校准一次仪器零点和量程，同时测试并记录零点漂移和量程漂移。

（2）无自动校准功能的颗粒物 CEMS 每 15 天至少校准一次仪器的零点和量程，同时测试并记录零点漂移和量程漂移。

（3）无自动校准功能的直接测量法气态污染物 CEMS 每 15 天至少校准一次仪器的零点和量程，同时测试并记录零点漂移和量程漂移。

（4）自动校准功能的抽取式气态污染物 CEMS 每 7 天至少校准一次仪器零点和量程，同时测试并记录零点漂移和量程漂移。

（5）抽取式气态污染物 CEMS 每 3 个月至少进行一次全系统的校准，要求零气和标准气体从监测站房发出，经采样探头末端与样品气体通过的路径（应包括采样管路、过滤器、洗涤器、调节器、分析仪表等）一致，进行零点和量程漂移、示值误差和系统响应时间的检测。

（6）具有自动校准功能的流速 CMS 每 24 小时至少进行一次零点校准，无自动校准功能的流速 CMS 每 30 天至少进行一次零点校准。

（7）校准技术指标应满足表 9-4 要求。定期校准记录按《固定污染源烟气（SO₂、

NO_x、颗粒物）排放连续监测技术规范》（HJ 75—2017）附录 G 中的表 G.4 的格式记录。

表 9-4　CEMS 定期校准校验技术指标要求及数据失控时段的判别

项目	CEMS 类型		校准功能	校准周期	技术指标	技术指标要求	失控指标	最少样品数/对
定期校准	颗粒物 CEMS		自动	24 h	零点漂移	不超过±2.0%	超过±8.0%	—
					量程漂移	不超过±2.0%	超过±8.0%	
			手动	15 d	零点漂移	不超过±2.0%	超过±8.0%	
					量程漂移	不超过±2.0%	超过±8.0%	
	气态污染物 CEMS	抽取测量或直接测量	自动	24 h	零点漂移	不超过±2.5%	超过±5.0%	
					量程漂移	不超过±2.5%	超过±10.0%	
		抽取测量	手动	7 d	零点漂移	不超过±2.5%	超过±5.0%	
					量程漂移	不超过±2.5%	超过±10.0%	
		直接测量	手动	15 d	零点漂移	不超过±2.5%	超过±5.0%	
					量程漂移	不超过±2.5%	超过±10.0%	
定期校准	流速 CMS		自动	24 h	零点漂移或绝对误差	零点漂移不超过±3.0%或绝对误差不超过±0.9 m/s	零点漂移超过±8.0%且绝对误差超过±1.8 m/s	—
			手动	30 d	零点漂移或绝对误差	零点漂移不超过±3.0%或绝对误差不超过±0.9 m/s	零点漂移超过±8.0%且绝对误差超过±1.8 m/s	—
	颗粒物 CEMS		3 个月或6 个月		准确度	满足HJ 75—20179.3.8	超过HJ 75—20179.3.8 规定范围	5
	气态污染物 CEMS							9
	流速 CMS							5

9.6.3　定期维护

CEMS 运行过程中的定期维护是日常巡检的一项重要工作,维护频次按照《固定污染源烟气（SO_2、NO_x、颗粒物）排放连续监测技术规范》（HJ 75—2017）中附表 G.1～表 G.3 说明的进行记录，定期维护应做到：

（1）污染源停运到开始生产前应及时到现场清洁光学镜面；

（2）定期清洗隔离烟气与光学探头的玻璃视窗，检查仪器光路的准直情况；定期对清吹空气保护装置进行维护，检查空气压缩机或鼓风机、软管、过滤器等部件；

（3）定期检查气态污染物 CEMS 的过滤器、采样探头和管路的结灰和冷凝水情况、气体冷却部件、转换器、泵膜老化状态；

（4）定期检查流速探头的积灰和腐蚀情况、反吹泵和管路的工作状态；

（5）定期维护记录按《固定污染源烟气（SO_2、NO_x、颗粒物）排放连续监测技术规范》（HJ 75—2017）附录 G 中的表 G.1～表 G.3 表格形式记录。

9.6.4　定期校验

CEMS 投入使用后，燃料、除尘效率的变化、水分的影响、安装点的振动等都会对测量结果的准确性产生影响。定期校验应做到：

（1）有自动校准功能的测试单元每 6 个月至少做一次校验，没有自动校准功能的测试单元每 3 个月至少做一次校验；校验用参比方法和 CEMS 同时段数据进行比对，按《固定污染源烟气（SO_2、NO_x、颗粒物）排放连续监测技术规范》（HJ 75—2017）进行。

（2）校验结果应符合表 9-4 的要求，不符合时，则应扩展为对颗粒物 CEMS 的相关系数的校正或/和评估气态污染物 CEMS 的准确度或/和流速 CMS 的速度场系数（或相关性）的校正，直到 CEMS 达到表 9-2 要求，方法见《固定污染源烟气（SO_2、NO_x、颗粒物）排放连续监测技术规范》（HJ 75—2017）附录 A。

（3）定期校验记录按《固定污染源烟气（SO_2、NO_x、颗粒物）排放连续监测技术规范》（HJ 75—2017）附录 G 中的表 G.5 的格式记录。

9.6.5　常见故障分析及排除

当 CEMS 发生故障时，系统管理维护人员应及时处理并记录。设备维修记录见《固定污染源烟气（SO_2、NO_x、颗粒物）排放连续监测技术规范》（HJ 75—2017）附录 G 中的表 G.6。维修处理过程中，要注意以下几点：

（1）CEMS 需要停用、拆除或者更换的，应当事先报经主管部门批准。

（2）运维单位发现故障或接到故障通知，应在 4 小时内赶到现场处理。

（3）对于一些容易诊断的故障，如电磁阀控制失灵、膜裂损、气路堵塞、数据采集仪死机等，可携带工具或者备件到现场进行针对性维修，此类故障维修时间不应超过 8 小时。

（4）仪器经过维修后，在正常使用和运行之前应确保维修内容全部完成，性能通过检测程序，按本章 9.6.2 对仪器进行校准检查。若监测仪器进行了更换，在正常使用和运行之前应对系统进行重新调试和验收。

（5）若数据存储/控制仪发生故障，应在 12 小时内修复或更换，并保证已采集的数据不丢失。

（6）监测设备因故障不能正常采集、传输数据时，应及时向主管部门报告，缺失数据按 9.7.2（2）进行处理。

9.6.6　定期校准校验技术指标要求及数据失控时段的判别与修约

（1）CEMS 在定期校准、校验期间的技术指标要求及数据失控时段的判别标准见表 9-4。

（2）当发现任一参数不满足技术指标要求时，应及时按照仪器说明书等的相关要求，采取校准、调试乃至更换设备重新验收等纠正措施直至满足技术指标要求。当发现任一参数数据失控时，应记录失控时段（从发现失控数据起到满足技术指标要求后止的时间段）及失控参数，并进行数据修约。

9.7　数据审核和处理

9.7.1　数据审核

在固定污染源生产状况下,经验收合格的 CEMS 正常运行时段为 CEMS 数据有效时间段。CEMS 非正常运行时段(如 CEMS 故障期间、维修期间、超过 9.6.2 规定的期限未校准时段、失控时段以及有计划的维护保养、校准等时段)均为 CEMS 数据无效时间段。

污染源计划停运一个季度以内的,不得停运 CEMS,日常巡检和维护要求仍按照 9.5 和 9.6 规定执行;计划停运超过一个季度的,可停运 CEMS,但应报当地生态环境部门备案。污染源启运前,应提前启运 CEMS 系统,并进行校准,在污染源启运后的两周内进行校验,满足表 9-4 技术指标要求的,视为启运期间自动监测数据有效。

9.7.2　数据无效时间段数据处理

(1)CEMS 故障期间、维修时段数据按照 9.7.2(2)处理,超期未校准、失控时段数据按照 9.7.2(3)处理,有计划(质量保证/质量控制)的维护保养、校准等时段数据按照 9.7.2(4)处理。

(2)CEMS 因发生故障需停机进行维修时,其维修期间的数据替代按 9.7.2(4)处理;也可以用参比方法监测的数据替代,频次不低于一天一次,直至 CEMS 技术指标调试到符合表 9-1 和表 9-2 时为止。如使用参比方法监测的数据替代,则监测过程应按照《固定污染源排气中颗粒物与气态污染物采样方法》(GB/T 16157—1996)和《固定源废气监测技术规范》(HJ/T 397—2007)的要求进行,替代数据包括污染物浓度、烟气参数和污染物排放量。

(3)CEMS 系统数据失控时段污染物排放量按照表 9-5 进行修约,污染物浓度和烟气参数不修约。CEMS 系统超期未校准的时段视为数据失控时段，污染物排放量按照表 9-5 进行修约，污染物浓度和烟气参数不修约。

表 9-5　失控时段的数据处理方法

季度有效数据捕集率（α）	连续失控小时数 N/h	修约参数	选取值
$\alpha \geqslant 90\%$	$N \leqslant 24$	二氧化硫、氮氧化物、颗粒物的排放量	上次校准前 180 个有效小时排放量最大值
	$N > 24$		上次校准前 720 个有效小时排放量最大值
$75\% \leqslant \alpha < 90\%$	—		上次校准前 2 160 个有效小时排放量最大值

（4）CEMS 系统有计划（质量保证/质量控制）的维护保养、校准及其他异常导致的数据无效时段，该时段污染物排放量按照表 9-6 处理，污染物浓度和烟气参数不修约。

表 9-6　维护期间和其他异常导致的数据无效时段的处理方法

季度有效数据捕集率（α）	连续无效小时数 N/h	修约参数	选取值
$\alpha \geqslant 90\%$	$N \leqslant 24$	二氧化硫、氮氧化物、颗粒物的排放量	失效前 180 个有效小时排放量最大值
	$N > 24$		失效前 720 个有效小时排放量最大值
$75\% \leqslant \alpha < 90\%$	—		失效前 2 160 个有效小时排放量最大值

9.7.3　数据记录与报表

9.7.3.1　记录

按《固定污染源烟气（SO$_2$、NO$_x$、颗粒物）排放连续监测技术规范》（HJ 75—2017）附录 D 的表格形式记录监测结果。

9.7.3.2 报表

按《固定污染源烟气（SO_2、NO_x、颗粒物）排放连续监测技术规范》（HJ 75—2017）附录 D（表 D.9、表 D.10、表 D.11、表 D.12）的表格形式定期将 CEMS 监测数据上报，报表中应给出最大值、最小值、平均值、排放累计量以及参与统计的样本数。

第 10 章　厂界环境噪声及周边环境影响监测

厂界环境噪声和周边环境质量监测应按照相关的标准和规范开展。对于厂界噪声而言，重点是监测点位的布设，应能够反映厂内噪声源对厂外，尤其是对厂外居民等敏感点的影响。对于周边环境质量监测，不同肥料行业对地表水、地下水和近岸海域海水有不同程度的影响，在方案制定时依据相关标准规范和管理要求，结合本单位实际排污环境，适当选择应监测的对象，确保监测项目、监测点位的代表性和监测采样的规范性。本章围绕厂界环境噪声、地表水、近岸海域海水和地下水监测的关键点进行介绍和说明。

10.1　厂界环境噪声监测

10.1.1　环境噪声的含义

《噪声污染防治法》第二条规定，本法所称环境噪声污染，是指所产生的环境噪声超过国家规定的环境噪声排放标准，并干扰他人正常生活、工作和学习的现象。所以在测量厂界环境噪声时应重点关注：一是噪声排放是否超过标准规定的排放限值；二是是否干扰他人正常生活、工作和学习。

10.1.2 厂界环境噪声布点原则

《工业企业环境噪声排放标准》（GB 12348—2008）中规定厂界环境噪声监测点的选择应根据工业企业声源、周围噪声敏感建筑物的布局以及毗邻的区域类别，在工业企业厂界布设多个点位，包括距噪声敏感建筑物较近的以及受被测声源影响大的位置。《总则》更具体地指出了厂界环境噪声监测点位设置应遵循的原则：①根据厂内主要噪声源距厂界位置布点；②根据厂界周围敏感目标布点；③"厂中厂"是否需要监测根据内部和外围排污单位协商确定；④面临海洋、大江、大河的厂界原则上不布点；⑤厂界紧邻交通干线不布点；⑥厂界紧邻另一个排污单位的，在临近另一个排污单位侧是否布点由排污单位协商确定。

厂界一侧长度在 100 m 以下，原则上可布设 1 个监测点位；300 m 以下的可布设 2~3 个；300 m 以上的可布设 4~6 个。通常所说的厂界，是指由法律文书（如土地使用证、土地所有证、租赁合同等）中所确定的业主所拥有的使用权（或所有权）的场所或建筑边界，各种产生噪声的固定设备的厂界为其实际占地边界。

设置测点时，一般情况下，应选在工业企业厂界外 1 m、高度 1.2 m 以上；当厂界有围墙且周围有受影响的噪声敏感建筑物时，测点应选在厂界外 1 m、高于围墙 0.5 m 以上的位置；当厂界无法测量到声源的实际排放状况时（如声源位于高空、厂界设有声屏障等），应在厂界外高于围墙 0.5 m 处设置测点，同时在受影响的噪声敏感建筑物的户外 1 m 处另设测点，建筑物高于 3 层时，可考虑分层布点；当厂界与噪声敏感建物距离小于 1 m 时，厂界环境噪声应在噪声敏感建筑物室内测量，室内测量点位设在距任何反射面至少 0.5 m 以上、距地面 1.2 m 高度处，在受噪声影响方向的窗户开启状态下测量；固定设备结构传声至噪声敏感建筑物室内，在噪声敏感建筑物室内测量时，测点应距任何反射面至少 0.5 m 以上、距地面 1.2 m、距外窗 1 m 以上，窗户关闭状态下测量，具体要求参照《环境噪声监测技术规范　结构传播固定设备室内噪声》（HJ 707—2014）。

10.1.3　环境噪声测量仪器

测量厂界环境噪声使用的测量仪器为积分平均声级计或环境噪声自动监测仪，其性能应不低于《电声学　声级计　第 1 部分：规范》（GB/T 3785.1—2010）中对 2 型仪器的要求。测量 35 dB（A）以下的噪声时应使用 1 型声级计，且测量范围应满足所测量噪声的需要。校准所用仪器应符合《电声学　声校准器》（GB/T 15173—2010）对 1 级或 2 级声校准器的要求。当需要进行噪声的频谱分析时，仪器性能应符合《电声学　倍频程和分数倍频程滤波器》（GB/T 3241—2010）中对滤波器的要求。

测量仪器和校准仪器应定期检定合格，并在有效使用期限内使用；每次测量前后须在测量现场进行声学校准，其前后校准示值偏差不得大于 0.5 dB（A），否则测量结果无效；测量时传声器加防风罩；测量仪器时间计权特性设为"F"档，采样时间间隔不大于 1 s。

10.1.4　环境噪声监测注意事项

测量应在无雨雪、无雷电天气，风速为 5 m/s 以下时进行。不得不在特殊气象条件下测量时，应采取必要措施保证测量准确性，同时注明当时所采取的措施及气象情况。测量应在被测声源正常工作时间进行，同时注明当时的工况。

分别在昼间、夜间两个时段测量。夜间有频发、偶发噪声影响时，同时测量最大声级。被测声源是稳态噪声，采用 1 分钟的等效声级。被测声源是非稳态噪声，测量被测声源有代表性时段的等效声级，必要时测量被测声源整个正常工作时段的等效声级。噪声超标时，必须测量背景值，背景噪声的测量及修正按照《环境噪声监测技术规范　噪声测量值修正》（HJ 706—2014）进行。

10.1.5　监测结果评价

各个测点的测量结果应单独评价。同一测点每天的测量结果按昼间、夜间进行评价。最大声级直接评价。当厂界与噪声敏感建物距离小于 1 m，厂界环境噪声在噪声敏感建筑物室内测量时，应将相应的噪声标准限制减 10 dB（A）作为评价依据。

10.2　地表水监测

本节仅针对监测断面设置和现场采样进行介绍，样品保存、运输以及实验室分析部分参考第 6 章内容。

10.2.1　监测断面设置

排污单位厂界周边的地表水环境质量影响监测点位应参照排污单位环境影响评价文件及其批复和其他环境管理要求设置。

如环境影响评价文件及其批复和其他文件中均未作出要求，排污单位需要开展周边环境质量影响监测的，环境质量影响监测点位设置的原则和方法参照《环境影响评价技术导则　总纲》（HJ 2.1—2016）、《环境影响评价技术导则　地表水环境》（HJ 2.3—2018）和《地表水和污水监测技术规范》（HJ/T 91—2002）等执行。

《环境影响评价技术导则　地表水环境》（HJ 2.3—2018）规定，在环境影响评价中，应提出地表水环境质量监测计划，包括监测断面或点位位置（经纬度）、监测因子、监测频次、监测数据采集与处理、分析方法等。地表水环境质量监测断面或点位设置需与水环境现状监测、水环境影响预测的断面或点位相协调，并应强化其代表性、合理性。

10.2.1.1　河流监测断面设置

根据《环境影响评价技术导则　地表水环境》（HJ 2.3—2018）对补充调查监测布点的规定，应布设对照断面、控制断面。对照断面宜布置在排放口上游 500 m 以内。控制断面应根据受纳水域水环境质量控制管理要求设置。控制断面可结合水环境功能区或水功能区、水环境控制单元区划情况，直接采用国家及地方确定的水质控制断面。评价范围内不同水质类别区、水环境功能区或水功能区、水环境敏感区及需要进行水质预测的水域，应布设水质监测断面。评价范围以外的调查或预测范围，可以根据预测工作需要增设相应的水质监测断面。水质取样断面上取样垂线的布设按照《地表水和污水监测技术规范》（HJ/T 91—2002）的规定执行。

10.2.1.2　湖库监测点位设置

根据《环境影响评价技术导则　地表水环境》（HJ 2.3—2018），水质取样垂线的设置可采用以排放口为中心，沿放射线布设或网格布设的方法，按照下列原则及方法设置：一级评价[①]在评价范围内布设的水质取样垂线数宜不少于 20 条；二级评价[②]在评价范围内布设的水质取样线宜不少于 16 条。评价范围内不同水质类别区、水环境功能区或水功能区、水环境敏感区、排放口和需要进行水质预测的水域，应布设取样垂线。水质取样垂线上取样点的布设按照《地表水和污水监测技术规范》（HJ/T 91—2002）的规定执行。

10.2.2　水样采集

10.2.2.1　基本要求

（1）河流

对开阔河流采样时，应包括下列几个基本点：用水地点的采样；污水流入河流后，对充分混合的地点及流入前的地点采样；支流合流后，对充分混合的地点及混合前的主流与支流地点的采样；主流分流后地点的选择；根据其他需要设定的采样地点。各采样点原则上应在河流横向及垂向的不同位置采集样品。采样时

---

① 见《环境影响评价技术导则　地表水环境》（HJ 2.3—2018）。
② 见《环境影响评价技术导则　地表水环境》（HJ 2.3—2018）。

间一般选择在采样前至少连续两天晴天，水质较稳定的时间。

（2）水库和湖泊

水库和湖泊的采样，由于采样地点和温度的分层现象可引起很大的水质差异。在调查水质状况时，应考虑到成层期与循环期的水质明显不同。了解循环期水质，可布设和采集表层水样；了解成层期水质，应按照深度布设及分层采样。

10.2.2.2　水样采集要点内容

（1）采样器材

采样器材主要有采样器和水样容器。采样器包括聚乙烯塑料桶、单层采水瓶、直立式采水器、自动采样器。水样容器包括聚乙烯瓶（桶）、硬质玻璃瓶和聚四氟乙烯瓶。聚乙烯瓶一般用于大多数无机物的样品，硬质玻璃瓶用于有机物和生物样品，玻璃或聚四氟乙烯瓶用于微量有机污染物（挥发性有机物）样品。

（2）采样量

在地表水质监测中通常采集瞬时水样。采样量参照规范要求，即考虑重复测定和质量控制需要的量，并留有余地。

（3）采样方法

在可以直接汲水的场合，可用适当的容器采样，如在桥上等地方用系着绳子的水桶投入水中汲水，要注意不能混入漂浮于水面上的物质；在采集一定深度的水时，可用直立式或有机玻璃采水器。

（4）水样保存

在水样采入或装入容器后，应按规范要求加入保存剂。

（5）油类采样

采样前先破坏可能存在的油膜，用直立式采水器把玻璃容器安装在采水器的支架中，将其放到 300 mm 深度，边采水边向上提升，在到达水面时剩余适当空间（避开油膜）。

10.2.2.3　注意事项

《地表水环境质量标准》（GB 3838—2002）中规定的项目标准值，要求水样采集后自然沉降 30 min，取上层非沉降部分按规定方法进行分析。对于某些湖库河道等地表水体一般不存在可沉降物的情况，建议在采样比对验证无显著影响后，可省略自然沉降步骤。规定补充说明：由于地表水水质包括水相、颗粒相、生物相和沉积相，且水质的这四种相态在我国地表水体之间差别较大，如黄河的泥沙等，造成监测分析结果和数据的可比性差异很大，因此，规定所有地表水水样均采集后自然沉降 30 min，取上层清液按规定方法分析，以尽可能地消除监测分析结果的差异。

水样采集过程中应注意以下方面：

（1）采样时不可搅动水底的沉积物。

（2）采样时应保证采样点的位置准确，必要时用定位仪（GPS）定位。

（3）认真填写采样记录表。

（4）采样结束前，核对采样方案、记录和水样是否正确，否则补采。

（5）测定油类水样，应在水面至 300 mm 范围内采集柱状水样，并单独采集，全部用于测定，采样瓶不得用采集水样冲洗。

（6）测定溶解氧时，水样必须注满容器，上部不留空间，并用水封口。

（7）如果水样中含沉降性固体，如泥沙（黄河）等，应分离除去，分离方法为：将所采水样摇匀后倒入筒形玻璃容器，静置 30 min，将不含沉降性固体但含有悬浮性固体的水样移入盛样容器，并加入保存剂。测定总悬浮物和油类除外。

（8）测定湖库水的化学需氧量、总氮、总磷的水样时，静置 30 min 后，用吸管一次或几次移取水样，吸管进水尖嘴应插至水样表层 50 mm 以下位置，再加保护剂保存。

（9）测定油类、硫化物、悬浮物、挥发酚等项目要单独采样。

（10）降雨与融雪期间地表径流的变化，也是影响水质的因素，在采样时应予以注意并做好采样记录。

10.3 近岸海域海水影响监测

10.3.1 监测点位设置

排污单位厂界周边的海水环境质量影响监测点位应参照排污单位环境影响评价文件及其批复和其他环境管理要求设置。

如环境影响评价文件及其批复和其他文件中均未作出要求,排污单位需要开展周边环境质量影响监测的,环境质量影响监测点位设置的原则和方法参照《环境影响评价技术导则 总纲》(HJ 2.1—2016)、《环境影响评价技术导则 地表水环境》(HJ 2.3—2018)、《近岸海域环境监测规范》(HJ 442—2008)、《近岸海域环境监测点位布设技术规范》(HJ 730—2014)等执行。

根据《环境影响评价技术导则 地表水环境》(HJ 2.3—2018),一级评价可布设 5~7 个取样断面,二级评价可布设 3~5 个取样断面。根据垂向水质分布特点,参照《海洋调查规范》(GB/T 12763—2007)、《近岸海域环境监测规范》(HJ 442—2008)、《近岸海域环境监测点位布设技术规范》(HJ 730—2014)执行。排放口位于感潮河段内的,其上游设置的水质取样断面,应根据时间情况参照河流决定,其下游断面的布设与近岸海域相同。

10.3.2 水样采集基本要求

10.3.2.1 采样前环境情况检查

每次采样前均应仔细检查装置的性能及采样点周围的状况。

(1)岸上采样

如果水是流动的,采样人员站在岸边,必须面对水流动方向操作。若底部沉积物受到扰动,则不能继续取样。

（2）船上采样

由于船体本身就是一个重要污染源，船上采样要始终采取适当措施防止船上各种污染源可能带来的影响。采痕量金属水样应尽量避免使用铁质或其他金属制成的小船，采用逆风逆流采样，一般应在船头取样，将来自船体的各种沾污控制在一个尽量低的水平上。当船体到达采样点位后，应该根据风向和流向，立即将采样船周围海面划分为船体沾污区、风成沾污区和采样区三部分，然后在采样区采样。待发动机关闭后，当船体仍在缓慢前进时，将抛浮式采水器从船头部位尽力向前方抛出，或者使用小船，离开大船一定距离后采样；采样人员应坚持向风操作，采样器不能直接接触船体任何部位，裸手不能接触采样器排水口，采样器内的水样先放掉一部分后再取样；采样深度的选择是采样的重要部分，通常要特别注意避开微表层采集表层水样，也不要在被悬浮沉积物富集的底层水附近采集底层水样；采样时应避免剧烈搅动水体，如发现底层水浑浊，应停止采样；当水体表面漂浮杂质时，应防止其进入采样器，否则重新采样；采集多层次深水水域的样品，按从浅到深的顺序采集；因采水器容积有限，不能一次完成时，可进行多次采样，将各次采集的水样集装在大容器中，分样前应充分摇匀。混匀样品的方法不适于溶解氧、油类、硫化物及其他有特殊要求的项目；测溶解氧、pH 等项目的水样，采样时需充满，避免残留空气对测项的干扰；其他测项，所装水样至少留出容器体积 10% 的空间，以便样品分析前充分摇匀；取样时，应沿样品瓶内壁注入，除溶解氧等特殊要求外，放水管不要插入液面下装样；除现场测定项目外，样品采集后应按要求进行现场加保存剂，颠倒数次使保存剂在样品中均匀分散；水样取好后，仔细塞好瓶塞，不能有漏水现象。如将水样转送他处或不能立刻分析时，应用石蜡或水漆封口。对不同水深，采样层次按照《近岸海域环境监测规范》（HJ 442—2008）确定。

10.3.2.2　现场采样注意事项

（1）项目负责人或技术负责人同船长协调海上作业与船舶航行的关系，在保证安全的前提下，航行应满足监测作业的需要。

（2）按监测方案要求，获取样品和资料。

（3）水样分装顺序的基本原则是：不过滤的样品先分装，需过滤的样品后分装；一般按悬浮物和溶解氧→pH→营养盐→重金属→COD（其他有机物测定项目）的顺序进行。

（4）在规定时间内完成应在海上现场测试的样品，同时做好非现场检测样品的预处理。

（5）采样要求：船到达点位前 20 min，停止排污和冲洗甲板，关闭厕所通海管路，直至监测作业结束；严禁用手沾污所采样品，防止样品瓶塞（盖）沾污；观测和采样结束，应立即检查有无遗漏，然后方可通知船方启航；在大雨等特殊气象条件下应停止海上采样工作；遇有赤潮和溢油等情况，应按应急监测规定要求进行跟踪监测。

10.4　地下水监测

10.4.1　监测点位布设

肥料制造行业排污单位厂界周边的地下水环境质量影响监测点位参照排污单位环境影响评价文件及其批复和其他环境管理要求设置。

如环境影响评价文件及其批复和其他文件中均未作出要求，排污单位需要开展周边环境质量影响监测的，地下水环境质量影响监测点位设置的原则和方法参照《环境影响评价技术导则　地下水环境》（HJ 610—2016）、《地下水环境监测技术规范》（HJ 164—2020）等执行。

参考《环境影响评价技术导则　地下水环境》（HJ 610—2016），根据排污单位类别及地下水环境敏感程度，划分排污单位对地下水环境影响的等级见表 10-1，进而确定地下水监测点（井）的数量及分布。

表 10-1　排污单位周边地下水环境影响等级分级

项目类别① 敏感程度②	Ⅰ类项目	Ⅱ类项目	Ⅲ类项目
敏感	一级	一级	二级
较敏感	一级	二级	三级
不敏感	二级	三级	三级

注：①参见《环境影响评价技术导则　地下水环境》（HJ 610—2016）附录 A；
　　②参见《环境影响评价技术导则　地下水环境》（HJ 610—2016）表 1。

地下水环境质量影响监测点位（井）数量及设置要求：影响等级为一级、二级的排污单位，点位一般不少于 3 个，应至少在排污单位上、下游各布设 1 个。一级排污单位还应在重点污染风险源处增设监测点。影响等级为三级的排污单位，点位一般不少于 1 个，应至少在排污单位下游布设 1 个。

10.4.2　监测井的建设与管理

开展周边地下水环境质量影响监测的排污单位可选择符合点位布设要求、常年使用的现有井（如经常使用的民用井）作为监测井；在无合适现有井的情况下，可设置专门的监测井。多数情况下，地下水可能存在污染的部分集中在接近地表的潜水中，排污单位应根据所在地及周边水文地质条件确定地下水埋藏深度，进而确定地下水监测井井深或取水层位置。

地下水监测井建设与管理的其他具体要求，应符合《地下水环境监测技术规范》（HJ 164—2020）中第 5 章的规定。

地下水样品的现场采集、保存、实验室分析及质量控制的具体操作过程，应符合《地下水环境监测技术规范》（HJ 164—2020）中第 6 章、第 7 章、第 8 章、第 10 章的规定。

第 11 章　监测质量保证与质量控制体系

监测质量保证与质量控制是提高监测数据质量的重要保障，是监测过程的重中之重，同时也涉及监测过程方方面面的内容。本章立足现有经验，对污染源监测应关注的重点内容、质控要点进行梳理，提供了经验性的参考，但很难面面俱到。排污单位或社会化检测机构在开展污染源监测过程中，可参考本章的内容，结合自身实际情况，制定切实有效的监测质量保证与质量控制方案，提高监测数据质量。

11.1　基本概念

监测质量保证和质量控制是环境监测过程中的两个重要概念。《环境监测质量管理技术导则》（HJ 630—2011）中这样定义：质量保证是指为了提供足够的信任表明实体能够满足质量要求，而在质量体系中实施并根据需要证实的全部有计划和有系统的活动。质量控制是指为了达到质量要求所采取的作业技术或活动。

采取质量保证的目的是获取他人对质量的信任，是为使他人确信某实体提供的数据、产品或者服务等能满足质量要求而实施的，并根据需要进行证实的全部有计划、有系统的活动。质量控制则是通过监视质量形成过程，消除生产数据、产品或者提供服务的所有阶段中可能引起不合格或不满意效果的因素，使其达到质量要求而采取的各种作业技术和活动。

环境监测的质量保证与质量控制，是依靠系统的文件规定来实施的内部技术和管理手段。它们既是生产出符合国家质量要求检测数据的技术管理制度和活动，也是一种"证据"，即向任务委托方、环境管理机构和公众等表明该检测数据是在严格的质量管理中完成的，具有足够的管理和技术上的保证手段，数据是准确可信的。

11.2　质量体系

证明数据质量可靠性的技术管理制度与活动可以千差万别，但是也有其共同点。为了实现质量保证与质量控制的目的，往往需要建立一套并保证有效运行的质量体系。它应覆盖环境检测活动所涉及的全部场所、所有环节，以使检测机构的质量管理工作程序化、文件化、制度化和规范化。

建立一个良好运行的质量体系，对于专业向政府、企事业单位或者个人提供排污情况监测数据的社会化检测机构，按照《检验检测机构资质认定管理办法》（质检总局令　第 163 号）、《检验检测机构资质认定评审准则》和《检验检测机构资质认定评审准则及释义》的要求建立并运行质量体系是必要的。若检测实验室仅为排污单位内部提供数据，质量管理活动的目的则是为本单位管理层、环境管理机构和公众提供证据，证明数据准确可信，质量手册不是必需的，但有利于检测实验室数据质量得到保证的一些程序性规定和记录是必要的（如实验室具体分析工作的实施流程、数据质量相关的管理流程等的详细规定，具体方法或设备使用的指导性详细说明，数据生产过程和监督数据生产需使用的各种记录表格等）。

建立质量体系不等于需要通过资质认定。质量体系的繁简程度与检测实验室的规模、业务范围、服务对象等密切相关，有时还需要根据业务委托方的要求修改完善质量体系。质量体系一般包括质量手册、程序文件、作业指导书和记录。有效的质量控制体系应满足"对检测工作进行全面规范，且保证全过程留痕"的基本要求。

11.2.1　质量手册

质量手册是检测实验室质量体系运行的纲领性文件，阐明检测实验室的质量目标，描述检测实验室全部检测质量活动的要素，规定检测质量活动相关人员的责任、权限和相互之间的关系，明确质量手册的使用、修改和控制的规定等。质量手册至少应包括批准页、自我声明、授权书、检测实验室概述、检测质量目标、组织机构、检测人员、设施和环境、仪器设备和标准物质，以及检测实验室为保证数据质量所作的一系列规定等。

（1）批准页

批准页的主要内容是说明编制质量体系的目的以及质量手册的内容，并由最高管理人员批准实施。

（2）自我声明

检测实验室关于独立承担法律责任、遵守中华人民共和国计量法和监测技术标准规范等相关法律法规、客观出具数据等的承诺。

（3）授权书

检测实验室有多种情形需要授权，包括但不仅限于：在最高管理者外出期间，授权给其他人员替其行使职权；最高管理者授权人员担任质量负责人、技术负责人等关键岗位；授权检测实验室大型贵重仪器的使用人员等。

（4）检测实验室概述

简要介绍检测实验室的地理位置、人员构成、设备配置概况、隶属关系等基本信息。

（5）检测质量目标

检测质量目标即定量描述检测工作所达到的质量。

（6）组织机构

即明确检测实验室与检测工作相关的外部管理机构的关系，与本单位其他部门的关系，完成检测任务相关部门之间的工作关系等，通常以组织结构框图的方式表明。与检测任务相关的各部门的职责应予以明确和细化。例如，可规定检测质量管理部具有下列职责：

1）牵头制定检测质量管理年度计划并监督实施，编制质量管理年度总结。

2）负责质量管理体系建设、运行管理，包括质量体系文件编制、宣贯、修订、内部审核、管理评审、质量督查、检测报告抽查、实验室和现场监督检查、质量保证和质量控制等工作。

3）负责组织人员开展内部持证上岗考核相关工作。

4）负责组织参加外部机构组织的能力验证、能力考核、比对抽测等各项考核工作。

5）负责组织仪器设备检定/校准工作，包括编制检定/校准计划、组织实施和确认。

6）负责标准物质管理工作，包括建立标准物质清册、管理标准物质样品库和标准样品的验收、入库、建档及期间核查等。

（7）检测人员

包括检测岗位划分和检测人员管理两部分内容。

检测岗位划分指检测实验室将检测相关工作分为若干具体的检测工序，并明确各检测工序的职责。以检测实验室为例，岗位划分可描述为质量负责人、技术负责人、报告签发人、采样岗位、分析岗位、质量监督人、档案管理人等。可以由同一个人兼任不同的岗位，也可以专职从事某一个岗位。但报告编制、审核和签发应为三个不同的人员承担，不能由一个人兼任其中的两个职责。

检测人员管理部分则规定从事采样、分析等检测相关工作人员应接受的教育、培训，应掌握的技能，应履行的职责等。以分析岗位为例，人员管理可描述为：

1）分析人员必须经过培训，熟练掌握与本承担分析项目有关的标准监测方法或技术规范及有关法规，且具备对检验检测结果做出评价的判断能力，经内部考核合格后持证上岗。

2）熟练掌握所用分析仪器设备的基本原理、技术性能，以及仪器校准、调试、维护和常见故障的排除技术。

3）熟悉并遵守质量手册的规定，严格按监测标准、规范或作业指导书开展监测分析工作，熟悉记录的控制与管理程序，按时完成任务，保证监测数据准确可靠。

4）认真做好样品分析前的各项准备工作，分析样品的交接工作以及样品分析工作，确保按业务通知单或监测方案要求完成样品分析。

5）分析人员必须确保分析选用的分析方法现行有效，分析依据正确。

6）负责所使用仪器设备日常维护、使用和期间核查，编制/修订其操作规程、维护规程、期间核查规程和自校规程，并在计量检定/校准有效期内使用。负责做好使用、维护和期间核查记录。

7）确保分析质控措施和质控结果符合有关监测标准或技术规范及相关规定要求。

8）当分析仪器设备、分析环境条件或被测样品不符合监测技术标准或技术规范要求时，监测分析人员有权暂停工作，并及时向上级报告。

9）认真做好分析原始记录并签字，要求字迹清楚、内容完整、编号无误。

10）分析人员对分析数据的准确性和真实性负责。

11）校对上级安排的其他检测人员分析的原始记录。

检测实验室建立人员配备情况一览表，有助于提高人员管理效率，其表格样式见表 11-1。

表 11-1 　检测人员一览表（样表）

序号	姓名	性别	出生年月	文化程度	职务/职称	所学专业	从事本技术领域年限	所在岗位	持证项目情况	备注
1	张三	男	88年8月	本科	工程师	分析化学	5	分析岗	水和废水：化学需氧量、氨氮	质量负责人
……										

（8）设施和环境

检测实验室的设施和环境条件指检测实验室配备必要的硬件设施，并建立制度保证监测工作环境适应监测工作需求。检测实验室的设施通常包括空调、除湿机、干湿度温度计、通风橱、纯水机、冷藏柜、超声波清洗仪、电子恒温恒湿箱、灭火器等检测辅助设备。至少应明确以下规定：

1）防止交叉污染的规定。例如，规定监测区域应有明显标识；严格控制进入和使用影响检测质量的实验区域；对相互有影响的活动区域进行有效隔离，防止交叉污染。比较典型的交叉污染例子有：挥发酚项目的检测分析会对在同一实验室进行的氨氮检测分析造成交叉污染的影响；在分析总砷、总铅、总汞、总镉等项目时，如果不同的样品间浓度差异较大，规定高、低浓度的采样瓶和分析器皿分别用专用酸槽浸泡洗涤，以免交叉污染。必要时，用优级纯酸稀释后浸泡超低浓度样品所用器皿等。

2）对可能影响检测结果质量的环境条件，规定检测人员进行监控和记录，保证其符合相关技术要求。例如，万分之一以上精度的电子天平正常工作对环境温度、湿度有控制要求，检测实验室应有监控设施，并有记录表格记录环境条件。

3）规定有效控制危害人员安全和人体健康的潜在因素。例如配备通风橱、消防器材等必要的防护和处置措施。

4）对化学品、废弃物、火、电、气和高空作业等安全相关因素作出规定等。

（9）仪器设备和标准物质

检测用仪器设备和标准物质是保障检测数据量值溯源的关键载体。检测实验室应配备满足检测方法规定的原理、技术性能要求的设备，应对仪器设备的购置、使用、标识、维护、停用、租借等管理作出明确规定，保证仪器设备得到合理配置、正确使用和妥善维护，提高检测数据的准确性和可靠性。例如，对于设备的配备可规定：

1）根据检测项目和工作量的需要及相关技术规范的要求，合理配备采样、样品制备、样品测试、数据处理和维持环境条件所要求的所有仪器设备种类和数量，并对仪器技术性能进行科学的分析评价和确认。

2）如果需要借用外单位的仪器设备，必须严格按本单位仪器设备的管理受到有效控制。建立仪器设备配备情况一览表，往往有助于提高设备管理效率，仪器设备配备情况参考样表见表 11-2。

表 11-2　仪器设备配备情况一览表（样表）

序号	设备名称	设备型号	出厂编号	检定/校准方式	检定/校准周期	仪器摆放位置
1	电子天平	TE212 L	####	检定	1 年	205 室
......						

此外，应根据检测项目开展情况配备标准物质，并做好标准物质管理。配备的标准物质应该是有证标准物质，保证标准物质在其证书规定的保存条件下贮存，建立标准物质台账，记录标准物质名称、购买时间、购买数量、领用人、领用时间和领用量等信息。

（10）其他

为保证建立的质量管理体系覆盖检测的各个方面、环节，所有场所，且能持续有效的指导实施质量管理活动，还应对以下质量管理活动作出原则性的规定：

1）质量体系在哪些情形下，由谁提出、谁批准同意修改等；

2）如何正确使用质量管理体系各类管理和技术文件，即如何编制、审批、发放、修改、收回、标识、存档或销毁等处理各种文件；

3）如何购买对监测质量有影响的服务（如委托有资质的机构检定仪器即为购买服务），以及如何购买、验收和存储设备、试剂、消耗材料。

4）检测工作中出现的与相关规定不符合的事项，应如何采取措施。

5）质量管理、实际样品检测等工作中相关记录的格式模板应如何编制，以及实际工作过程中如何填写、更改、收集、存档和处置记录。

6）如何定期组织单位内部熟悉监测质量管理相关规定的人员，对相关规定的执行情况进行内部审核。

7）管理层如何就内部审核或者日常检测工作中发现的相关问题，定期研究解决。

8）检测工作中，如何选用、证实/确认检测方法。

9）如何对现场检测、样品采集、运输、贮存、接收、流转、分析、监测报告编制与签发等检测工作全过程的各个环节都采取有效的质量控制措施，以保证监测工作质量。

10）如何编制监测报告格式模板，实际检测工作中如何编写、校核、审核、修改和签发检测报告等。

11.2.2　程序文件

程序文件是规定质量活动方法和要求的文件，是质量手册的支持性文件，主要目的是对产生检测数据的各个环节、各个影响因素和各项工作全面规范。包括人员、设备、试剂、耗材、标准物质、检测方法、设施和环境、记录和数据录入发布等各关键因素，明确详细地规定某一项与检测相关的工作，执行人员是谁、经过什么环节、留下哪些记录，以实现高时效完成工作的同时保证数据质量。

编写程序文件时，应明确每个程序的控制目的、适用范围、职责分配、活动过程规定和相关质量技术要求，从而使程序文件具有可操作性。例如，制定检测工作程序，对检测任务的下达、检测方案的制定、采样器皿和试剂的准备、样品采集和现场检测、实验室内样品分析，以及测试原始积累的填写等诸多环节，规定分别由谁来实施，以及实施过程中应该填写哪些记录，以保证工作有序开展。

档案管理也是一项涉及较多环节的工作，涉及档案产生后的暂存、收集、交接、保管、借阅、查询和使用等一系列环节，各个细节又需要保证档案的完整性，制定一个档案管理程序就显得比较重要了。这个程序可以规定档案产生人员如何暂存档案，暂存的时限是多长，档案收集由谁来负责，交给档案收集人员时应履行的手续，档案集中后由谁来负责建立编号，如何保存，借阅查阅时应履行的手续等。

又如，检测方案的制定，方案制定人员需要弄清楚的文件有环评报告中的监测章节内容、环境部门作出的环评批复、执行的排放标准、许可证管理的相关要求、行业涉及的自行监测指南等。在明确管理要求后所制定的检测方案，宜请熟悉环境管理、环境监测、生产工艺和治理工艺的专业人员对方案进行审核把关，既有利于保证检测内容和频次等满足管理要求，又避免不必要的人力、物力浪费。

一般来说，检测实验室需制定的程序性规定应包括人员培训程序、检测工作程序、设备管理程序、标准物质管理程序、档案管理程序、质量管理程序、服务和供应品的采购和管理程序、内务和安全管理程序、记录控制与管理程序等。

11.2.3　作业指导书

作业指导书是指特定岗位工作或活动应达到的要求和遵循的方法。对于下列情形往往需要检测机构制定作业指导书：

（1）标准检测方法中规定可采取等效措施，而检测机构又的确采取了等效措施。

（2）使用非母语的检测方法。

（3）操作步骤复杂的设备。作业指导书应写得尽可能具体，且语言简洁、不令人产生歧义，以保证各项操作的可重复。

11.2.4　记录

记录包括质量记录和技术记录。质量记录是质量体系活动产生的记录，如内审记录、质量监督记录等；技术记录是各项监测工作所产生的记录，如《pH 值分析原始记录表》《废水流量监测记录（流速仪法）》。记录是保证从检测方案的制定，到样品采集、样品运输和保存、样品分析、数据计算、报告编制、数据发布等各个环节留下关键信息的凭证，证明生产过程数据满足技术标准和规范要求的基础。检测实验室的记录既要简洁易懂，也要信息量足够让检测工作重现。这就要求认真学习国家的法律法规等管理规定和技术标准规范，把握必须记录备查的关键信息，在设计记录表格样式的时候予以考虑。比如对于样品采集，除采样时间、地点、人员等基础信息外，还应包括检测项目、样品表观（定性描述颜色，悬浮物含量）、样品气味、保存剂的添加情况等信息。对于具体的某一项污染物的分析，需记录分析方法名称及代码、分析时间、分析仪器的名称型号、标准/校准曲线的信息、取样量、样品前处理情况、样品测试的信号值、计算公式、计算结果以及质控样品分析的结果等。

11.3　自行监测质控要点

自行监测的质量控制，既要抓住人员、设备、监测方法、试剂耗材等关键因素，也要重视设施环境等影响因素。每项检测任务都应有足够证据表明其数据质量可信，在制定该项检测任务实施方案的同时，制定一个质控方案，或者在实施方案中有质量控制的专门章节，明确该项工作应有针对性地采取哪些措施来保证数据质量。自行监测工作中，包含自行监测点位，项目和频次，采样、制样和分析应执行哪些技术规范等信息的监测方案在许可证发放时经过了环境部门审查。日常监测工作中，需要落实负责现场监测和采样、制样和分析样品、报告编制工作的具体人员，以及应采取的质控措施。应采取的质控措施可以是一个专门的方案，规定承担采样、制样和分析样品的人员应具备的技能（如经过适当的培训后持有上岗证），各环节的执行人员应该落实哪些措施来自证所开展工作的质量，质量控制人员如何去查证各任务执行人员工作的有效性等。通常来说，质控方案就是保证数据质量所需要满足的人员、设备、监测方法、试剂耗材和环境设施等的共性要求。

11.3.1　人员

人员技能水平是自行监测质量的决定性因素，因此检测机构制定的规章制度性文件中，要明确规定不同岗位人员应具有的技术能力。例如应该具有的教育背景、工作经历，胜任该工作应接受的再教育培训，并以考核的方式确认是否具有胜任岗位的技能。对于人员适岗的再教育培训，如行业相关的政策法规、标准方法、操作技能等，由检测机构内部组织或者参加外部培训均可。适岗技能考核确认的方式也是多样化的，如笔试或者提问、操作演示、实样测试、盲样考核等。无论采用哪种培训、考核方式，均应有记录来证实工作过程。例如，内部培训应至少有培训教材、培训签到表；外部培训有会议通知、培训考核结果证明材料等。需注意对于口头提问和操作演示等考核方式，也应有记录。例如口头提问，记录信息至少包括考核者姓名、提问内容、被考核者姓名、回答要点，以及对考核结果的评价；操作演示的考核记录至少包括考核者姓名、要求考核演示的内容、被考核者姓名、演示情况的概述以及评价结论。在具体执行过程中，切忌人员技能培训走过场，杜绝出现徒有各种培训考核记录，但人员技能依然不高的窘境。例如某厂自行监测厂界噪声的原始记录中，背景值仅为 30 dB（A），暴露出监测人员对仪器性能和环境噪声缺乏基本的认知。

11.3.2 仪器设备

监测设备是决定数据质量的另一个关键因素。自 2015 年 1 月 1 日起开始施行的《中华人民共和国环境保护法》十七条明确规定：监测机构应当使用符合国家标准的监测设备，遵守监测规范。所谓符合国家标准，首先，应根据排放标准规定的监测方法选用监测设备，也就是仪器的测定原理、检测范围，测定精密度、准确度以及稳定性等满足方法的要求；其次，设备应根据国家计量的相关要求和仪器性能情况确定检定/校准，列入《中华人民共和国强制检定的工作计量器具目录》或有检定规程的仪器应送至有资质的单位进行检定，如烟尘监测仪、天平、砝码、烟气采样器、大气采样器、pH 计、分光光度计、声级计、压力表等。属于非强制检定的仪器与设备可以送有资质的计量检定机构进行校准，无法送去检定或者送去校准的仪器设备，应由仪器使用单位自行溯源，即自己制定校准规范，对部分计量性能或参数进行检测，以确认仪器性能准确可靠。

对于投入使用的仪器，要确保其得到规范使用。应明确规定如何使用、维护、维修和确认仪器设备性能。例如，编写仪器设备操作规程（仪器操作说明书）和维护规程（仪器维护说明书），以保证使用人员能够正确使用或者维护仪器。与采样和监测结果的准确性和有效性相关的仪器设备，在投入使用前，必须进行量值溯源，即用前述的检定，校准或者自校手段确认仪器性能。对于送到有资质的检定或者校准单位的仪器，收到设备的检定或者校准证书后，应查看检定/校准单位实施的检定/校准内容是否符合实际的检测工作要求。例如，配备有多个传感器的仪器，检测工作需要使用的传感器是否都得到了检定；对于有多个量程的仪器，其检定或者校准范围是否满足日常工作需求。对于仪器的检定、校准或者自校，并不是一劳永逸的，应根据国家的检定/校准规程或者使用说明书要求，周期性的定期实施检定/校准或者自校，保持仪器在检定/校准或者自校有效期内使用，且每次监测前，都要使用分析标准溶液、标准气体等方式确认仪器量值，在证实其量值持续符合相应技术要求后使用。如定电位电解法规定烟气中二氧化硫、氮氧化物，每次测量前必须用标气进行校准，示值误差≤±5%方可使用。此外，应规定仪器设备的唯一性标识、状态标识，避免误用。仪器设备的唯一性标识既可以是仪器的出厂编码，也可以是检测单位自行制定的规则编写代码。

仪器的相关记录应妥善保存。建议给检测仪器建立一仪一档。档案的目录包括：仪器说明书、仪器验收技术报告、仪器的检定/校准证书或者自校原始记录和报告，仪器的使用日志、维护记录、维修记录等，建议这些档案一年归一次档，以免遗失。应特别注意及时如实填写仪器使用日志，切忌事后补记，否则不实的仪器使用记录会影响数据是否真实的判断。比较常见的明显与事实不符的记录有：同一台现场检测仪器在同一时间，出现在相距几百千米的两个不同检测任务中；仪器使用日志中记录的分析样品量远大于该仪器最大日分析能力等，这种记录会让检查人员对数据的真实性打上巨大的问号。应该有制度规范在必须修改原始记录时如何修改，避免原始记录被误改。

11.3.3 记录

规范使用监测方法，优先使用被检测对象适用的污染物排放标准中规定的监测方法。若有新发布的标准方法替代排放标准中指定的监测方法，应采用新标准。若新发布的监测方法与排放标准指定的方法不同，但适用范围相同的，也可使用。

正确使用监测方法。污染源排放情况监测所使用的方法包括国家标准方法和国务院行业部门以文件、技术规范等形式发布的标准方法，特殊情况下也会用等效分析方法。为此，检测机构或者实验室往往需要根据方法的来源确定应实施方法证实还是方法确认。其中方法证实适用于国家标准方法和国务院行业部门以文件、技术规范等形式发布的方法；方法确认适用于等效分析方法。为实现正确使用监测方法，仅仅是检测机构实施了方法证实是不够的，还需要检测机构要求使用该监测方法的每个人员，使用该方法获得的检出限、空白、回收率、精密度、准确度等各项指标均满足方法性能的要求，方可认为检测人员掌握了该方法，才算为正确使用监测方法奠定了基础。当然，并非每次检测工作中均需对方法进行证实。一般认为，初次使用标准方法前，应证实能够正确运用标准方法；标准方法发生了变化，应重新予以证实。

通常而言，方法证实至少应包括以下 6 个方面的内容：

（1）人员：人员的技能是否得到更新；是否能够适应方法的工作要求；人员数量是否满足工作要求。

（2）设备：设备性能是否满足方法要求；是否需要添置前处理设备等辅助设备；设备数量是否满足要求。

（3）试剂耗材：方法对试剂种类、纯度等的要求如何；数量是否满足；是否建立了购买使用台账。

（4）环境设施条件：方法及其所用设备是否对温度、湿度有控制要求；环境条件是否得到监控。

（5）方法技术指标：使用日常工作所用的标准和试剂做方法的技术指标，如校准曲线、检出限、空白、回收率、精密度、准确度等，是否均达到了方法要求。

（6）技术记录：日常检测工作须填写的原始记录格式是否包含了足够的关键信息。

11.3.4　试剂耗材

规范使用标准物质。包括以下注意事项：

1）应优先考虑使用国家批准的有证标准样品，以保证量值的准确性、可比性与溯源性。

2）选用的标准样品与预期检测分析的样品，尽可能在基体、形态、浓度水平等性状方面接近。其中基体匹配是需要重点考虑的因素，因为只有使用与被测样品基体相匹配的标准样品，在解释实验结果时才很少或没有困难。

3）应特别注意标准样品证书中所规定的取样量与取样方法。证书中规定的固体最小取样量、液体稀释办法等是测量结果准确性和可信度的重要影响因素，宜严格遵守。

4）应妥善贮存标准样品，并建立标准样品使用情况记录台账。有些标准样品有特殊的储存条件要求，应根据标准样品证书规定的储存条件保存标准样品，并在标准样品的有效期内使用，否则可能会影响标准样品量值的准确性。

严格按照方法要求购买和使用试剂/耗材。每种方法都规定了试剂的纯度，需要注意的是，市售的与方法要求纯度一致的试剂，不一定能满足方法的使用要求，对数据结果有影响的试剂、新购品牌或者产品批次不一致时，在正式用于样品分析前应进行空白样品实验，以验证试剂质量是否满足工作需求。对于试剂纯度不满足方法需求的情形，应购买更高纯度的试剂或者由分析人员自行净化。比较典型的案例是分析水中苯系物的二硫化碳，市售分析纯二硫化碳往往需要实验室自行重蒸，或者购买优级纯才能满足方法对空白样品的要求；与此类似的还有分析重金属的盐酸硝酸等，采用分析纯的酸往往会导致较高的空白和背景值，建议筛选品质可靠的优级纯酸。

牢记试剂/耗材有使用寿命。对于试剂，尤其是已经配制好的试剂，应注意遵守检测方法中对试剂有效期的规定。若没有特殊规定，建议参考执行《化学试剂 标准滴定溶液的制备》（GB/T 601—2002）中关于标准滴定溶液有效期的规定，即常温（15～25℃）下保存时间不超过 2 个月。应特别注意表面不被磨损类耗材的质保期，比如定电位电解法的传感器、pH 计的电极等，这些仪器的说明书中明确规定了传感器或者电极的使用次数或者最长使用寿命，应严格遵守，以保证量值的准确性。

11.3.5 数据处理

数据的计算和报出也可能会发生失误，应高度重视。以火电厂排放标准为例，排放标准根据热能转化设施类型的不同，规定了不同的基准氧含量，实测的火电厂烟尘、二氧化硫、氮氧化物和汞及其化合物排放浓度，须折算为基准氧含量下的排放浓度，若忽略了此要求，将现场测试所得结果直接报出，必然导致较大偏差。对于废水检测，须留意在发生样品稀释后检测时，稀释倍数是否纳入了计算。已经完成的测定结果，还应注意计量单位是否正确，最好有熟悉该项目的工作人员校核，各项目结果汇总后，由专人进行数据审核后发出。录入电脑或者信息平台时，注意检查是否有小数点输入的错误。

完备的质量控制体系运行离不开有效的质量监督。检测机构或者实验室应设置覆盖其检测能力范围的监督员，这些监督员可以是专职的，也可以是兼职的。但无论是哪种情形，监督员都应该熟悉检测程序、方法，并能够评价检测结果，发现可能的异常情况。为了使质量监督达到预期效果，最好在年初就制订监督计划，明确监督人、被监督对象、被监督的内容、被监督的频次等。通常情况下，新进上岗人员使用新分析方法或者新设备，以及生产治理工艺发生变化的初期等实施的污染排放情况检测应受到有效监督。监督的情况应以记录的形式予以妥善保存。此外，检测机构或者实验室应定期总结监督情况，编写监督报告，以保证质量体系中的各项标准、规范和质量措施等切实得到落实。

第 12 章　信息记录与报告

　　监测信息记录和报告是相关法律法规的要求，也是排污许可证制度实施的重要内容，是排污单位必须开展的工作。信息记录和报告的目的是将排污单位与监测相关的内容记录下来，供管理部门和排污单位应用，同时定期按要求进行信息报告，以说明环境守法状况，也为社会公众监督提供依据。本章围绕肥料制造行业应开展的信息记录和报告内容进行说明，为肥料制造企业提供参考。

12.1　信息记录的目的与意义

　　说清污染物排放状况，自证污染治理设施是否正常运行、是否依法排污是法律赋予排污单位的权利和义务。自证守法，首先要有可以作为证据的相关资料，信息记录就是要将所有可以作为证据的信息保留下来，在需要的时候有据可查。具体来说，信息记录的目的和意义体现在以下几个方面：

　　首先，便于监测结果溯源。监测的环节很多，任何一个环节出现了问题，都可能造成监测结果的错误。通过信息记录，将监测过程中重要环节的原始信息记录下来，一旦发现监测结果存在可疑之处，就可以通过查阅相关记录，检查哪个环节出现了问题。对于不影响监测结果的问题，可以通过追溯监测过程进行校正，从而获得正确的结果。

　　其次，便于规范监测过程。认真记录各个监测环节的信息，便于规范监测活动，避免由于个别时候的疏忽而遗忘个别程序，从而影响监测结果。通过对记录信息的分析，可以发现影响监测过程的一些关键因素，这也有利于监测过程的改进。

再次，可以实现信息间的相互校验。记录各种过程信息，可以更好地反映排污单位的生产、污染治理、排放状况，从而便于建立监测信息与生产、污染治理等相关信息的逻辑关系，为实现信息间的互相校验、加强数据间的质量控制提供基础。通过记录各类信息，可以形成排污单位生产、污染治理、排放等全链条的证据链，避免单方面的信息不足以说明排污状况。

最后，丰富基础信息，利于科学研究。排污单位生产、污染治理、排放中一系列过程信息，对研究排污单位污染治理和排放特征具有重要的意义。监测信息记录，极大地丰富了污染源排放和治理的基础信息，也为开展科学研究提供了大量基础信息。基于这些基础信息，利用大数据分析方法，可以更好地探索污染排放和治理的规律，为科学制定相关技术要求奠定了良好基础。

12.2 信息记录要求和内容

12.2.1 信息记录要求

信息记录是一项具体而琐碎的工作，做好信息记录对于排污单位和管理部门都很重要，一般来说，信息记录应该符合以下要求：

首先，信息记录的目的在于真实反映排污单位生产、污染治理、排放、监测的实际情况，因此信息记录不需要专门针对需要记录的内容进行额外整理，只要保证所要求的记录内容便于查阅即可。为了便于查阅，排污单位应尽可能根据一般逻辑习惯整理成台账保存。保存方式可以为电子台账，也可以为纸质台账，以便于查阅为原则。

其次，信息记录的内容不限于标准规范中要求的内容，其他排污单位认为有利于说清楚本单位排污状况的相关信息，也可以予以记录。考虑到排污单位污染排放的复杂性，影响排放的因素有很多，而排污单位最了解哪些因素会影响排污状况，因此，排污单位应根据本单位的实际情况，梳理本单位应记录的具体信息，丰富台账资料的内容，从而更好地建立生产、治理、排放的逻辑关系。

12.2.2　信息记录内容

12.2.2.1　手工监测的记录

采用手工监测的指标，至少应记录以下几方面的内容：

（1）采样相关记录，包括采样日期、采样时间、采样点位、混合取样的样品数量、采样器名称、采样人姓名等。

（2）样品保存和交接相关记录，包括样品保存方式、样品传输交接记录。

（3）样品分析相关记录，包括分析日期、样品处理方式、分析方法、质控措施、分析结果、分析人姓名等。

（4）质控相关记录，包括质控结果报告单等。

12.2.2.2　自动监测运维记录

自动监测的正确运行需要定期进行校准、校验和日常运行维护，校准、校验结果，日常运行维护开展情况直接决定了自动监测设备是否能够稳定正常运行，而通过检查运维公司对自动监测设备的运行维护记录，可以对自动监测设备日常运行状态进行初步判断。因此，排污单位或者负责运行维护的公司要如实记录自动监测设备的运行维护情况，具体包括自动监测系统运行状况、系统辅助设备运行状况、系统校准、校验工作等，仪器说明书及相关标准规范中规定的其他检查项目，校准、维护保养、维修记录等。

12.2.2.3　生产和污染治理设施运行状况

首先，污染物排放状况与排污单位生产和污染治理设施运行状况密切相关，记录生产和污染治理设施运行状况，有利于更好地说清楚污染物排放状况。

其次，考虑到受监测能力的限制，无法做到全面连续监测，记录生产和污染治理设施运行状况可以辅助说明未监测时段的排放状况，同时也可以对监测数据是否具有代表性进行判断。

最后，由于监测结果可能受到仪器设备、监测方法等各种因素的影响，从而造成监测结果的不确定性，记录生产和污染治理设施运行状况，通过不同时段监测信息和其他信息的对比分析，可以对监测结果的准确性进行总体判断。

对于生产和污染治理设施运行状况，主要记录内容包括监测期间企业及各主要生产设施（至少涵盖废气主要污染源相关生产设施）运行状况（包括停机、启动情况）、产品产量、主要原辅料使用量、取水量、主要燃料消耗量、燃料主要成分、污染治理设施主要运行状态参数、污染治理主要药剂消耗情况等。日常生产中上述信息也需要整理成台账保存备查。

12.2.2.4　固体废物（危险废物）产生与处理状况

固废作为重要的环境管理要素，排污单位应对固体废物和危险废物的产生、处理情况进行记录，同时固体废物和危险废物信息也可以作为废水、废气污染物产生排放的辅助信息。关于固体废物和危险废物的记录内容包括各类固体废物和危险废物的产生量、综合利用量、处置量、贮存量、倾倒丢弃量，危险废物还应详细记录其具体去向。

12.3　肥料制造行业生产和污染治理设施运行状况

排污单位应详细记录生产及污染治理设施运行状况，日常生产中也应参照以下内容记录相关信息，并整理成台账保存备查，台账保存期限不得少于 3 年。

12.3.1　生产运行状况记录

生产运行情况包括工艺单元和设施、公用工程单元和全厂运行情况，重点记录排污许可证中相关信息的实际情况及与污染物治理、排放相关的主要运行参数。

氮肥行业主要记录各生产设施、燃烧设施、固定床常压煤气化工艺的造气炉放空管、造气循环冷却水系统、火炬系统运行，以及全厂原辅料（含危险化学品）及燃料使用量、主要产品产量等信息。各生产单元运行状况记录信息包括记录时间、生产单元名称、原料名称、原料使用量（t）、主要产品名称、产品产量（t）、主要辅料名称、辅料使用量（t）等；固定床常压煤气化工艺造气炉放空管运行状况记录信息包括记录时间、名称、编号、运行时间、放空气组成成分、放空气流量、排放持续时间、原料消耗量等；燃烧设施运行情况记录包括记录时间、设施名称、设施编号、燃料名称、燃料硫含量、燃料低位热值、燃料消耗量、烟气流量、炉膛温度、热负荷率等；造气循环冷却水系统、火炬系统运行，全厂原辅料（含危险化学品）及燃料使用量、主要产品产量等记录信息可参见《排污许可证申请与核发技术规范　化肥工业—氮肥》（HJ 864.1—2017）附录 B 中表 B.1～表 B.9。全厂情况按批次记录，火炬系统在线记录火炬气流量，按日记录火炬气中总硫含量，造气炉放空管按发生次数记录放空时段原料消耗量，其他信息按班次记录。

磷肥、钾肥、复混肥料、有机肥料和微生物肥料行业按班次记录正常工况各主要生产单元生产设施（如备料、造粒、干燥、筛分、破碎、冷却、包装等）运行状态、生产负荷、主要产品产量（如磷酸、硫酸钾、团粒型复混肥料、有机肥料、微生物肥料等）、原辅料及燃料使用情况（包括种类、名称、用量、成分分析）等信息。

磷肥企业还应记录磷石膏堆场运行情况，包括磷石膏产生量、自行综合利用量、贮存量、委托处理量等信息。

12.3.2　污染治理设施运行情况记录

肥料制造行业废气污染治理设施主要包括脱硫、脱硝、除尘及臭气处理等。

脱硫包括干法脱硫、半干法脱硫、湿法脱硫（石灰石法、氧化镁法、氨法、氢氧化钠法）等；脱硝包括低氮燃烧、选择性催化还原法（SCR）、选择性非催化还原法（SNCR）等；除尘包括旋风除尘、电除尘、袋式除尘、湿式除尘等；臭气处理包括生物除臭（滴滤法、过滤法）等；除氯化氢包括吸收（降膜、喷淋塔）等；脱氟包括吸收（文丘里、喷淋塔）等。

肥料制造行业废水污染治理设施包括装置预处理设施和污水处理厂预处理设施、生化处理设施、深度处理及回用设施等。装置预处理包括过滤、沉淀、除油、闪蒸、汽（气）提、萃取、溶剂回收等；污水处理厂预处理包括调节、混凝沉淀、隔油、浮选等；生化处理包括缺氧/好氧（A/O）、序批式活性污泥法（SBR）、周期循环活性污泥法（CASS）、氧化沟、曝气生物滤池（BAF）、膜生物反应器（MBR）、生物接触氧化法等；深度处理及回用包括混凝沉淀、过滤、臭氧氧化、超滤（UF）、反渗透（RO）等。

污染治理设施运行情况记录应包括有组织、无组织排放废气以及废水污染治理设施运行情况记录。

（1）有组织废气污染治理设施运行情况记录

有组织废气污染治理设施运行情况记录包括记录时间、污染治理设施名称及工艺、污染治理设施编号、运行时间、对应生产设施名称及编号、治理设施设计参数、风机风量、污染因子进出口浓度等基本信息。有组织废气污染治理设施记录可参见《排污许可证申请与核发技术规范　化肥工业—氮肥》（HJ 864.1—2017）附录 B 中表 B.10～表 B.21 和《排污许可证申请与核发技术规范　磷肥、钾肥、复混肥料、有机肥料及微生物肥料工业》（HJ 864.2—2018）附录 A 中表 A.1～表 A.5。

（2）无组织废气污染治理设施运行情况记录

无组织废气污染治理设施运行情况记录包括记录时间、无组织排放源、采取的控制措施、措施描述、记录人等信息。详细记录信息可参见《排污许可证申请与核发技术规范　化肥工业—氮肥》（HJ 864.1—2017）附录 B 中表 B.22 和《排污许可证申请与核发技术规范　磷肥、钾肥、复混肥料、有机肥料及微生物肥料工业》（HJ 864.2—2018）附录 A 中表 A.6。

（3）废水污染治理设施运行情况记录

废水污染治理设施运行情况应分别记录每日进水水量，出水水量，药剂名称及使用量、投放频次，电耗，污泥产生量等，详细信息可参见《排污许可证申请与核发技术规范　化肥工业—氮肥》（HJ 864.1—2017）附录 B 中表 B.23 和《排污许可证申请与核发技术规范　磷肥、钾肥、复混肥料、有机肥料及微生物肥料工业》（HJ 864.2—2018）附录 A 中表 A.7。

磷肥企业还应记录磷石膏堆场运行情况，记录信息包括记录时间、编号、污泥治理设施名称、磷石膏产生及处理情况、磷石膏去向等信息。详细信息可参见《排污许可证申请与核发技术规范　磷肥、钾肥、复混肥料、有机肥料及微生物肥料工业》（HJ 864.2—2018）附录 A 中表 A.8。

污染治理设施运行记录包括设施是否正常运行、故障原因、维护过程、检查人、检查日期及班次等信息。

12.4　肥料制造行业固体废物产生和处理情况

记录一般工业固体废物的产生量、综合利用量、处置量、贮存量；按照危险废物管理的相关要求，按日记录危险废物的产生量、综合利用量、处置量、贮存量及其具体去向。原料或辅助工序中产生的其他危险废物的情况也应记录。危险废物应严格执行危险废物相关管理要求。

对于委托外单位处置利用一般工业固体废物或者危险废物的，以及接收外单位一般工业固体废物或者危险废物的，应详细记录这些情况。对于自行综合利用、自行处置一般工业固体废物和危险废物的，还应当对本单位所拥有的处置场、焚烧装置等综合利用和处置设施及运行情况进行记录。肥料制造行业一般工业固体废物及危险废物产生情况见表 12-1。

表 12-1   一般工业固体废物及危险废物来源

类别	废物名称
一般工业固体废物	造气炉渣、锅炉炉渣、生活垃圾、高炉炉渣、磷石膏、镍磷铁、钠盐矿、浮选尾盐、除尘器灰渣、污水处理过程中产生的污泥
危险废物	铜泥、废催化剂、废活性炭等

注：其他可能产生的危险废物按照《国家危险废物名录》或国家规定的危险废物鉴别标准和鉴别方法认定。

12.5   信息报告及信息公开

12.5.1   信息报告要求

为了排污单位更好地掌握本单位实际排污状况，也便于更好地对公众说明本单位的排污状况和监测情况，排污单位应编写自行监测年度报告，年度报告至少应包含以下内容：

（1）监测方案的调整变化情况及变更原因。

（2）企业及各主要生产设施（至少涵盖废气主要污染源相关生产设施）全年运行天数，各监测点、各监测指标全年监测次数、超标情况、浓度分布情况。

（3）按要求开展的周边环境质量影响状况监测结果。

（4）自行监测开展的其他情况说明。

（5）排污单位实现达标排放所采取的主要措施。

自行监测年报不限于以上信息，任何有利于说明本单位自行监测情况和排放状况的信息，都可以写入自行监测年报中。另外，对于领取了排污许可证的排污单位，按照排污许可证管理要求，每年应提交年度执行报告，其中自行监测情况属于年度执行报告中的重要组成部分，排污单位可以将自行监测年报作为年度执行报告的一部分一并提交。

12.5.2   应急报告要求

由于排污单位非正常排放会对环境或者污水处理设施产生影响，因此对于监测结果出现超标的，排污单位应加密监测，并检查超标原因。短期内无法实现稳定达标排放的，应向生态环境主管部门提交事故分析报告，说明事故发生的原因，采取减轻或防止污染的措施，以及今后的预防及改进措施等；若因发生事故或者其他突发事件，排放的污水可能危及城镇排水与污水处理设施安全运行的，应当立即采取措施消除危害，并及时向城镇排水主管部门和生态环境主管部门等有关部门报告。

12.5.3　信息公开要求

排污单位应根据排污许可证及《企业事业单位环境信息公开办法》（环境保护部令 第 31 号）及《国家重点监控企业自行监测及信息公开办法（试行）》（环发〔2013〕81 号）规定进行信息公开，但不仅限于此，排污单位还可以采取其他便于公众获取的方式进行信息公开。

信息公开应重点考虑两类群体的信息需求。一是排污单位周围居民的信息需求，周边居民是污染排放的直接影响者，最关心污染物排放状况对自身及环境的影响，因此对污染物排放状况及周边环境质量状况有强烈的需求；二是排污单位同类行业或者其他相关者的信息需求，同一行业不同排污单位之间存在一定的竞争关系，当然都希望在污染治理上得到相对公平的待遇，因此会格外关心同行的排放状况，对同行业其他排污单位的排放状况信息有同行监督需求。

为了照顾这两类群体的信息需求，信息公开的方式应该便于这两大类群体获取。排污单位可以通过在厂区外或当地媒体上发布监测信息，使周边居民及时了解排污单位的排放状况，这类信息公开相对灵活，以便于周边居民获取。而为了实现同行监督和一些公益组织的监督，也为了便于政府监督，有组织的信息公开方式更有效率。目前，各级生态环境主管部门都在建设不同类型的信息公开平台，排污单位也应该根据相关要求在信息平台上发布信息，以便于各类群体间的相互监督。

第 13 章　监测数据信息系统报送

　　为了方便排污单位信息报送和管理部门收集相关信息，受生态环境部生态环境监测司委托，中国环境监测总站组织开发了"全国污染源监测信息管理与共享平台"，排污单位应通过该系统报送监测数据和相关信息。同时，发放了排污许可证的排污单位应通过"全国排污许可证管理信息平台"报送相关信息，为了便于填报，现已实现了"全国污染源监测信息管理与共享平台"和"全国排污许可证管理信息平台"的互联互通，排污单位可以通过两者其中之一登录系统填报监测数据。对于有地方监测数据管理平台的，可以通过数据交换的方式，实现数据的报送。

13.1　总体架构设计

　　根据《关于印发 2015 年中央本级环境监测能力建设项目建设方案的通知》（环办函〔2015〕1596 号），中国环境监测总站负责建设"全国重点污染源监测数据管理与信息共享系统"，面向社会公众、企业用户、委托机构用户、环保用户、系统管理用户 5 类用户，针对不同用户的不同业务需求，系统提供数据采集、二噁英监测数据中心、监测业务管理、数据查询处理与分析、决策支持、信息发布、信息发布移动终端版、自行监测知识库、排放标准管理、个人工作台、系统管理等功能。

另外，面向其他污染源监测信息采集节点（包括部级建设的在线监控系统、各省市级在线监控系统、各省级监测信息公开平台）、二噁英视频监控节点使用数据交换平台进行数据交换。系统整体架构如图 13-1 所示。

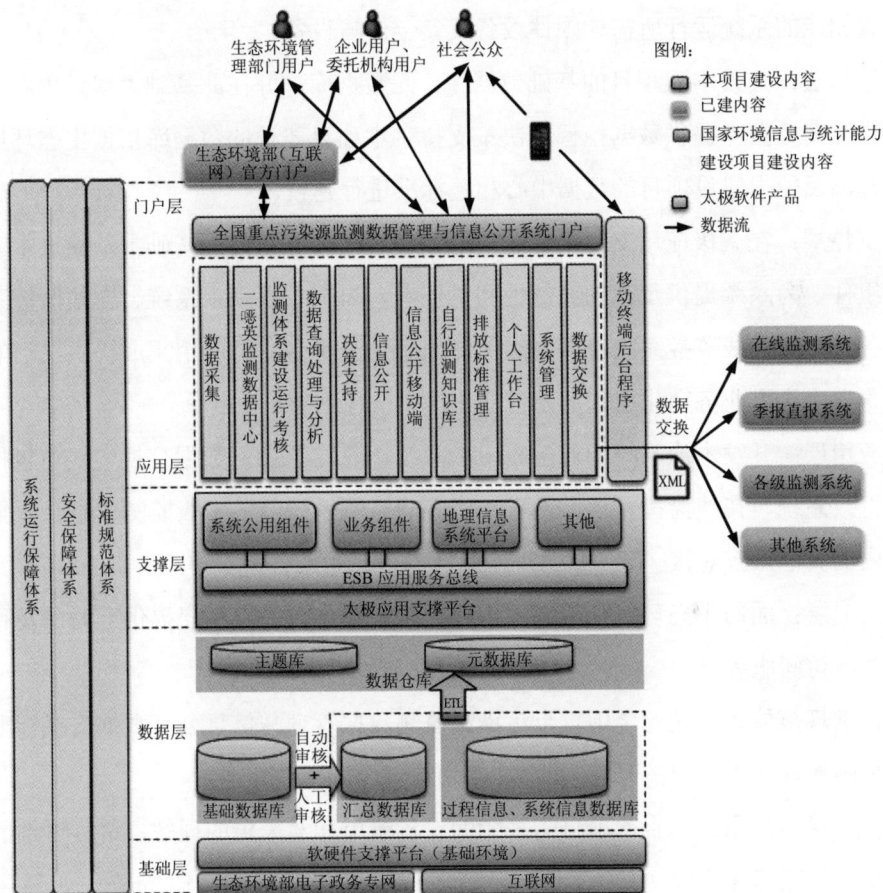

图 13-1　系统总体架构

系统总体架构采用 SOA 面向服务的五层三体系的标准成熟电子政务框架设计，该架构以总线为基础，依托公共组件、通用业务组件和开发工具实现应用系统快速开发和系统集成。并通过门户为所有用户提供个性化服务，包括但不限于门户网站、单点登录、个性化定制服务等。系统由基础层、数据层、支撑层、应用层、门户层及贯穿项目始终、保障项目顺利实施和稳定、安全运行的系统运行保障体系、安全保障体系及标准规范体系构成。

基础层：本次建设将在利用中国环境监测总站现有的软硬件及网络环境基础上配置相应的系统运行所需软硬件设备及安全保障设备。

数据层：建设本次项目的基础数据库、元数据库，并在此基础上建设主题数据库、空间数据库提供数据挖掘和决策支持。本项目建设的数据库依据生态环境相关标准及能力建设项目的数据中心相关标准进行建设。

支撑层：在太极应用支撑平台企业总线及相关公共组件的基础上，建设本系统的组件，为系统提供足够的灵活性和扩展性，为与季报直报系统、在线监控系统、各省市级在线监控系统及各省级监测信息公开平台进行应用集成提供灵活的框架，也为将来业务变化引起的系统变化提供快速调整的支撑。

应用层：开发本次系统的业务应用子系统，通过 ESB、数据交换实现与包括季报直报系统、在线监控系统、各省市级在线监测系统及各省级监测信息公开平台在内的其他系统对接。

门户层：面向生态环境管理部门用户、企业用户及公众用户提供互联网及移动互联网访问服务。

标准规范体系：制定全国重点污染源监测数据管理与信息公开数据交换标准规范。确保各应用系统按照统一的数据标准进行数据交换。

安全保障体系：结合本项目需采购的设备清单和对需求的理解，进行详细的信息安全等保障体系设计。

系统运行保障体系：结合对本项目需求的理解，进行详细的系统运行保障体系设计。

13.2 应用层设计

全国重点污染源监测数据管理与信息共享平台提供的业务应用包括数据采

集、二噁英监测数据中心、监测体系建设运行考核、数据查询处理与分析、决策支持、信息发布、信息发布移动终端版、自行监测知识库、排放标准管理、个人工作台、系统管理及数据交换系统 12 个子系统。系统功能架构如图 13-2 所示。

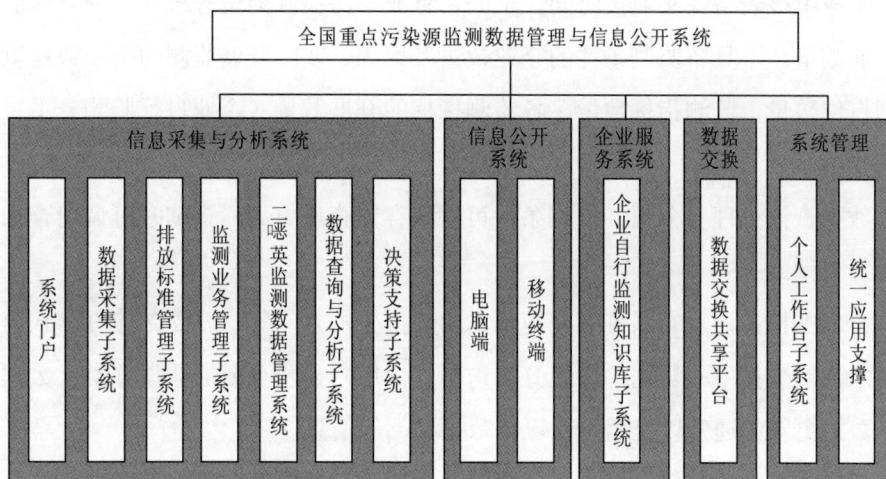

图 13-2　系统功能架构

　　数据采集：包括对企业自行监测数据和管理部门进行的监督性监测数据的采集。需要面向全国重点监控企业采集监测数据，对不同年份的企业建立不同的企业基础信息库，提供信息填报、审核、查询、发布功能，并形成关联以持续监督。

　　同时满足各级生态环境主管部门录入监督性监测数据、质控抽测数据、监督检查信息与结果、采集全国自动监控数据、自动监测数据有效性审核情况、监测站标准化建设情况、环境执法与监管情况等。企业的基础信息录入完成后需由属地生态环境主管部门进行确认。由于不同来源数据的采集频次和采集方式不同，系统提供不同的数据接入方式。

　　二噁英监测数据中心：实现中国环境监测总站（以下简称总站）对东北、华东、华中、华南、西北、西南地区的二噁英数据监控。总站可以统一对各分站下达任务计划、通知等，并可实时获取各分站的监测数据。各分站接收到总站任务后进行接收确认，待监测完成后将数据结果统一上报到总站，由总站进行汇总、分析等。

监测体系建设运行考核：根据管理要求，汇总减排监测体系建设运行总体情况，生成考核表格。实现按时间、空间、行业、污染源类型等统计，应开展监测的企业数量、不具备监测条件的企业数量及原因、实际开展监测的企业数量以及监测点位数量、监测指标数量、各监测指标的开展数量（企业自行监测分手工和自动）。

数据查询处理与分析：查询条件可以保存为查询方案，查询时可调用查询方案进行查询。

决策支持：该发布系统除采用基本的数据分析方法外，需要支持 OLAP 等分析技术，对数据中心数据的快速分析访问，向用户显示重要的数据分类、数据集合、数据更新的通知以及用户自己的数据订阅等信息。

提供环保搜索功能，用户可按权限快速查询各类环境信息。可以直接从系统中进行汇总、平均或读取的数据，是实现多维数据结构的灵活表现。

信息发布：全国污染源监测数据信息公开系统包括电脑端信息发布和移动端信息发布，信息发布系统应满足为社会公众用户提供全国重点污染源自行监测和监督性监测信息公开的查询和浏览功能，推动公众参与监督重点监控企业污染物排放，督促企业按照规范自行监测及信息公开，督促企业自觉履行法定义务和社会责任。

信息发布移动终端版：将环境质量与污染排放相结合，利用移动端便捷、直观的优势，快速、灵活、全面地提供数据中心关键资源的信息，包括 KPI 指标监控、数据查询以及结合电子地图的地图查询。帮助用户随时随地地了解环境质量及污染排放的关键数据和信息，提高污染源监管信息公开力度。

自行监测知识库：企业自行监测知识库系统能够面向企业单位提供自行监测相关的法律法规、政策文件、排放标准、监测规范、方法、自行监测方案范例、相关处罚案例等查询服务，帮助和指导企业做好自行监测工作。

排放标准管理：提供排放标准的维护管理和达标评价功能。管理用户可以对标准进行增删改查操作，以保持标准为最新版本。提供接口，数据录入编辑时、数据进行发布时均可调用该接口判定该数据是否超标，超标的给予提示并按超标比例不同给出不同的颜色提醒。

个人工作台：包括信息提醒（邮件和短信）、通知管理、数据报送情况查询、数据校验规则设置与管理等。为不同用户提供针对性强、特定的用户体验，方便用户使用。

系统管理：实现系统维护相关功能，系统维护人员和数据管理人员基于这些功能对数据采集和服务进行管理。综合信息管理主要包括系统管理、个人工作管理、数据管理等方面的功能。

数据交换系统：建立数据交换共享平台，实现系统中各子系统间的内部数据交换，尤其是实现与外部系统的交换。

内部交换包括采集子系统与查询分析子系统，各子系统与信息发布子系统之间的数据交换。

外部交换主要是与其他信息系统的数据进行对接，本项目将依据能力建设项目的相关标准制定监测数据标准、交换的工作流程标准、安全标准及交换运行保障标准等，制定统一的数据接口供各地现行污染源监测及信息公开平台共享数据，并且为污染源监测数据管理系统及企业污染源自动监测数据采集等相关系统提供传输数据接口。各相关系统按数据标准生成数据 XML 文件，通过接口传递到本系统解析入库，以实现与本系统的互联互通，减少企业重复录入，提高数据质量。

13.3　企业自行监测数据报送

13.3.1　企业自行监测数据报送方式

企业自行监测数据采集方式有两种：一种是可直接登录使用本系统录入自行

监测方案及数据；另一种是使用各省自建平台录入自行监测方案及数据，再向本系统传送。本系统与排污许可管理信息系统互通，可从排污许可管理信息系统获取已发证企业的基本信息，再将本系统采集的自行监测数据推送给排污许可管理信息系统进行公开。

直接使用本系统采集和报送数据的企业，可先从排污许可管理信息系统共享已发证企业基本信息，使用本系统录入完善企业自行监测方案、监测数据等信息，再将监测数据共享到排污许可管理信息系统进行发布。企业自行监测数据报送流程见图 13-3。

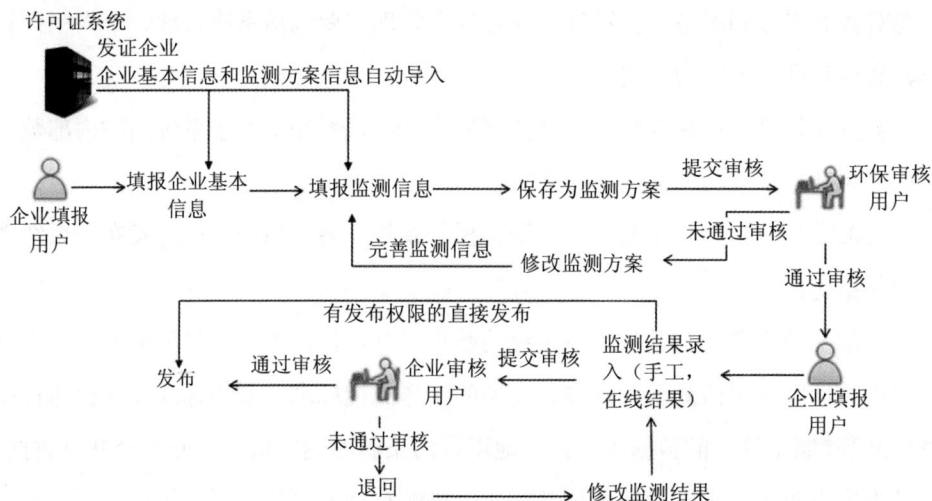

图 13-3　企业自行监测数据报送流程

如果各省份使用本地平台采集和发布信息，地方平台将发放许可证的企业信息和方案信息导入到地方平台，再由企业在地方平台进行数据的录入，然后由地方平台将数据导入国家平台。使用地方平台采集企业自行监测信息的报送流程见图 13-4。

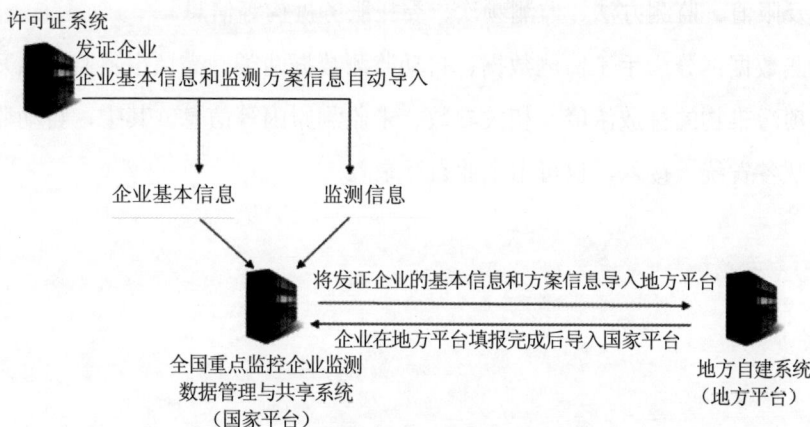

图 13-4　使用地方平台采集自行监测数据的报送流程

13.3.2　方案与数据填报流程

自行监测方案的填报流程。企业用户登录系统，录入企业基本信息和监测信息，保存成方案后提交所属生态环境主管部门审核（审核功能并非强制性，是否需要审核由生态环境主管部门根据本地区管理需求进行设置）。发放了许可证的企业，这两部分信息会自动从许可证系统导入本系统中，企业仅需要完善即可。

自行监测数据填报流程。方案审核通过的企业按监测方案进行监测数据的填报，企业内部可以进行数据审核，审核通过的进行发布，不通过的退回填报用户进行修改。具有审核权限的填报用户也可以直接发布。

13.3.3　报送内容

企业基本信息：包括企业名称、社会信用代码、组织机构代码（与社会信用代码二选一）、企业类别、企业规模、注册类型、行业类别、企业注册地址、企业生产地址、企业地理位置。

监测方案信息：包括各排放设备、排放口、监测点位、监测项目、执行的排放标准及限值、监测方法、监测频次、委托服务机构等信息。

监测数据：分为手工监测数据、自动监测数据两类。需填报各监测点开展监测的各项污染物的排放浓度、相关参数、未监测原因等信息。其中，自动监测数据可以从各省统一接入，也可由企业自行录入。

附　录

附录 1

排污单位自行监测技术指南　总则

（HJ 819—2017）

前言

为落实《中华人民共和国环境保护法》《中华人民共和国大气污染防治法》《中华人民共和国水污染防治法》，指导和规范排污单位自行监测工作，制定本标准。

本标准提出了排污单位自行监测的一般要求、监测方案制定、监测质量保证和质量控制、信息记录和报告的基本内容和要求。

本标准为首次发布。

本标准由环境保护部环境监测司、科技标准司提出并组织制订。

本标准主要起草单位：中国环境监测总站。

本标准环境保护部 2017 年 4 月 25 日批准。

本标准自 2017 年 6 月 1 日起实施。

本标准由环境保护部解释。

1 适用范围

本标准提出了排污单位自行监测的一般要求、监测方案制定、监测质量保证和质量控制、信息记录和报告的基本内容和要求。

排污单位可参照本标准在生产运行阶段对其排放的水、气污染物，噪声以及对其周边环境质量影响开展监测。

本标准适用于无行业自行监测技术指南的排污单位；行业自行监测技术指南中未规定的内容按本标准执行。

2 规范性引用文件

本标准引用了下列文件或其中的条款。凡是未注明日期的引用文件，其最新版本适用于本标准。

GB 12348 工业企业厂界环境噪声排放标准

GB/T 16157 固定污染源排气中颗粒物测定与气态污染物采样方法

HJ 2.1 环境影响评价技术导则 总纲

HJ 2.2 环境影响评价技术导则 大气环境

HJ/T 2.3 环境影响评价技术导则 地面水环境

HJ 2.4 环境影响评价技术导则 声环境

HJ/T 55 大气污染物无组织排放监测技术导则

HJ/T 75 固定污染源烟气排放连续监测技术规范（试行）

HJ/T 76 固定污染源烟气排放连续监测系统技术要求及检测方法（试行）

HJ/T 91 地表水和污水监测技术规范

HJ/T 92 水污染物排放总量监测技术规范

HJ/T 164 地下水环境监测技术规范

HJ/T 166 土壤环境监测技术规范

HJ/T 194 环境空气质量手工监测技术规范

HJ/T 353　水污染源在线监测系统安装技术规范（试行）

HJ/T 354　水污染源在线监测系统验收技术规范（试行）

HJ/T 355　水污染源在线监测系统运行与考核技术规范（试行）

HJ/T 356　水污染源在线监测系统数据有效性判别技术规范（试行）

HJ/T 397　固定源废气监测技术规范

HJ 442　近岸海域环境监测规范

HJ 493　水质　样品的保存和管理技术规定

HJ 494　水质　采样技术指导

HJ 495　水质　采样方案设计技术规定

HJ 610　环境影响评价技术导则　地下水环境

HJ 733　泄漏和敞开液面排放的挥发性有机物检测技术导则

《企业事业单位环境信息公开办法》（环境保护部令　第 31 号）

《国家重点监控企业自行监测及信息公开办法（试行）》（环发〔2013〕81 号）

3　术语和定义

下列术语和定义适用于本标准。

3.1　自行监测　self-monitoring

指排污单位为掌握本单位的污染物排放状况及其对周边环境质量的影响等情况，按照相关法律法规和技术规范，组织开展的环境监测活动。

3.2　重点排污单位　key pollutant discharging entity

指由设区的市级及以上地方人民政府环境保护主管部门商有关部门确定的本行政区域内的重点排污单位。

3.3　外排口监测点位　emission site

指用于监测排污单位通过排放口向环境排放废气、废水（包括向公共污水处理系统排放废水）污染物状况的监测点位。

3.4 内部监测点位 internal monitoring site

指用于监测污染治理设施进口、污水处理厂进水等污染物状况的监测点位，或监测工艺过程中影响特定污染物产生排放的特征工艺参数的监测点位。

4 自行监测的一般要求

4.1 制定监测方案

排污单位应查清所有污染源，确定主要污染源及主要监测指标，制定监测方案。监测方案内容包括：单位基本情况、监测点位及示意图、监测指标、执行标准及其限值、监测频次、采样和样品保存方法、监测分析方法和仪器、质量保证与质量控制等。

新建排污单位应当在投入生产或使用并产生实际排污行为之前完成自行监测方案的编制及相关准备工作。

4.2 设置和维护监测设施

排污单位应按照规定设置满足开展监测所需要的监测设施。废水排放口，废气（采样）监测平台、监测断面和监测孔的设置应符合监测规范要求。监测平台应便于开展监测活动，应能保证监测人员的安全。

废水排放量大于 100 t/d 的，应安装自动测流设施并开展流量自动监测。

4.3 开展自行监测

排污单位应按照最新的监测方案开展监测活动，可根据自身条件和能力，利用自有人员、场所和设备自行监测；也可委托其他有资质的检（监）测机构代其开展自行监测。

持有排污许可证的企业自行监测年度报告内容可以在排污许可证年度执行报告中体现。

4.4 做好监测质量保证与质量控制

排污单位应建立自行监测质量管理制度，按照相关技术规范要求做好监测质量保证与质量控制。

4.5 记录和保存监测数据

排污单位应做好与监测相关的数据记录，按照规定进行保存，并依据相关法规向社会公开监测结果。

5 监测方案制定

5.1 监测内容

5.1.1 污染物排放监测

包括废气污染物（以有组织或无组织形式排入环境）、废水污染物（直接排入环境或排入公共污水处理系统）及噪声污染等。

5.1.2 周边环境质量影响监测

污染物排放标准、环境影响评价文件及其批复或其他环境管理有明确要求的，排污单位应按照要求对其周边相应的空气、地表水、地下水、土壤等环境质量开展监测；其他排污单位根据实际情况确定是否开展周边环境质量影响监测。

5.1.3 关键工艺参数监测

在某些情况下，可以通过对与污染物产生和排放密切相关的关键工艺参数进行测试以补充污染物排放监测。

5.1.4 污染治理设施处理效果监测

若污染物排放标准等环境管理文件对污染治理设施有特别要求的，或排污单位认为有必要的，应对污染治理设施处理效果进行监测。

5.2　废气排放监测

5.2.1　有组织排放监测

5.2.1.1　确定主要污染源和主要排放口

符合以下条件的废气污染源为主要污染源：

a）单台出力 14 MW 或 20 t/h 及以上的各种燃料的锅炉和燃气轮机组；

b）重点行业的工业炉窑（水泥窑、炼焦炉、熔炼炉、焚烧炉、熔化炉、铁矿烧结炉、加热炉、热处理炉、石灰窑等）；

c）化工类生产工序的反应设备（化学反应器/塔、蒸馏/蒸发/萃取设备等）；

d）其他与上述所列相当的污染源。

符合以下条件的废气排放口为主要排放口：

a）主要污染源的废气排放口；

b）"排污许可证申请与核发技术规范"确定的主要排放口；

c）对于多个污染源共用一个排放口的，凡涉及主要污染源的排放口均为主要排放口。

5.2.1.2　监测点位

a）外排口监测点位：点位设置应满足 GB/T 16157、HJ 75 等技术规范的要求。净烟气与原烟气混合排放的，应在排气筒或烟气汇合后的混合烟道上设置监测点位；净烟气直接排放的，应在净烟气烟道上设置监测点位，有旁路的旁路烟道也应设置监测点位。

b）内部监测点位设置：当污染物排放标准中有污染物处理效果要求时，应在进入相应污染物处理设施单元的进出口设置监测点位。当环境管理文件有要求，或排污单位认为有必要的，可设置开展相应监测内容的内部监测点位。

5.2.1.3　监测指标

各外排口监测点位的监测指标应至少包括所执行的国家或地方污染物排放（控制）标准、环境影响评价文件及其批复、排污许可证等相关管理规定明确要求的污染物指标。排污单位还应根据生产过程的原辅用料、生产工艺、中间及最终产品，确定是否排放纳入相关有毒有害或优先控制污染物名录中的污染物指标，或其他有毒污染物指标，这些指标也应纳入监测指标。

对于主要排放口监测点位的监测指标，符合以下条件的为主要监测指标：

a）二氧化硫、氮氧化物、颗粒物（或烟尘/粉尘）、挥发性有机物中排放量较大的污染物指标；

b）能在环境或动植物体内积蓄对人类产生长远不良影响的有毒污染物指标（存在有毒有害或优先控制污染物相关名录的，以名录中的污染物指标为准）；

c）排污单位所在区域环境质量超标的污染物指标。

内部监测点位的监测指标根据点位设置的主要目的确定。

5.2.1.4 监测频次

a）确定监测频次的基本原则

排污单位应在满足本标准要求的基础上，遵循以下原则确定各监测点位不同监测指标的监测频次：

1）不应低于国家或地方发布的标准、规范性文件、规划、环境影响评价文件及其批复等明确规定的监测频次；

2）主要排放口的监测频次高于非主要排放口；

3）主要监测指标的监测频次高于其他监测指标；

4）排向敏感地区的应适当增加监测频次；

5）排放状况波动大的，应适当增加监测频次；

6）历史稳定达标状况较差的需增加监测频次，达标状况良好的可以适当降低监测频次；

7）监测成本应与排污企业自身能力相一致，尽量避免重复监测。

b）原则上，外排口监测点位最低监测频次按照表1执行。废气烟气参数和污染物浓度应同步监测。

表 1 废气监测指标的最低监测频次

排污单位级别	主要排放口		其他排放口的监测指标
	主要监测指标	其他监测指标	
重点排污单位	月—季度	半年—年	半年—年
非重点排污单位	半年—年	年	年

注：为最低监测频次的范围，分行业排污单位自行监测技术指南中依据此原则确定各监测指标的最低监测频次。

c）内部监测点位的监测频次根据该监测点位设置目的、结果评价的需要、补充监测结果的需要等进行确定。

5.2.1.5 监测技术

监测技术包括手工监测、自动监测两种，排污单位可根据监测成本、监测指标以及监测频次等内容，合理选择适当的监测技术。

对于相关管理规定要求采用自动监测的指标，应采用自动监测技术；对于监测频次高、自动监测技术成熟的监测指标，应优先选用自动监测技术；其他监测指标，可选用手工监测技术。

5.2.1.6 采样方法

废气手工采样方法的选择参照相关污染物排放标准及 GB/T 16157、HJ/T 397 等执行。废气自动监测参照 HJ/T 75、HJ/T 76 执行。

5.2.1.7 监测分析方法

监测分析方法的选用应充分考虑相关排放标准的规定、排污单位的排放特点、污染物排放浓度的高低、所采用监测分析方法的检出限和干扰等因素。

监测分析方法应优先选用所执行的排放标准中规定的方法。选用其他国家、行业标准方法的，方法的主要特性参数（包括检出下限、精密度、准确度、干扰消除等）需符合标准要求。尚无国家和行业标准分析方法的，或采用国家和行业标准方法不能得到合格测定数据的，可选用其他方法，但必须做方法验证和对比实验，证明该方法主要特性参数的可靠性。

5.2.2 无组织排放监测

5.2.2.1 监测点位

存在废气无组织排放源的，应设置无组织排放监测点位，具体要求按相关污染物排放标准及 HJ/T 55、HJ 733 等执行。

5.2.2.2 监测指标

按本标准 5.2.1.3 执行。

5.2.2.3 监测频次

钢铁、水泥、焦化、石油加工、有色金属冶炼、采矿业等无组织废气排放较重的污染源，无组织废气每季度至少开展一次监测；其他涉及无组织废气排放的污染源每年至少开展一次监测。

5.2.2.4 监测技术

按本标准 5.2.1.5 执行。

5.2.2.5 采样方法

参照相关污染物排放标准及 HJ/T 55、HJ 733 执行。

5.2.2.6 监测分析方法

按本标准 5.2.1.7 执行。

5.3 废水排放监测

5.3.1 监测点位

5.3.1.1 外排口监测点位

在污染物排放标准规定的监控位置设置监测点位。

5.3.1.2 内部监测点位

按本标准 5.2.1.2 b）执行。

5.3.2 监测指标

符合以下条件的为各废水外排口监测点位的主要监测指标：

a）化学需氧量、五日生化需氧量、氨氮、总磷、总氮、悬浮物、石油类中排放量较大的污染物指标；

b）污染物排放标准中规定的监控位置为车间或生产设施废水排放口的污染物指标，以及有毒有害或优先控制污染物相关名录中的污染物指标；

c）排污单位所在流域环境质量超标的污染物指标。

其他要求按本标准 5.2.1.3 执行。

5.3.3 监测频次

5.3.3.1 监测频次确定的基本原则

按本标准 5.2.1.4 a）执行。

5.3.3.2 原则上，外排口监测点位最低监测频次按照表 2 执行。各排放口废水流量和污染物浓度同步监测。

表 2 废水监测指标的最低监测频次

排污单位级别	主要监测指标	其他监测指标
重点排污单位	日—月	季度—半年
非重点排污单位	季度	年

注：为最低监测频次的范围，在行业排污单位自行监测技术指南中依据此原则确定各监测指标的最低监测频次。

5.3.3.3 内部监测点位监测频次

按本标准 5.2.1.4 c）执行。

5.3.4 监测技术

按本标准 5.2.1.5 执行。

5.3.5 采样方法

废水手工采样方法的选择参照相关污染物排放标准及 HJ/T 91、HJ/T 92、HJ 493、HJ 494、HJ 495 等执行，根据监测指标的特点确定采样方法为混合采样方法或瞬时采样的方法，单次监测采样频次按相关污染物排放标准和 HJ/T 91 执行。污水自动监测采样方法参照 HJ/T 353、HJ/T 354、HJ/T 355、HJ/T 356 执行。

5.3.6 监测分析方法

按本标准 5.2.1.7 执行。

5.4 厂界环境噪声监测

5.4.1 监测点位

5.4.1.1 厂界环境噪声的监测点位置具体要求按 GB 12348 执行。

5.4.1.2 噪声布点应遵循以下原则：

 a）根据厂内主要噪声源距厂界位置布点；

 b）根据厂界周围敏感目标布点；

 c）"厂中厂"是否需要监测根据内部和外围排污单位协商确定；

 d）面临海洋、大江、大河的厂界原则上不布点；

 e）厂界紧邻交通干线不布点；

 f）厂界紧邻另一排污单位的，在临近另一排污单位侧是否布点由排污单位协商确定。

5.4.2 监测频次

 厂界环境噪声每季度至少开展一次监测，夜间生产的要监测夜间噪声。

5.5 周边环境质量影响监测

5.5.1 监测点位

 排污单位厂界周边的土壤、地表水、地下水、大气等环境质量影响监测点位参照排污单位环境影响评价文件及其批复及其他环境管理要求设置。

 如环境影响评价文件及其批复及其他文件中均未作出要求，排污单位需要开展周边环境质量影响监测的,环境质量影响监测点位设置的原则和方法参照 HJ 2.1、HJ 2.2、HJ/T 2.3、HJ 2.4、HJ 610 等规定。各类环境影响监测点位设置按照 HJ/T 91、HJ/T 164、HJ 442、HJ/T 194、HJ/T 166 等执行。

5.5.2 监测指标

 周边环境质量影响监测点位监测指标参照排污单位环境影响评价文件及其批复等管理文件的要求执行，或根据排放的污染物对环境的影响确定。

5.5.3 监测频次

若环境影响评价文件及其批复等管理文件有明确要求的，排污单位周边环境质量监测频次按照要求执行。

否则，涉水重点排污单位地表水每年丰、平、枯水期至少各监测一次，涉气重点排污单位空气质量每半年至少监测一次，涉重金属、难降解类有机污染物等重点排污单位土壤、地下水每年至少监测一次。发生突发环境事故对周边环境质量造成明显影响的，或周边环境质量相关污染物超标的，应适当增加监测频次。

5.5.4 监测技术

按本标准 5.2.1.5 执行。

5.5.5 采样方法

周边水环境质量监测点采样方法参照 HJ/T 91、HJ/T 164、HJ 442 等执行。

周边大气环境质量监测点采样方法参照 HJ/T 194 等执行。

周边土壤环境质量监测点采样方法参照 HJ/T 166 等执行。

5.5.6 监测分析方法

按本标准 5.2.1.7 执行。

5.6 监测方案的描述

5.6.1 监测点位的描述

所有监测点位均应在监测方案中通过语言描述、图形示意等形式明确体现。描述内容包括监测点位的平面位置及污染物的排放去向等。废水监测点需明确其所在废水排放口、对应的废水处理工艺，废气排放监测点位需明确其在排放烟道的位置分布、对应的污染源及处理设施。

5.6.2 监测指标的描述

所有监测指标采用表格、语言描述等形式明确体现。监测指标应与监测点位相对应，监测指标内容包括每个监测点位应监测的指标名称、排放限值、排放限值的来源（如标准名称、编号）等。

国家或地方污染物排放（控制）标准、环境影响评价文件及其批复、排污许可证中的污染物，如排污单位确认未排放，监测方案中应明确注明。

5.6.3 监测频次的描述

监测频次应与监测点位、监测指标相对应，每个监测点位的每项监测指标的监测频次都应详细注明。

5.6.4 采样方法的描述

对每项监测指标都应注明其选用的采样方法。废水采集混合样品的，应注明混合样采样个数。废气非连续采样的，应注明每次采集的样品个数。废气颗粒物采样，应注明每个监测点位设置的采样孔和采样点个数。

5.6.5 监测分析方法的描述

对每项监测指标都应注明其选用的监测分析方法名称、来源依据、检出限等内容。

5.7 监测方案的变更

当有以下情况发生时，应变更监测方案：

a）执行的排放标准发生变化；

b）排放口位置、监测点位、监测指标、监测频次、监测技术任一项内容发生变化；

c）污染源、生产工艺或处理设施发生变化。

6 监测质量保证与质量控制

排污单位应建立并实施质量保证与控制措施方案，以自证自行监测数据的质量。

6.1 建立质量体系

排污单位应根据本单位自行监测的工作需求，设置监测机构，梳理监测方案制定、样品采集、样品分析、监测结果报出、样品留存、相关记录的保存等监测的各个环节中，为保证监测工作质量应制定的工作流程、管理措施与监督措施，建立自行监测质量体系。

质量体系应包括对以下内容的具体描述：监测机构，人员，出具监测数据所需仪器设备，监测辅助设施和实验室环境，监测方法技术能力验证，监测活动质量控制与质量保证等。

委托其他有资质的检（监）测机构代其开展自行监测的，排污单位不用建立监测质量体系，但应对检（监）测机构的资质进行确认。

6.2 监测机构

监测机构应具有与监测任务相适应的技术人员、仪器设备和实验室环境，明确监测人员和管理人员的职责、权限和相互关系，有适当的措施和程序保证监测结果准确可靠。

6.3 监测人员

应配备数量充足、技术水平满足工作要求的技术人员，规范监测人员录用、培训教育和能力确认/考核等活动,建立人员档案,并对监测人员实施监督和管理,规避人员因素对监测数据正确性和可靠性的影响。

6.4 监测设施和环境

根据仪器使用说明书、监测方法和规范等的要求，配备必要的如除湿机、空调、干湿度温度计等辅助设施，以使监测工作场所条件得到有效控制。

6.5 监测仪器设备和实验试剂

应配备数量充足、技术指标符合相关监测方法要求的各类监测仪器设备、标准物质和实验试剂。

监测仪器性能应符合相应方法标准或技术规范要求，根据仪器性能实施自校准或者检定/校准、运行和维护、定期检查。

标准物质、试剂、耗材的购买和使用情况应建立台账予以记录。

6.6 监测方法技术能力验证

应组织监测人员按照其所承担监测指标的方法步骤开展实验活动，测试方法的检出浓度、校准（工作）曲线的相关性、精密度和准确度等指标，实验结果满足方法相应的规定以后，方可确认该人员实际操作技能满足工作需求，能够承担测试工作。

6.7 监测质量控制

编制监测工作质量控制计划，选择与监测活动类型和工作量相适应的质控方法，包括使用标准物质、采用空白试验、平行样测定、加标回收率测定等，定期进行质控数据分析。

6.8 监测质量保证

按照监测方法和技术规范的要求开展监测活动，若存在相关标准规定不明确但又影响监测数据质量的活动，可编写《作业指导书》予以明确。

编制工作流程等相关技术规定，规定任务下达和实施，分析用仪器设备购买、验收、维护和维修，监测结果的审核签发、监测结果录入发布等工作的责任人和完成时限，确保监测各环节无缝衔接。

设计记录表格，对监测过程的关键信息予以记录并存档。

定期对自行监测工作开展的时效性、自行监测数据的代表性和准确性、管理部门检查结论和公众对自行监测数据的反馈等情况进行评估，识别自行监测存在的问题，及时采取纠正措施。管理部门执法监测与排污单位自行监测数据不一致的，以管理部门执法监测结果为准，作为判断污染物排放是否达标、自动监测设施是否正常运行的依据。

7 信息记录和报告

7.1 信息记录

7.1.1 手工监测的记录

7.1.1.1 采样记录：采样日期、采样时间、采样点位、混合取样的样品数量、采样器名称、采样人姓名等。

7.1.1.2 样品保存和交接：样品保存方式、样品传输交接记录。

7.1.1.3 样品分析记录：分析日期、样品处理方式、分析方法、质控措施、分析结果、分析人姓名等。

7.1.1.4 质控记录：质控结果报告单。

7.1.2 自动监测运维记录

包括自动监测系统运行状况、系统辅助设备运行状况、系统校准、校验工作等；仪器说明书及相关标准规范中规定的其他检查项目；校准、维护保养、维修记录等。

7.1.3 生产和污染治理设施运行状况

记录监测期间企业及各主要生产设施（至少涵盖废气主要污染源相关生产设施）运行状况（包括停机、启动情况）、产品产量、主要原辅料使用量、取水量、主要燃料消耗量、燃料主要成分、污染治理设施主要运行状态参数、污染治理主要药剂消耗情况等。日常生产中上述信息也需整理成台账保存备查。

7.1.4 固体废物（危险废物）产生与处理状况

记录监测期间各类固体废物和危险废物的产生量、综合利用量、处置量、贮存量、倾倒丢弃量，危险废物还应详细记录其具体去向。

7.2 信息报告

排污单位应编写自行监测年度报告，年度报告至少应包含以下内容：

a）监测方案的调整变化情况及变更原因；

b）企业及各主要生产设施（至少涵盖废气主要污染源相关生产设施）全年运行天数，各监测点、各监测指标全年监测次数、超标情况、浓度分布情况；

c）按要求开展的周边环境质量影响状况监测结果；

d）自行监测开展的其他情况说明；

e）排污单位实现达标排放所采取的主要措施。

7.3 应急报告

监测结果出现超标的，排污单位应加密监测，并检查超标原因。短期内无法实现稳定达标排放的，应向环境保护主管部门提交事故分析报告，说明事故发生的原因，采取减轻或防止污染的措施，以及今后的预防及改进措施等；若因发生事故或者其他突发事件，排放的污水可能危及城镇排水与污水处理设施安全运行的，应当立即采取措施消除危害，并及时向城镇排水主管部门和环境保护主管部门等有关部门报告。

7.4 信息公开

排污单位自行监测信息公开内容及方式按照《企业事业单位环境信息公开办法》（环境保护令 第 31 号）及《国家重点监控企业自行监测及信息公开办法（试行）》（环发〔2013〕81 号）执行。非重点排污单位的信息公开要求由地方环境保护主管部门确定。

8 监测管理

排污单位对其自行监测结果及信息公开内容的真实性、准确性、完整性负责。排污单位应积极配合并接受环境保护行政主管部门的日常监督管理。

附录2

排污单位自行监测技术指南 化肥工业—氮肥

（HJ 948.1—2018）

前言

为落实《中华人民共和国环境保护法》《中华人民共和国水污染防治法》《中华人民共和国大气污染防治法》，指导和规范氮肥工业排污单位自行监测工作，制定本标准。

本标准提出了氮肥工业排污单位自行监测的一般要求、监测方案制定、信息记录和报告的基本内容和要求。

本标准为首次发布。本标准由生态环境部提出并组织制订。

本标准主要起草单位：中国环境监测总站、重庆市生态环境监测中心。

本标准生态环境部 2018 年 7 月 31 日批准。

本标准自 2018 年 10 月 1 日起实施。

本标准由生态环境部解释。

1 适用范围

本标准提出了氮肥工业排污单位自行监测的一般要求、监测方案制定、信息记录和报告的基本内容和要求。

本标准适用于氮肥工业排污单位在生产运行阶段对其排放的水、气污染物，噪声以及周边环境质量影响开展监测。

自备火力发电机组（厂）、配套动力锅炉的自行监测要求按照 HJ 820 执行。

2 规范性引用文件

本标准内容引用了下列文件或其中的条款。凡是不注明日期的引用文件，其有效版本适用于本标准。

GB 13458 合成氨工业水污染物排放标准

HJ 2.2 环境影响评价技术导则 大气环境

HJ/T 2.3 环境影响评价技术导则 地面水环境

HJ/T 91 地表水和污水监测技术规范

HJ/T 194 环境空气质量手工监测技术规范

HJ 442 近岸海域环境监测规范

HJ 819 排污单位自行监测技术指南 总则

HJ 820 排污单位自行监测技术指南 火力发电及锅炉

《国家危险废物名录》（环境保护部、国家发展改革委、公安部令 第 39 号）

3 术语和定义

GB 13458 界定的以及下列术语和定义适用于本标准。

氮肥工业 nitrogenous fertilizer industry

氮肥工业包括生产合成氨以及以合成氨为原料生产尿素、硝酸铵、碳酸氢铵以及醇氨联产的生产企业或生产设施。

4 自行监测的一般要求

排污单位应查清本单位的污染源、污染物指标及潜在的环境影响，制定监测方案，设置和维护监测设施，按照监测方案开展自行监测，做好质量保证和质量控制，记录和保存监测数据，依法向社会公开监测结果。

5 监测方案制定

5.1 废水排放监测

所有氮肥工业排污单位均须在其废水总排放口、雨水排放口设置监测点位，监测指标及最低监测频次按表 1 执行。

表 1 废水排放口监测指标及最低监测频次

监测点位	监测指标	监测频次	
		直接排放	间接排放
废水总排放口	流量、pH、化学需氧量、氨氮	自动监测	
	总氮	日（自动监测 [a]）	
	悬浮物、总磷 [b]	周	月
	石油类、硫化物 [c]、氰化物 [c]、挥发酚 [c]	月	季度
雨水排放口	pH、化学需氧量、氨氮、悬浮物	日 [d]	

注：设区的市级及以上环境保护主管部门明确要求安装自动监测设备的污染物指标，须采用自动监测。

[a] 待总氮自动监测技术规范发布后，须采取自动监测。

[b] 总磷实施总量控制的区域，总磷最低监测频次按日执行。

[c] 以天然气为原料的排污单位硫化物、氰化物、挥发酚的监测频次按年执行。

[d] 排放期间按日监测。

5.2 废气排放监测

5.2.1 有组织废气排放监测

各生产工序有组织废气排放监测点位、监测指标及监测频次按表 2 执行。

表2　有组织废气排放口监测指标及最低监测频次

生产工序			监测点位	监测指标	监测频次
合成氨	以煤为原料		备煤	颗粒物	半年
		固定床常压煤气化工艺	原料气制备	吹风气余热回收系统或三废混燃系统排气筒	颗粒物、二氧化硫、氮氧化物	自动监测
					汞及其化合物[a]	半年
					烟气黑度	年
				造气废水沉淀池废气收集处理设施排气筒	氨、硫化氢、非甲烷总烃、酚类、氰化氢	季度
					苯并[a]芘	半年
				造气炉放空管	颗粒物、氨、硫化氢、非甲烷总烃、苯并[a]芘	放空期间
			原料气净化	脱碳气提塔排气筒	氨、硫化氢、非甲烷总烃	季度
		干煤粉气流床气化工艺	原料气制备	磨煤及干燥系统排气筒	颗粒物、氮氧化物	季度
				煤粉输送及加压进料系统粉煤仓排气筒	颗粒物	季度
					甲醇[b]、硫化氢[b]	年
			原料气净化	低温甲醇洗尾气洗涤塔排气筒	甲醇、硫化氢	季度
				硫回收尾气排气筒	二氧化硫	自动监测
					硫酸雾[c]	半年
		水煤浆气流床气化工艺	原料气净化	低温甲醇洗尾气洗涤塔排气筒	甲醇、硫化氢	季度
				硫回收尾气排气筒	二氧化硫	自动监测
					硫酸雾[c]	半年
		碎煤固定床加压气化工艺	原料气净化	酸性气体脱除设施排气筒	甲醇、非甲烷总烃、二氧化硫、氮氧化物	季度
				硫回收尾气排气筒	二氧化硫	自动监测
					硫酸雾[c]	半年
	以天然气为原料	蒸汽转化法	原料气制备	一段转化炉排气筒	颗粒物、氮氧化物	季度
	以焦炉气为原料	部分转化法	原料气制备	脱硫再生槽废气排气筒	硫化氢、氨	月
				一段转化炉排气筒	颗粒物、氮氧化物	季度
	以油为原料	重油部分氧化法	原料气净化	低温甲醇洗尾气洗涤塔排气筒	甲醇、硫化氢	季度
				硫回收尾气排气筒	二氧化硫	自动监测
					硫酸雾[c]	半年

生产工序	监测点位	监测指标	监测频次
尿素	放空气洗涤塔（或吸收塔）排气筒	氨	季度
	造粒塔或造粒机排气筒	颗粒物、氨、甲醛 [d]	季度
	包装机排气筒	颗粒物	年
硝酸铵	造粒塔排气筒	颗粒物、氨	季度
	包装机排气筒	颗粒物	年
污水处理环保设施	污水处理场废气收集处理设施排气筒	硫化氢、氨、酚类 [e]	半年
		非甲烷总烃 [e]	季度

注：废气监测须按照相应标准分析方法、技术规范同步监测烟气参数（造气炉放空管除外）。氮肥工业造粒塔尾气排气筒若无法进行废气流量监测，可采用物料衡算估算污染物排放量。

[a] 采用三废混燃系统时，应监测汞及其化合物。

[b] 干煤粉气流床气化装置煤粉输送载气采用来自低温甲醇洗脱硫脱碳设施的二氧化碳气时，应测定硫化氢、甲醇。

[c] 适用于硫回收生产硫酸的排污单位。

[d] 造粒过程使用甲醛时，应监测甲醛。

[e] 采用固定床常压煤气化工艺的排污单位须监测酚类和非甲烷总烃。

5.2.2 无组织废气排放监测

无组织废气排放监测点位、监测指标及监测频次按表3执行。

表3 无组织废气监测指标及最低监测频次

监测点位	监测指标	监测频次
排污单位厂界	氨、非甲烷总烃、臭气浓度、硫化氢 [a]	季度
	颗粒物 [a]、甲醇 [b]、苯并[a]芘 [c]、酚类 [c]	年

注：a 以天然气为原料和燃料的排污单位可不监测硫化氢和颗粒物。

b 副产甲醇或采用低温甲醇洗工艺的排污单位应监测甲醇。

c 采用固定床常压煤气化工艺的排污单位，应监测酚类、苯并[a]芘。

5.3 厂界环境噪声监测

厂界环境噪声监测点位设置应遵循 HJ 819 中的原则，主要考虑破碎设备、筛分设备、风机、空压机、各类压缩机、水泵等噪声源在厂区内的分布情况。

厂界噪声每季度至少开展一次昼间、夜间监测，监测指标为等效连续 A 声级。周边有敏感点的，应增加敏感点位噪声监测。

5.4 周边环境质量影响监测

5.4.1 其他环境管理政策,或环境影响评价文件及其批复[仅限2015年1月1日(含)后取得环境影响评价批复的排污单位]有明确要求的,按要求执行。

5.4.2 无明确要求的,若排污单位认为有必要的,可对周边水、空气环境质量开展监测。可参照 HJ 2.2、HJ/T 2.3、HJ/T 91、HJ/T 194、HJ 442 中相关规定设置地表水、海水监测断面及环境空气监测点位,监测指标及频次按表4执行。环境空气监测时间应与厂界周边无组织废气排放监测时间同步。

表 4 周边环境质量影响监测指标及最低监测频次

目标环境	监测指标	监测频次
地表水	pH、悬浮物、化学需氧量、氨氮、总磷、总氮、石油类、氰化物、挥发酚、硫化物	季度
海水	pH、化学需氧量、溶解氧、总氮、总磷、活性磷酸盐、无机氮、石油类、氰化物、挥发酚、硫化物	半年
环境空气	二氧化硫、二氧化氮、颗粒物、苯并[a]芘 [a]、氨	半年

注: [a] 采用固定床常压煤气化工艺的排污单位应监测环境空气中的苯并[a]芘。

5.5 其他要求

5.5.1 除表1~表3中的污染物指标外,5.5.1.1 和 5.5.1.2 中的污染物指标也应纳入监测指标范围,并参照表1~表3和 HJ 819 确定监测频次。

5.5.1.1 排污许可证、所执行的污染物排放(控制)标准、环境影响评价文件及其批复[仅限2015年1月1日(含)后取得环境影响评价批复的排污单位]、相关管理规定明确要求的污染物指标。

5.5.1.2 排污单位根据生产过程的原辅用料、生产工艺、中间及最终产品类型、监测结果确定实际排放的,在有毒有害或优先控制污染物相关名录中的污染物指标,或其他有毒污染物指标。

5.5.2 各指标的监测频次在满足本标准的基础上,可根据需求按照 HJ 819 中监测频次的确定原则提高监测频次。

5.5.3 采样方法、监测分析方法、监测质量保证与质量控制等按照 HJ 819 执行。

5.5.4 监测方案的描述、变更按照 HJ 819 执行。

6 信息记录和报告

6.1 信息记录

6.1.1 监测信息记录

手工监测记录和自动监测运维记录按照 HJ 819 执行。排污单位应如实记录手工监测期间的工况（包括生产负荷、污染治理设施运行情况等），确保监测数据具有代表性。

6.1.2 生产和污染治理设施运行状况信息记录

排污单位应详细记录生产及污染治理设施运行状况，日常生产中也应参照以下内容记录相关信息，并整理成台账保存备查，台账保存期限不得少于三年。

6.1.2.1 生产运行状况记录

按班次记录正常工况各主要生产单元每项生产设施的运行状态、生产负荷、主要产品产量、原辅料及燃料使用情况（包括种类、名称、用量、成分分析）、火炬系统及冷却塔的工作状态等数据。

6.1.2.2 污染治理设施运行情况记录

污染治理设施运行管理记录应至少包括以下内容：有组织、无组织排放废气以及废水污染治理设施名称及工艺、污染治理设施编号、对应生产设施名称及编号、污染因子、治理设施设计参数、风量、对应生产设施生产负荷、运行参数。

6.1.3 一般工业固体废物和危险废物信息记录

记录一般工业固体废物的产生量、综合利用量、处置量、贮存量；按照危险废物管理的相关要求，按日记录危险废物的产生量、综合利用量、处置量、贮存量及其具体去向。原料或辅助工序中产生的其他危险废物的情况也应记录。一般工业固体废物及危险废物产生情况见表 5。

表5　一般工业固体废物及危险废物来源

类别	废物名称
一般工业固体废物	造气炉渣、锅炉炉渣、除尘器灰渣、污水处理过程中产生的污泥、生活垃圾
危险废物	铜泥、废催化剂、废活性炭等

注：其他可能产生的危险废物按照《国家危险废物名录》或国家规定的危险废物鉴别标准和鉴别方法认定。

6.2　信息报告、应急报告和信息公开

按照 HJ 819 执行。

7　其他

本标准规定的内容外，按照 HJ 819 执行。

附录 3

排污单位自行监测技术指南　磷肥、钾肥、复混肥料、有机肥和微生物肥料

（HJ 1088—2020）

前言

为落实《中华人民共和国环境保护法》《中华人民共和国水污染防治法》《中华人民共和国大气污染防治法》《排污许可管理办法（试行）》指导和规范磷肥、钾肥、复混肥料（复合肥料）、有机肥料及微生物肥料工业排污单位自行监测工作，制定本标准。

本标准提出了磷肥、钾肥、复混肥料（复合肥料）、有机肥料及微生物肥料工业排污单位自行监测的一般要求、监测方案制定、信息记录及报告的基本内容和要求。

本标准为首次发布。

本标准由生态环境部生态环境监测司、法规与标准司提出并组织制订。

本标准主要起草单位：中国环境监测总站、重庆市生态环境监测中心。

本标准生态环境部 2020 年 1 月 6 日批准。

本标准自 2020 年 4 月 1 日起实施。

本标准由生态环境部解释。

1 适用范围

本标准提出了磷肥、钾肥、复混肥料（复合肥料）、有机肥料及微生物肥料工业排污单位自行监测的一般要求、监测方案制定、信息记录和报告的基本内容和要求。

本标准适用于磷肥、钾肥、复混肥料（复合肥料）、有机肥料及微生物肥料工业排污单位在生产运行阶段对其排放的水、气污染物，噪声以及对其周边环境质量影响开展自行监测。

自备火力发电机组（厂）、配套动力锅炉的自行监测要求按照《排污单位自行监测技术指南 火力发电及锅炉》（HJ 820）执行。

2 规范性引用文件

本标准内容引用了下列文件或其中的条款。凡是不注明日期的引用文件，其有效版本适用于本标准。

GB 15580 磷肥工业水污染物排放标准

GB 18599 一般工业固体废物贮存、处置场污染控制标准

HJ 2.2 环境影响评价技术导则 大气环境

HJ 194 环境空气质量手工监测技术规范

HJ 819 排污单位自行监测技术指南 总则

HJ 820 排污单位自行监测技术指南 火力发电及锅炉

HJ/T 164 地下水环境监测技术规范

《国家危险废物名录》

3 术语和定义

下列术语和定义适用于本标准。

3.1　磷肥工业　phosphatic fertilizer industry

生产磷肥产品的工业。磷肥产品包括：磷酸一铵、磷酸二铵、重过磷酸钙、硝酸磷肥、硝酸磷钾肥、过磷酸钙、钙镁磷肥、钙镁磷钾肥和其他副产品（氟硅酸钠、氟硅酸钾等）及生产磷肥所需的中间产品磷酸（湿法）。

3.2　钾肥工业　potassic fertilizer industry

生产钾肥产品的工业。钾肥产品包括：氯化钾、硫酸钾、硝酸钾以及硫酸镁钾肥等。

3.3　复混肥料（复合肥料）工业　compound fertilizer（complex fertilizer）industry

生产复混肥料（复合肥料）的工业。复混肥料（复合肥料）指氮、磷、钾三种养分中至少标明两种养分含量的肥料（磷酸一铵、磷酸二铵、硝酸磷肥、硝酸磷钾肥、钙镁磷肥、钙镁磷钾肥、硝酸钾除外）。

3.4　有机肥料及微生物肥料工业　organic and microbial fertilizer industry

生产有机肥料及微生物肥料的工业。

3.5　直接排放　direct emission

排污单位直接向环境水体排放污染物的行为。

3.6　间接排放　indirect emission

排污单位向公共污水处理系统排放污染物的行为。

3.7　雨水排放口　rainwater outlet

指直接或通过沟、渠或者管道等设施向厂界外专门排放天然降水的排放口。

4　自行监测的一般要求

排污单位应查清本单位的污染源、污染物指标及潜在的环境影响，制定监测方案，设置和维护监测设施，按照监测方案开展自行监测，做好质量保证和质量控制，记录和保存监测数据，依法向社会公开监测结果。

5　监测方案制定

5.1　废水排放监测

所有磷肥工业排污单位均须在其废水总排放口、车间或生产设施废水排放口、生活污水排放口、雨水排放口设置监测点位，监测指标及最低监测频次按表 1 执行。

表 1　磷肥工业废水排放监测点位、监测指标及最低监测频次

监测点位	监测指标	监测频次	
		直接排放	间接排放
废水总排放口	流量、化学需氧量、氨氮、总磷	自动监测	
	pH、氟化物、悬浮物、总氮 [a]	周	月
车间或生产设施废水排放口	总砷	月	
生活污水排放口	流量、化学需氧量、氨氮、总磷	自动监测	—
	pH、悬浮物、总氮 [a]	周	—
雨水排放口	化学需氧量、氨氮、总磷、悬浮物	月 [b]	

注：[a] 总氮实施总量控制的区域，总氮最低监测频次按日执行。

　　[b] 排水期间按月监测，如监测一年无异常情况，可放宽至每季度监测一次。

所有复混肥料（复合肥料）工业排污单位均须在其废水总排放口、生活污水排放口、雨水排放口设置监测点位，监测指标及最低监测频次按表 2 执行。

表 2　复混肥料（复合肥料）工业废水排放监测点位、监测指标及最低监测频次

监测点位	监测指标	监测频次	
		直接排放	间接排放
废水总排放口	流量、化学需氧量、氨氮、总磷、总氮 [a]	自动监测	
	pH、悬浮物	月	季度
生活污水排放口	流量、化学需氧量、氨氮、总磷、总氮 [a]	自动监测	—
	pH、悬浮物	月	—
雨水排放口	化学需氧量、氨氮、悬浮物、总磷	月 [b]	

注：[a] 总氮自动监测技术规范发布实施前，按日监测。

　　[b] 排水期间按月监测，如监测一年无异常情况，可放宽至每季度监测一次。

所有钾肥工业排污单位均须在其废水总排放口、生活污水排放口、雨水排放口设置监测点位，监测指标及最低监测频次按表3执行。

表3　钾肥工业废水排放监测点位、监测指标及最低监测频次

监测点位	排污单位级别	监测指标	监测频次	
			直接排放	间接排放
废水总排放口	重点排污单位	流量、化学需氧量、氨氮	自动监测	
		pH、悬浮物	月	季度
	非重点排污单位	流量、化学需氧量、氨氮	月	季度
		pH、悬浮物	季度	半年
生活污水排放口		流量、pH、化学需氧量、氨氮、悬浮物	半年	—
雨水排放口		化学需氧量、氨氮、悬浮物	日 [a]	

注：[a] 排水期间按日监测，如监测一年无异常情况，可放宽至每季度监测一次。

所有有机肥料及微生物肥料工业排污单位均须在其废水总排放口、生活污水排放口、雨水排放口设置监测点位，监测指标及最低监测频次按表4执行。

表4　有机肥料及微生物肥料工业废水排放监测点位、监测指标及最低监测频次

监测点位	排污单位级别	监测指标	监测频次	
			直接排放	间接排放
废水总排放口	重点排污单位	流量、化学需氧量、氨氮、总磷、总氮 [a]	自动监测	
		pH、悬浮物	月	季度
	非重点排污单位	流量、化学需氧量、氨氮、总磷、总氮	月	季度
		pH、悬浮物	季度	半年
生活污水排放口		流量、pH、化学需氧量、氨氮、悬浮物	半年	—
雨水排放口		化学需氧量、氨氮、悬浮物	日 [b]	

注：[a] 总氮自动监测技术规范发布实施前，按日监测。
　　[b] 排水期间按日监测，如监测一年无异常情况，可放宽至每季度监测一次。

5.2　废气排放监测

5.2.1　有组织废气排放监测

对于多个污染源或生产设备共用一个排气筒的，监测点位可布设在共用排气筒上。当执行不同排放控制要求的废气合并排气筒排放时，应在废气混合前进行

监测;若监测点位只能布设在混合后的排气筒上,监测指标应涵盖所对应污染源或生产设备的监测指标,最低监测频次按照严格的执行。

磷肥工业各生产工序有组织废气排放监测点位、监测指标及最低监测频次按表5执行。

表5 磷肥工业有组织废气排放监测点位、监测指标及最低监测频次

产品	生产工序		监测点位	监测指标	监测频次
磷酸	原料制备		含尘废气收集处理设施排气筒	颗粒物	半年
	酸解反应		反应尾气处理系统排气筒	氟化物	月
	过滤		过滤机尾气处理系统排气筒	氟化物	月
磷酸一铵/磷酸二铵	中和反应		反应尾气处理系统排气筒	氨	季度
	成品制备	喷雾/造粒	造粒尾气处理系统排气筒	颗粒物	自动监测
				氨	季度
				氟化物	月
		干燥	干燥尾气处理系统排气筒	颗粒物	自动监测
				氟化物	月
				二氧化硫 [a]	月
				氮氧化物	月
		筛分	筛分尾气处理系统排气筒	颗粒物	半年
		破碎	破碎尾气处理系统排气筒	颗粒物	半年
		冷却	冷却尾气处理系统排气筒	颗粒物	半年
	成品包装		包装尾气排气筒	颗粒物	半年
重过磷酸钙/过磷酸钙	原料制备	磷矿烘干	烘干尾气处理系统排气筒	颗粒物	自动监测
				二氧化硫 [a]	月
				氮氧化物	月
		磷矿石破碎	含尘废气收集处理设施排气筒	颗粒物	半年
	酸解反应		反应尾气处理系统排气筒	氟化物	月
				硫酸雾 [b]	半年
	成品制备	造粒	造粒尾气处理系统排气筒	颗粒物	自动监测
		干燥	干燥尾气处理系统排气筒	颗粒物	自动监测
				二氧化硫 [a]	月
				氮氧化物	月
		筛分	筛分尾气处理系统排气筒	颗粒物	半年
		破碎	破碎尾气处理系统排气筒	颗粒物	半年
	成品包装		包装尾气排气筒	颗粒物	半年

产品	生产工序	监测点位	监测指标	监测频次
硝酸磷肥/硝酸磷钾肥	原料制备	磷矿石破碎	含尘废气收集处理设施排气筒	颗粒物	半年
		磷矿粉烘干	烘干尾气处理系统排气筒	颗粒物	自动监测
				二氧化硫 ª	月
				氮氧化物	月
		磷矿粉焙烧	焙烧尾气处理系统排气筒	颗粒物	自动监测
				二氧化硫 ª	月
				氮氧化物	月
		磷矿粉冷却	冷却尾气处理系统排气筒	颗粒物	半年
	酸解反应		反应尾气处理系统排气筒	氮氧化物	自动监测
				氟化物	月
	过滤		过滤尾气处理系统排气筒	氟化物	月
	中和反应		反应尾气处理系统排气筒	氨	季度

钾肥工业各生产工序有组织废气排放监测点位、监测指标及最低监测频次按表6执行。

表6 钾肥工业有组织废气排放监测点位、监测指标及最低监测频次

产品	生产工序	监测点位	监测指标	监测频次
氯化钾、硫酸钾（钾混盐转化法、复分解法）、硫酸钾镁肥	成品制备	造粒尾气处理系统排气筒	颗粒物	半年
		干燥尾气处理系统排气筒	颗粒物	半年
			二氧化硫 ª	半年
			氮氧化物	半年
		包装尾气排气筒	颗粒物	半年
硝酸钾	中和反应	反应尾气处理系统排气筒	氮氧化物	半年
	成品制备	造粒尾气处理系统排气筒	颗粒物	半年
		干燥尾气处理系统排气筒	颗粒物	半年
			二氧化硫 ª	半年
			氮氧化物	半年
		包装尾气排气筒	颗粒物	半年
硫酸钾（曼海姆法）	曼海姆炉	曼海姆炉烟气排气筒	颗粒物	半年
			二氧化硫 ᵇ	半年
			氮氧化物	半年
	冷却	浆膜吸收器尾气排气筒	氯化氢	半年
		冷却器尾气处理系统排气筒	颗粒物	半年
	成品制备	破碎尾气处理系统排气筒	颗粒物	半年
		包装尾气排气筒	颗粒物	半年

注：废气监测须按照相应标准监测分析方法、技术规范同步监测烟气参数。

ª 采用燃煤热风炉的排污单位。

ᵇ 采用重油、燃煤发生炉制气为燃料的排污单位。

复混肥料（复合肥料）工业各生产工序有组织废气排放监测点位、监测指标

及最低监测频次按表7执行。

表7 复混肥料（复合肥料）工业有组织废气排放监测点位、监测指标及最低监测频次

产品	生产工序		监测点位	监测指标	监测频次
团粒型复混肥料（复合肥料）	原料制备		含尘废气收集处理设施排气筒	颗粒物	半年
	成品制备	造粒	造粒尾气处理系统排气筒	颗粒物	自动监测
				氨	季度
				氮氧化物 [a]	季度
				硫化氢 [b]	半年
		干燥	干燥尾气处理系统排气筒	颗粒物	自动监测
				硫化氢 [b]	半年
				二氧化硫 [c]	月
				氮氧化物	月
		筛分	筛分尾气处理系统排气筒	颗粒物	半年
		破碎	破碎尾气处理系统排气筒	颗粒物	半年
		冷却	冷却系统尾气处理排气筒	颗粒物	半年
		包装	包装尾气处理系统排气筒	颗粒物	半年
熔体型复混肥料（复合肥料）	原料制备		含尘废气收集处理设施排气筒	颗粒物	半年
	成品制备	造粒	造粒尾气处理系统排气筒	颗粒物	自动监测
				氨	季度
				硫化氢 [b]	半年
		筛分	筛分尾气处理系统排气筒	颗粒物	半年
		破碎	破碎尾气处理系统排气筒	颗粒物	半年
		冷却	冷却系统尾气处理排气筒	颗粒物	半年
		包装	包装尾气处理系统排气筒	颗粒物	半年
料浆型复混肥料（复合肥料）	复分解反应		反应尾气处理系统排气筒	氯化氢	半年
	中和反应		反应尾气处理系统排气筒	氨	季度
	成品制备	造粒	造粒尾气处理系统排气筒	颗粒物	自动监测
				氨	季度
		干燥	干燥尾气处理系统排气筒	颗粒物	自动监测
				二氧化硫 [b]	月
				氮氧化物	月
		筛分	筛分尾气处理系统排气筒	颗粒物	半年
		破碎	破碎尾气处理系统排气筒	颗粒物	半年
		冷却	冷却系统尾气处理排气筒	颗粒物	半年
		包装	包装尾气排气筒	颗粒物	半年
掺混型复混肥料（复合肥料）	成品制备	掺混	掺混尾气处理系统排气筒	颗粒物	半年
		筛分	筛分尾气处理系统排气筒	颗粒物	半年
		包装	包装尾气收集处理设施排气筒	颗粒物	半年

注：废气监测须按照相应标准分析方法、技术规范同步监测烟气参数。

[a] 生产硝基复混肥料（复合肥料）的排污单位。

[b] 生产有机-无机复混肥料（复合肥料）的排污单位。

[c] 采用燃煤热风炉的排污单位。

有机肥料及微生物肥料工业各生产工序有组织废气排放监测点位、监测指标及最低监测频次按表8执行。

表8　有机肥料及微生物肥料工业有组织废气排放监测点位、监测指标及最低监测频次

产品	生产工序		监测点位	监测指标	监测频次
有机肥料	原料制备		含尘废气收集处理设施排气筒	颗粒物	半年
				氨	半年
				硫化氢	半年
	成品制备	发酵	发酵尾气收集处理设施排气筒	氨	半年
				硫化氢	半年
		干燥	干燥尾气收集处理设施排气筒	氨	半年
				硫化氢	半年
		破碎	破碎尾气收集处理设施排气筒	颗粒物	半年
		造粒	造粒尾气处理系统排气筒	颗粒物	半年
		筛分	筛分尾气处理系统排气筒	颗粒物	半年
		冷却	冷却尾气处理系统排气筒	颗粒物	半年
微生物肥料	原料制备		反应尾气处理系统排气筒	颗粒物	半年
	成品制备	接种	接种尾气收集处理设施排气筒	氨	半年
				硫化氢	半年
		发酵	发酵尾气收集处理设施排气筒	氨	半年
				硫化氢	半年
		干燥	干燥尾气收集处理设施排气筒	氨	半年
				硫化氢	半年
		破碎	破碎尾气处理系统排气筒	颗粒物	半年
		包装	包装尾气排气筒	颗粒物	半年

注：废气监测须按照相应标准分析方法、技术规范同步监测烟气参数。

5.2.2 无组织废气排放监测

无组织废气排放监测点位、监测指标及最低监测频次按表 9 执行。

表 9　无组织废气监测点位、监测指标及最低监测频次

工业类型	监测点位	监测指标	监测频次
磷肥工业	排污单位厂界	颗粒物、氨、氟化物	季度
钾肥工业		颗粒物、氯化氢 [a]	半年
复混肥料（复合肥料）工业		颗粒物、氨、氯化氢 [b]	季度
		硫化氢 [c]、臭气浓度 [c]	半年
有机肥料及微生物肥料工业		颗粒物、氨、硫化氢、臭气浓度	半年

注：具有生化污水处理站的排污单位，除表内监测指标外，还须在厂界监测氨、硫化氢和臭气浓度，最低监测频次与其行业无组织废气监测指标一致。

[a] 采用曼海姆法生产硫酸钾的排污单位。

[b] 采用低温转化法生产硫基型复混肥料（复合肥料）的排污单位。

[c] 生产有机-无机复混肥料（复合肥料）的排污单位。

5.3　厂界环境噪声监测

厂界环境噪声监测点位设置应遵循 HJ 819 中的原则，主要考虑破碎设备、筛分设备、风机、各类压缩机、水泵等噪声源在厂区内的分布情况。

厂界环境噪声每季度至少开展一次昼、夜间监测，夜间不生产的可不开展夜间噪声监测，监测指标为等效连续 A 声级。周边有敏感点的，应增加敏感点位噪声监测。

5.4　周边环境质量影响监测

5.4.1　法律法规或环境影响评价文件及其批复［仅限 2015 年 1 月 1 日（含）后取得环境影响评价批复的排污单位］有明确要求的，按要求执行。

5.4.2　无明确要求的，若排污单位认为有必要的，可对周边空气环境质量开展监测。参照 HJ 2.2、HJ 194 中相关规定设置环境空气监测点位，监测指标及频次按表 10 执行。环境空气监测时间应与厂界周边无组织废气排放监测时间同步。

表 10 周边环境质量影响监测指标及最低监测频次

所属行业	目标环境	监测指标	监测频次
磷肥工业	环境空气	颗粒物、氟化物、氨	半年
复混肥料（复合肥料）工业	环境空气	颗粒物、氨 [a]	半年
钾肥、有机肥料及微生物肥料工业	环境空气	颗粒物	半年

注：[a] 掺混型复混肥料（复合肥料）排污单位除外。

5.4.3 有磷石膏渣场的排污单位须监测磷石膏渣场地下水，按照 GB 18599 及 HJ/T 164 中的相关要求设置地下水监测点位，监测指标及频次按表 11 执行。

表 11 磷石膏渣场地下水监测指标及最低监测频次

目标环境	监测指标	监测频次
磷石膏渣场地下水 （对照井、污染监视监测井、污染扩散监测井）	pH、总磷、氟化物、砷	季度

5.5 其他要求

5.5.1 除表 1～表 11 中的污染物指标外，5.5.1.1 和 5.5.1.2 中的污染物指标也应纳入监测指标范围，并参照表 1～表 11 和 HJ 819 确定监测频次。

5.5.1.1 排污许可证、所执行的污染物排放（控制）标准、环境影响评价文件及其批复［仅限 2015 年 1 月 1 日（含）后取得环境影响评价批复的排污单位］、相关管理规定明确要求的污染物指标。

5.5.1.2 排污单位根据生产过程的原辅用料、生产工艺、中间及最终产品类型、监测结果确定实际排放的，在有毒有害或优先控制污染物相关名录中的污染物指标，或其他有毒污染物指标。

5.5.2 各指标的监测频次在满足本标准的基础上，可根据需求按照 HJ 819 中监测频次的确定原则提高监测频次。

5.5.3 涉及氮肥、磷肥、钾肥、复混肥料（复合肥料）、有机物肥料和微生物肥料两种以上工业类型的排污单位，监测方案中应涵盖所涉及工业类型的所有监测指标，监测频次按照严格的执行。

5.5.4　采样方法、监测分析方法、监测质量保证与质量控制等按照 HJ 819 执行。

5.5.5　监测方案的描述、变更按照 HJ 819 执行。

6　信息记录和报告

6.1　信息记录

6.1.1　监测信息记录

排污单位应如实记录手工监测期间的工况（包括生产负荷、污染治理设施运行情况等），确保监测数据具有代表性。手工监测记录和自动监测运维记录按照 HJ 819 执行。

6.1.2　生产和污染治理设施运行状况信息记录

排污单位应详细记录生产及污染治理设施运行状况，日常生产中也应参照以下内容记录相关信息，并整理成台账保存备查。

6.1.2.1　生产运行状况记录

按班次记录正常工况各主要生产单元每项生产设施的运行状态、生产负荷、主要产品产量、原辅料及燃料使用情况（包括种类、名称、用量、成分分析）等数据。

6.1.2.2　污染治理设施运行情况记录

（1）污水处理设施：按年记录废水污染治理设施名称及工艺、污染治理设施编号、对应生产设施名称及编号、污染因子、治理设施设计参数等基本信息，年度内发生变化时也应进行记录；记录废水处理设施开停机时间、运行时间，并按日记录污水处理量、中水回用率、污水排放量、污泥生产量（记录含水率）、污水处理使用的药剂名称及用量、用电量，按班次记录对应生产设施生产负荷、运行参数。

（2）废气处理设施：按年记录废气污染治理设施名称及工艺、污染治理设施编号、对应生产设施名称及编号、污染因子、治理设施设计参数、风机风量等基本信息，年度内发生变化时也应进行记录；根据批次按生产线记录废气处理设施开停机时间、废气排放时间及排放量等，并按月记录废气处理使用的药剂名称和消耗量。

6.1.3　工业固体废物记录

按日记录一般工业固体废物和危险废物产生量、综合利用量、处置量、贮存量，危险废物还应记录其具体去向。原料或辅助工序中产生的其他危险废物的情况也应记录。危险废物按照《国家危险废物名录》或国家规定的危险废物鉴别标准和鉴别方法认定。

6.2　信息报告、应急报告和信息公开

按照 HJ 819 执行。

7　其他

本标准规定的内容外，按照 HJ 819 执行。

附录 4

自行监测质量控制相关模板和样表

附录 4-1 检测工作程序（样式）

1 目的

对检测任务的下达、检测方案的制定、采样器皿和试剂的准备，样品采集和现场检测，实验室内样品分析，以及测试原始积累的填写等各个环节实施有效的质量控制，保证检测结果的代表性、准确性。

2 适用范围

适用于本单位实施的检测工作。

3 职责

3.1 ×××负责下达检测任务。

3.2 ×××负责根据检测目的、排放标准、相关技术规范和管理要求制定检测方案（某些企业的检测方案是生态环境主管部门发放许可证时已经完成技术审查的，在一定时间段内执行即可，不必在每一次检测任务均制定检测方案）。

3.3 ×××负责实施需现场检测的项目，×××采集样品并记录采集样品的时间、地点、状态等参数，并做好样品的标识，×××负责样品流转过程中的质量控制，负责将样品移交给样品接收人员。

3.4 ×××负责接收送检样品，在接收送检样品时，对样品的完整性和对应检测要求的适宜性进行验收，并将样品分发到相应分析任务承担人员（如果没有集中接样后，再由接样人员分发样品到分析人员的制度设计，这一步骤可以省略）。

3.5 ×××负责本人承担项目样品的接收、保管和分析。

4 工作程序

4.1 方案制定

×××负责根据检测目的、排放标准、相关技术规范和环境管理要求，制定检测方案，明确检测内容、频次，各任务执行人，使用的检测方法、采用的检测仪器，以及采取的质控措施。经×××审核、×××批准后实施该检测方案。

4.2 现场检测和样品采集

×××采样人员根据检测方案要求，按国家有关的标准、规范到现场进行现场检测和样品采集，记录现场检测结果相关的信息，以及生产工况。样品采集后，按规定建立样品的唯一标识，填写采样过程质保单和采样记录。必要时，受检部门有关人员应在采样原始记录上签字认可。

4.3 样品的流转

采样人员送检样品时，由接样人员认真检查样品表观、编号、采样量等信息是否与采样记录相符合，确认样品量是否能满足检测项目要求，采样人员和接样人员双方签字认可（如果没有集中接样后再由接样人员分发样品到分析人员的制度设计，这一步骤可以省略）。

分析人员在接收样品时，应认真查看和验收样品表观、编号、采样量等信息是否与采样记录相符合，并核实样品交接记录，分析人员确认无误后在样品交接单签字。

4.4 样品的管理

样品应妥善存放在专用且适宜的样品保存场所，分析人员应准确标识样品所处的实验状态，用"待测""在测"和"测毕"标签加以区别。

分析人员在分析前如发现样品异常或对样品有任何疑问时,应立即查找原因,待符合分析要求后，再进行分析。

对要求在特定环境下保存的样品，分析人员应严格控制环境条件，按要求保存，保证样品在存放过程中不变质、不损坏。若发现样品在保存过程中出现异常情况，应及时向质量负责人汇报，查明原因及时采取措施。

4.5　样品的分析

分析人员按检测任务分工安排，严格按照方案中规定的方法标准/规范分析样品，及时填写分析原始记录、测试环境监控记录、仪器使用记录等相关记录并签字。

4.6　样品的处置

除特殊情况需留存的样品外，检测后的余样应送污水处理站进行处理。

5　相关程序文件

《异常情况处理程序》

6　相关记录表格

《废气采样原始记录表》

《废水采样原始记录表》

《内部样品交接单》

《样品留存记录表》

《pH 分析原始记录表》

《颗粒物监测原始记录》

《烟气黑度测试记录表》

《现场监测质控审核记录》

《废水流量监测记录（流速仪法）》

......

附录 4-2 ××××（单位名称）废气采样原始记录表

（检）字【　　　　】第　　　　号　　　　　　　　　共　　　页，第　　　页

受检（委托）单位		接待人		联系电话	
地址		监测目的			
监测项目		测定位置	监测时间		
锅炉（窑炉、设备）型号及名称			安装时间		
额定蒸发量/（t/h）	燃烧方式	燃料名称种类		每月用量/t	
运转时间	时/年	煤灰分含量/%		煤含硫量/%	
除尘设备名称及型号		设计除尘效率		环评批复时间	
脱硫设备名称及型号		设计脱硫效率			
脱硝设备名称及型号		设计脱硝效率			
净化装置名称及型号		设计净化效率			
鼓风机额定风量/（m³/h）		引风机额定风量/（m³/h）			
负荷记录	耗水量	耗煤量		出力影响系数（K）	
	平均蒸发量/（t/h）	蒸汽压力/MPa			
	运行负荷/%				

布点示意图

排气筒编号：				排气筒高度/m：		
除尘效率	$\eta_1=$ % $\eta_2=$ % $\eta_3=$ %			$\eta_1'=$ % $\eta_2'=$ % $\eta_3'=$ %		
脱硫效率	$\eta_1=$ % $\eta_2=$ % $\eta_3=$ %			$\eta_1'=$ % $\eta_2'=$ % $\eta_3'=$ %		
脱硝效率	$\eta_1=$ % $\eta_2=$ % $\eta_3=$ %			$\eta_1'=$ % $\eta_2'=$ % $\eta_3'=$ %		
净化效率	$\eta_1=$ % $\eta_2=$ % $\eta_3=$ %			$\eta_1'=$ % $\eta_2'=$ % $\eta_3'=$ %		

备注：

检测人员：　　　　　校对：　　　　　审核：　　　　　检测日期：　　年　　月　　日

附录 4-3　××××（单位名称）废（污）水采样原始记录表

（检）字【　　　】第　　　号　　　　　　　　共　　页，第　　页

采样时间	排污口编号	样品编号	水温/℃	pH	流量		监测项目	废（污）水表观描述	废（污）水主要来源	排放规律（以流速变化判断）
					(m³/h)	(m³/d)				
时　分										
时　分										
时　分										1. 连续稳定
时　分										2. 连续不稳定
时　分										3. 间断稳定
时　分										4. 间断不稳定
时　分										
时　分										
时　分										

治理设施运行情况	治理设施类型及名称						新鲜用水量/（t/d）	
	处理量/（t/d）	设计	建设日期		COD 设计去除率		回用水量/（t/d）	
		实际	处理规律		氨氮设计去除率		生产负荷	
	主要原料			主要产品				

备注	表观描述应包括颜色、气味、悬浮物含量情况等信息。回用水量不含设施循环水部分。

检测人员：　　　　校对：　　　　审核：　　　　检测日期：　　年　月　日

附录 4-4 ××××（单位名称）内部样品交接单

（检）字【　　　】第　　　号　　　　　　　　　　　　第　　页，共　　页

送样人		采样时间		接样人		接样时间	
样品名称及编号	样品类型	样品表观	样品数量	监测项目		质保措施	分析人员签字
备注		平行样品分析项目及编号： 加标样品分析项目及编号：					

填写人员：　　　　　校对：　　　　　审核：　　　　　日期：　　年　　月　　日

附录 4-5 重量法分析原始记录表

×环（监）【   】第   号   第   页，共   页

分析项目		仪器名称型号		方法名称		送样日期		环境条件	室温/℃
		仪器编号		方法依据		分析日期			湿度/%
烘干/灼烧温度/℃			烘干/灼烧时间/h			恒重温度/℃		恒重时间/h	

样品名称及编号	器皿编号	取样量（ ）	初重/g			终重/g			样重/g	计算结果（ ）	报出结果（ ）	备 注
			W_1	W_2	$W_均$	W_1	W_2	$W_均$	ΔW			

分析：   校对：   审核：   报告日期：   年   月   日

附录 4-6 原子吸收分光光度法原始记录表

×环（检）字【　　　　】第　　　　　号　　　　　　　　　　第　　页，共　　页

测定项目		方法名称		送样日期		环境条件	温度/℃	
仪器名称、型号		方法依据		分析日期			湿度/%	
仪器编号		波长/nm		狭缝/nm	灯电流/mA		火焰条件	
标准曲线	浓度系列/（mg/L）							
	吸光度（A_i）							
	$A_i - A_0$ 均值	A_0 均值=						
	回归方程	$r=$		$a=$		$b=$		$y=bx+a$
样品前处理								
样品名称及编号	稀释方法	取样体积/ml	查曲线值/（mg/L）	计算结果/（mg/L）	报出结果/（mg/L）	备注		

分析：　　　　　　校对：　　　　　审核：　　　　　　　报告日期：　　年　　月　　日

附录 4-7 容量法原始记录表

（检）字【　　　】第　　　号　　　　　　　　　　　　第　　页，共　　页

分析项目			接样时间		分析时间	
分析方法				方法依据		
标液名称		标液浓度			滴定管规格及编号	

样品前处理情况：

样品名称及编号	稀释方法	取样量/ml	消耗标准溶液体积/ml	计算结果/（mg/L）	报出结果/（mg/L）	备注

分析：　　　　　　　校对：　　　　　　审核：　　　　　　报告日期：　　年　　月　　日

附录 4-8 pH 分析原始记录表

（检）字【　　　】第　　　号　　　　　　　　　　第　页,共　页

采样日期			分析日期	
分析方法			仪器名称型号	
方法依据			仪器编号	
标准缓冲溶液温度/℃	标准缓冲溶液定位值 I	标准缓冲溶液定位值 II		标准缓冲溶液定位值III

样品名称及编号	水温/℃	pH	备注

分析:　　　　　校对:　　　　　审核:　　　　　报告日期:　年　月　日

附录4-9 标准溶液配制及标定记录表

环（检）字【　　　】第　　　号　　　　　　　　　　第　页，共　页

<table>
<tr><td rowspan="7">基准
试剂
恒重</td><td colspan="2">基准试剂</td><td></td><td colspan="2">恒重日期</td><td>年　月　日</td><td></td></tr>
<tr><td colspan="2">烘箱名称型号</td><td></td><td colspan="2">烘箱编号</td><td></td><td></td></tr>
<tr><td colspan="2">天平名称型号</td><td></td><td colspan="2">天平编号</td><td></td><td></td></tr>
<tr><td colspan="2">干燥次数</td><td>第一次</td><td colspan="2">第二次</td><td>第三次</td><td>第四次</td></tr>
<tr><td colspan="2">干燥温度/℃</td><td></td><td colspan="2"></td><td></td><td></td></tr>
<tr><td colspan="2">干燥时间/h</td><td></td><td colspan="2"></td><td></td><td></td></tr>
<tr><td colspan="2">总量/g</td><td></td><td colspan="2"></td><td></td><td></td></tr>
<tr><td rowspan="7">基准
溶液
配制</td><td colspan="2">基准试剂</td><td></td><td colspan="2">配制日期</td><td>年　月　日</td><td></td></tr>
<tr><td colspan="2">样品编号</td><td>$1^{\#}$</td><td colspan="2">$2^{\#}$</td><td>$3^{\#}$</td><td>$4^{\#}$</td></tr>
<tr><td colspan="2">$W_{始}$/g</td><td></td><td colspan="2"></td><td></td><td></td></tr>
<tr><td colspan="2">$W_{末}$/g</td><td></td><td colspan="2"></td><td></td><td></td></tr>
<tr><td colspan="2">$W_{净}$/g</td><td></td><td colspan="2"></td><td></td><td></td></tr>
<tr><td colspan="2">定容体积 $V_{定}$/ml</td><td></td><td colspan="2"></td><td></td><td></td></tr>
<tr><td colspan="2">配制浓度 $C_{基}$/（mol/L）</td><td></td><td colspan="2"></td><td></td><td></td></tr>
<tr><td rowspan="7">标准
溶液
标定</td><td colspan="2">待标溶液</td><td>滴定管规格及
编号</td><td colspan="2"></td><td colspan="2">标定日期</td></tr>
<tr><td colspan="2">标定编号</td><td>空白1</td><td>空白2</td><td>$1^{\#}$</td><td>$2^{\#}$</td><td>$3^{\#}$</td><td>$4^{\#}$</td></tr>
<tr><td colspan="2">基准溶液体积 $V_{基}$/ml</td><td></td><td></td><td></td><td></td><td></td><td></td></tr>
<tr><td colspan="2">标准溶液消耗体积 $V_{标}$/ml</td><td></td><td></td><td></td><td></td><td></td><td></td></tr>
<tr><td colspan="2">计算浓度 $C_{标}$/（mol/L）</td><td></td><td></td><td></td><td></td><td></td><td></td></tr>
<tr><td colspan="2">平均浓度 $C_{标}$/（mol/L）</td><td></td><td></td><td></td><td></td><td></td><td></td></tr>
<tr><td colspan="2">相对偏差/%</td><td></td><td></td><td></td><td></td><td></td><td></td></tr>
<tr><td colspan="4">基准溶液浓度计算：
　　$C_{基}$（mol/L）$=1\,000 \times W_{净}/M/V_{定}$
注：M——基准试剂摩尔质量</td><td colspan="5">标准溶液浓度计算：
　　$C_{标}$（mol/L）$= C_{基} \times V_{基}/V_{标}$
或　$C_{标}$（mol/L）$= 1\,000 \times W_{净}/M/V_{定}$</td></tr>
<tr><td colspan="2">备注</td><td colspan="7"></td></tr>
</table>

分析：　　　　校对：　　　　审核：　　　　报告日期：　年　月　日

附录 4-10　作业指导书样例
（氮氧化物化学发光法测试仪作业指导书）

1　概述

1.1　适用范围
本作业指导书适用于化学发光法测试仪测定固定源排气中氮氧化物。

1.2　方法依据
本方法依据《固定污染源排气中颗粒物测定与气态污染物采样方法》（GB/T 16157—1996）、《固定源废气监测技术规范》（HJ/T 397—2007）以及 USEPA Method 7E。

1.3　方法原理及操作概要
试样气体中的一氧化氮（NO）与臭氧（O_3）反应，变成二氧化氮（NO_2）。NO_2 变为激发态（NO_2^*）后在进入基态时会放射光，这一现象就是化学发光。

$$NO+O_3 \longrightarrow NO_2^*+O_2$$
$$NO_2^* \longrightarrow NO_2+h\nu$$

这一反应非常快且只有 NO 参与，几乎不受其他共存气体的影响。NO 为低浓度时，发光光量与浓度成正比。

2　测试仪器

便携式氮氧化物化学发光法测试仪。

3　测试步骤

3.1　接通电源开关，让测试仪预热。

3.2 设置当次测试的日期及时间。

3.3 预热结束后，将量程设置为实际使用的量程，并进行校正。

从菜单中选择"校正"。进入校正画面后，自动切换成 NO 管路（不通过 NO_x 转换器的管路）。

3.3.1 量程气体浓度设置

1）按下 █▮▮▮ 后，设置量程气体浓度。

2）根据所使用的量程气体，变更浓度设置。

3）设置量程气体钢瓶的浓度，按下"Enter"。

4）按下"back"键，决定变更内容后，返回到校正画面。

3.3.2 零点校正（校正时请先执行零点校正）

1）选择校正管路。进行零点校正的组分在校正类别中选择"zero"。

2）流入 N_2 气体后，等待稳定。

3）指示值稳定后按下 █▬ 。

4）按下"是"进行校正。完成零点校正。

3.3.3 量程校正

1）为了进行 NO 的量程校正，NO 以外选择"—"，只有 NO 选择"span"。

2）校正类别中选择"span"的组分会显示窗口，用于确认校正量程和量程气体浓度。确认内容后，按下"OK"返回到校正画面。

3）流入 CO 气体后，等待稳定。

4）指示值稳定后按下 █▬ 。

5）按下"是"进行校正。

3.4 完成所有的校正后，按下返回到菜单画面、测量画面。

3.5 从测量画面按下每个组分的量程按钮，按组分设置测量浓度的量程。每个组分的测量值/换算值/滑动平均值/累计值量程及校正量程是通用的。变更任何一个值的量程，其他值的量程也会跟着变更。模拟输出的满刻度值也会同时变更。

3.5.1 选择想要变更的组分的量程。

3.5.2 选择想要变更的量程，按下"OK"决定。

3.6 测试过程数据记录保存

3.6.1 将有足够剩余空间且未 LOCK 的 SD 卡插入分析仪正面的 SD 卡插槽中。

3.6.2 从菜单 2/5 中选择"数据记录"。

3.6.3 选择"记录间隔"。

3.6.4 按下前进、后退键选择记录间隔，再按下"OK"决定。

3.6.5 选择保存文件夹。

3.6.6 选择保存文件夹后，按下 。

3.6.7 确认开始记录时，按下"是"开始。

如果开始记录，记录状态就会从记录停止中变为记录中，同时 MEM LED 会亮黄灯。

3.6.8 停止记录时，请再次按下。确认停止记录时，按下"是"停止记录。

3.6.9 记录状态会再次从记录中变为记录停止中，同时 MEM LED 会熄灭。

4 测试结束

4.1 通过采样探头等吸入大气至读数降回到零点附近。

4.2 从菜单中选择测量结束。

4.3 按下"是"结束处理。

4.4 完成测量结束处理，显示关闭电源的信息后，请关闭电源开关。

附录 5

自行监测相关标准规范

附录 5-1　污染物排放标准

标准类型	序号	排放标准名称及编号
废水	1	《合成氨工业水污染物排放标准》（GB 13458—2013）
	2	《磷肥工业水污染物排放标准》（GB 15580—2011）
	3	《污水综合排放标准》（GB 8978—1996）
废气	1	《火电厂大气污染物排放标准》（GB 13223—2011）
	2	《大气污染物综合排放标准》（GB 16297—1996）
	3	《恶臭污染物排放标准》（GB 14554—93）
	4	《工业炉窑大气污染物排放标准》（GB 9078—1996）
	5	《××省锅炉大气污染物排放标准 2018》（DB××/××××—2018）

注：标准统计截至 2020 年 12 月。

附录 5-2　相关监测技术规范标准

分类	标准号	标准名称
废气监测技术规范类	GB/T 16157—1996	《固定污染源排气中颗粒物测定与气态污染物采样方法》
	HJ/T 55—2000	《大气污染物无组织排放监测技术导则》
	HJ 75—2017	《固定污染源烟气（SO_2、NO_x、颗粒物）排放连续监测技术规范》
	HJ 76—2017	《固定污染源烟气（SO_2、NO_x、颗粒物）排放连续监测系统技术要求及检测方法》
	HJ/T 397—2007	《固定源废气监测技术规范》
	HJ 733—2014	《泄漏和敞开液面排放的挥发性有机物检测技术导则》
	HJ 905—2017	《恶臭污染环境监测技术规范》

分类	标准号	标准名称
废水监测技术规范类	HJ 91.1—2019	《污水监测技术规范》
	HJ/T 91—2002	《地表水和污水监测技术规范》
	HJ/T 92—2002	《水污染物排放总量监测技术规范》
	HJ 353—2019	《水污染源在线监测系统（COD$_{Cr}$、NH$_3$-N 等）安装技术规范》
	HJ 354—2019	《水污染源在线监测系统（COD$_{Cr}$、NH$_3$-N 等）验收技术规范》
	HJ 355—2019	《水污染源在线监测系统（COD$_{Cr}$、NH$_3$-N 等）运行技术规范》
	HJ 356—2019	《水污染源在线监测系统（COD$_{Cr}$、NH$_3$-N 等）数据有效性判别技术规范》
	HJ 493—2009	《水质　样品的保存和管理技术规定》
	HJ 494—2009	《水质　采样技术指导》
	HJ 495—2009	《水质　采样方案设计技术规定》
	HJ/T 212—2017	《污染源在线自动监控（监测）系统数据传输标准》
	HJ 477—2009	《污染源在线自动监控（监测）数据采集传输技术要求》
噪声监测技术规范类	GB 12348—2008	《工业企业厂界环境噪声排放标准》
	HJ 706—2014	《环境噪声监测技术规范噪声测量值修正》
其他技术规范类	HJ/T 164—2020	《地下水环境监测技术规范》
	HJ/T 194—2017	《环境空气质量手工监测技术规范》
	HJ 442—2008	《近岸海域环境监测规范》
	GB 3838—2002	《地表水环境质量标准》
	GB 3097—1997	《海水水质标准》
	GB/T 14848—2017	《地下水质量标准》
	HJ 2.1—2016	《环境影响评价技术导则　总纲》
	HJ 2.3—2018	《环境影响评价技术导则　地表水环境》
	HJ 610—2016	《环境影响评价技术导则　地下水环境》
	HJ 819—2017	《排污单位自行监测技术指南　总则》
	HJ 820—2017	《排污单位自行监测技术指南　火力发电及锅炉》
	HJ 948.1—2018	《排污单位自行监测技术指南　化肥工业-氮肥》
	HJ 1088—2020	《排污单位自行监测技术指南　磷肥、钾肥、复混肥料、有机肥料和微生物肥料》
	HJ/T 373—2007	《固定污染源监测质量保证与质量控制技术规范（试行）》

注：标准统计截至 2020 年 12 月。

附录 5-3　废水污染物相关监测方法标准

序号	监测项目	分析方法名称及编号
1	pH	《水质　pH 值的测定　电极法》（HJ 1147—2020）
2	悬浮物	《水质　悬浮物的测定　重量法》（GB 11901—1989）
3	硫化物	《水质　硫化物的测定　亚甲基蓝分光光度法》（GB/T 16489—1996）
		《水质　硫化物的测定　碘量法》（HJ/T 60—2000）
		《水质　硫化物的测定　气相分子吸收光谱法》（HJ/T 200—2005）
		《水质　硫化物的测定　流动注射-亚甲基蓝分光光度法》（HJ 824—2017）
4	（总）氰化物	《水质　氰化物的测定　容量法和分光光度法（硝酸银滴定法）》（HJ 484—2009）
		《水质　氰化物的测定　容量法和分光光度法（异烟酸-吡唑啉酮分光光度法）》（HJ 484—2009）
		《水质　氰化物的测定　容量法和分光光度法（异烟酸-巴比妥酸分光光度法）》（HJ 484—2009）
		《水质　氰化物的测定　容量法和分光光度法（吡啶-巴比妥酸分光光度法）》（HJ 484—2009）
		《水质　氰化物的测定　流动注射-分光光度法》（HJ 823—2017）
		《水质　氰化物等的测定　真空检测管-电子比色法》（HJ 659—2013）
5	氟化物	《水质　氟化物的测定　离子选择电极法》（GB 7487—87）
6	化学需氧量	《水质　化学需氧量的测定　重铬酸盐法》（HJ 828—2017）
		《水质　化学需氧量的测定　快速消解分光光度》（HJ/T 399—2007）
		《高氯废水　化学需氧量的测定　氯气校正法》（HJ/T 70—2001）
		《高氯废水　化学需氧量的测定　碘化钾碱性高锰酸钾法》（HJ/T 132—2003）
7	氨氮	《水质　氨氮的测定　蒸馏-中和滴定法》（HJ 537—2009）
		《水质　氨氮的测定　纳氏试剂分光光度法》（HJ 535—2009）
		《水质　氨氮的测定　水杨酸分光光度法》（HJ 536—2009）
		《水质　氨氮的测定　连续流动-水杨酸分光光度法》（HJ 665—2013）
		《水质　氨氮的测定　流动注射-水杨酸分光光度法》（HJ 666—2013）
		《水质　氨氮的测定　气相分子吸收光谱法》（HJ/T 195—2005）
8	总氮	《水质　总氮的测定　碱性过硫酸钾消解紫外分光光度法》（HJ 636—2012）
		《水质　总氮的测定　连续流动-盐酸萘乙二胺分光光度法》（HJ 667—2013）
		《水质　总氮的测定　流动注射-盐酸萘乙二胺分光光度法》（HJ 668—2013）

序号	监测项目	分析方法名称及编号
9	总磷	《水质　总磷的测定　钼酸铵分光光度法》（GB 11893—1989）
		《水质　总磷的测定　流动注射-钼酸铵分光光度法》（HJ 671—2013）
		《水质　磷酸盐和总磷的测定　连续流动-钼酸铵分光光度法》（HJ 670—2013）
10	总砷	《水质　总砷的测定　二乙基二硫代氨基甲酸银分光光度法》（GB 7485—87）
		《水质　65 种元素的测定　电感耦合等离子体质谱》（HJ 700—2014）
		《水质　汞、砷、硒、铋和锑的测定　原子荧光法》（HJ 694—2014）
		《水质　32 种元素的测定　电感耦合等离子体发射光谱法》（HJ 776—2015）
11	挥发酚	《水质　挥发酚的测定　4-氨基安替比林分光光度》（HJ 503—2009）
		《水质　挥发酚的测定　流动注射-4-氨基安替比林分光光度法》（HJ 825—2017）
		《水质　挥发酚的测定　溴化容量法》（HJ 502—2009）
12	石油类	《水质　石油类和动植物油类的测定　红外分光光度法》（HJ 637—2018）

附录 5-4　废气污染物相关监测方法标准

序号	监测项目	分析方法名称及编号
1	二氧化硫	《固定污染源排气中二氧化硫的测定　碘量法》（HJ/T 56—2000）
2		《固定污染源废气　二氧化硫的测定　定电位电解法》（HJ/T 57—2017）
3		《固定污染源废气　二氧化硫的测定　非分散红外吸收法》（HJ 629—2011）
4		《固定污染源废气　二氧化硫的测定　便携式紫外吸收法》（HJ 1131—2020）
5		《环境空气　二氧化硫的测定　甲醛吸收-副玫瑰苯胺分光光度法》（HJ 482—2009）
6		《环境空气　二氧化硫的测定　四氯汞盐吸收-副玫瑰苯胺分光光度法》（HJ 483—2009）
7	氮氧化物	《固定污染源废气　氮氧化物的测定　非分散红外吸收法》（HJ 692—2014）
8		《固定污染源废气　氮氧化物的测定　定电位电解法》（HJ 693—2014）
9		《固定污染源废气　氮氧化物的测定　便携式紫外吸收法》（HJ 1132—2020）
10		《固定污染源排气中氮氧化物的测定　盐酸萘乙二胺分光光度法》（HJ/T 43—1999）
11		《固定污染源排气中氮氧化物的测定　紫外分光光度法》（HJ/T 42—1999）
12		《固定污染源排气　氮氧化物的测定　酸碱滴定法》（HJ 675—2013）

序号	监测项目	分析方法名称及编号
13	氮氧化物	《环境空气　氮氧化物（一氧化氮和二氧化氮）的测定　盐酸萘乙二胺分光光度法》（HJ 479—2009）
14	颗粒物	《固定污染源排气中颗粒物测定与气态污染物采样方法》（GB/T 16157—1996）
15		《固定污染源废气　低浓度颗粒物的测定　重量法》（HJ 836—2017）
16		《环境空气　总悬浮颗粒物的测定　重量法》（GB/T 15432—1995）
17	汞	《固定污染源废气　汞的测定　冷原子吸收分光光度法（暂行）》（HJ 543—2009）
18	非甲烷总烃	《固定污染源废气　总烃、甲烷和非甲烷总烃的测定　气相色谱法》（HJ/T 38—2017）
19		《环境空气　总烃、甲烷和非甲烷总烃的测定　直接进样-气相色谱法》（HJ 604—2017）
20	苯并[a]芘	《固定污染源排气中苯并[a]芘的测定　高效液相色谱法》（HJ/T 40—1999）
21		《环境空气　苯并[a]芘的测定　高效液相色谱法》（HJ 956—2018）
22		《环境空气和废气　气相和颗粒物中多环芳烃的测定　高效液相色谱法》（HJ 647—2013）
23		《环境空气和废气　气相和颗粒物中多环芳烃的测定　气相色谱-质谱法》（HJ 646—2013）
24	酚类	《固定污染源排气中酚类化合物的测定　4-氨基安替比林分光光度法》（HJ/T 32—1999）
25	甲醇	《固定污染源排气中甲醇的测定　气相色谱法》（HJ/T 33—1999）
26		气相色谱法《空气和废气监测分析方法》（第四版）国家环境保护总局（2003 年）
27	氟化物	《大气固定污染源　氟化物的测定　离子选择电极法》（HJ/T 67—2001）
28		《环境空气　氟化物的测定　滤膜采样/氟离子选择电极法》（HJ 955—2018）
29	氯化氢	《固定污染源排气中氯化氢的测定　硫氰酸汞分光光度法》（HJ/T 27—1999）
30		《固定污染源废气　氯化氢的测定　硝酸银容量法》（HJ 548—2016）
31		《环境空气和废气　氯化氢的测定　离子色谱法》（HJ 549—2016）
32	氰化氢	《固定污染源排气中氰化氢的测定　异烟酸-吡唑啉酮分光光度法》（HJ/T 28—1999）
33	氨	《环境空气　氨、甲胺、二甲胺和三甲胺的测定　离子色谱法》（HJ 1076—2019）
34		《环境空气和废气　氨的测定　纳氏试剂分光光度法》（HJ 533—2009）
35		《空气质量　氨的测定　离子选择电极法》（GB/T 14669—93）
36		《环境空气　氨的测定　次氯酸钠-水杨酸分光光度法》（HJ 534—2009）
37	硫化氢	《空气质量　硫化氢、甲硫醇、甲硫醚、二甲二硫的测定　气相色谱法》（GB/T 14678—93）
38		污染源废气　硫化氢　亚甲基蓝分光光度法《空气和废气监测分析方法》（第四

序号	监测项目	分析方法名称及编号
		版）国家环境保护总局（2003 年）
39	臭气浓度	《空气质量　恶臭的测定　三点比较式臭袋法》（GB/T 14675—93）
40	甲醛	《空气质量　甲醛的测定　乙酰丙酮分光光度法》（GB/T 15516—1995）
41	烟气黑度	《固定污染源排放烟气黑度的测定　林格曼烟气黑度图法》（HJ/T 398—2007）
42	酚类	《环境空气　酚类化合物的测定　高效液相色谱法》（HJ 638—2012）
43	其他	《大气污染物综合排放标准》（GB 16297—1996）

注：标准统计截至 2020 年 12 月。

附录 5-5　危险废物相关监测方法标准

序号	分析方法名称及编号
1	《固体废物鉴别标准　通则》（GB 34330—2017）
2	《危险废物鉴别技术规范》（HJ/T 298—2007）
3	《危险废物鉴别标准　通则》（GB 5085.7—2007）
4	《危险废物鉴别标准　毒性物质含量鉴别》（GB 5085.6—2007）
5	《危险废物鉴别标准　反应性鉴别》（GB 5085.5—2007）
6	《危险废物鉴别标准　易燃性鉴别》（GB 5085.4—2007）
7	《危险废物鉴别标准　浸出毒性鉴别》（GB 5085.3—2007）
8	《危险废物鉴别标准　急性毒性初筛》（GB 5085.2—2007）
9	《危险废物鉴别标准　腐蚀性鉴别》（GB 5085.1—2007）

注：标准统计截至 2020 年 12 月。

附录 5-6　固体废物相关监测方法标准

序号	分析方法名称及编号
1	《固体废物　22 种金属元素的测定　电感耦合等离子体发射光谱法》（HJ 781—2016）
2	《固体废物　镍和铜的测定　火焰原子吸收分光光度法》（HJ 751—2015）
3	《固体废物　总磷的测定　偏钼酸铵分光光度法》（HJ 712—2014）
4	《固体废物　镍的测定　丁二酮肟分光光度法》（GB/T 15555.10—1995）
5	《固体废物　镍的测定　直接吸入火焰原子吸收分光光度法》（GB/T 15555.9—1995）

注：标准统计截至 2020 年 12 月。

附录6

自行监测方案参考模板

××××有限公司
自行监测方案

企业名称：　××××有限公司

编制时间：　××××年××月

一、企业概况

（一）基本情况

主要介绍排污单位的地理位置、生产规模、产品生产情况、人员等基本信息。如：××××有限公司位于×××××市×××××路××号，成立于××××年××月，公司占地面积为××平方米，现有员工××余名。公司目前主要产品有：×××××、×××××、×××××、×××××……年产量分别为××××× ×、×××××、×××××、×××××……

根据《排污单位自行监测技术指南　总则》（HJ 819—2017）及《排污单位自行监测技术指南　磷肥、钾肥、复混肥料、有机肥料和微生物肥料》（HJ 1088—2020）要求，公司根据实际生产情况，查清本单位的污染源、污染物指标及潜在的环境影响，制定了本公司环境自行监测方案。

（二）排污及治理情况

主要介绍排污单位生产的工艺流程，并分析产排污节点及污染治理的情况。以某磷肥企业为例，如××××厂区主要生产工序包括原料制备、酸解、过滤、造粒和干燥等。

1. 废水污染物产生的主要环节是尾气洗涤废水、高炉煤气洗涤水、水淬废水、循环冷却水场排污水、除盐水站排污水、锅炉排污水、堆场喷洒水和生活污水外，磷肥工业废水多采用多级石灰中和、多级絮凝沉淀及过滤后除去氟化物和磷酸盐，处理后的废水回用于生产，泥渣运输至渣场堆存；生活污水经过调节、生化单元及过滤的处理后，同样回用于生产。

2. 废气污染物产生的主要环节是含尘废气、烘干焙烧尾气处理系统排气、冷却尾气处理系统排气、反应尾气处理系统排气、过滤机尾气处理系统排气、造粒尾气处理系统排气、干燥尾气处理系统排气、筛分/破碎/冷却尾气处理系统排气和包装尾气等。主要污染物有颗粒物、氨、氮氧化物、二氧化硫及氟化物等。

3. 噪声主要由各类生产机械产生的噪声如破碎设备、筛分设备、风机、各类压缩机、水泵等；环保处理设施设备产生的噪声如生化处理曝气设备和污泥脱水设备等；锅炉燃烧产生的噪声如燃料搅拌和鼓风设备等。

4. 固体废物产生的主要环节是锅炉炉渣、磷石膏、污水处理过程中产生的污泥以及生活垃圾等，这些固体废物根据《国家危险废物名录》或国家规定的危险废物鉴别标准和鉴别方法进行分类管理，属于危险废物的委托有资质的××××公司进行处理，按照危险废物管理程序进行申报、记录和处理。

二、企业自行监测开展情况说明

主要介绍排污单位废水、废气、噪声等开展的监测项目、采取的监测方式等进行总体概况。如公司自行监测手段采用手动监测和自动监测相结合的方式。监测分析采取自主监测和委托第三方检测机构相结合的方式。

通过梳理公司相关项目的环评及批复、排污许可证及废水、废气、噪声执行的相关标准，对照单位生产及产排污情况，确定自行监测应开展的监测点位、监测指标、采用的监测分析方法及监测过程中应采取的质量控制和保证措施。

监测点位主要为公司废水总排放口。涉及的主要监测指标有 pH、化学需氧量（COD_{Cr}）、氨氮（$NH_3\text{-}N$）、悬浮物、氟化物和总磷。其中，pH、化学需氧量（COD_{Cr}）、氨氮（$NH_3\text{-}N$）和总磷采取自动监测，并与省、市生态环境主管部门联网，委托××××环境科技工程有限公司运维，其他项目采取手工监测方式，悬浮物和氟化物委托××××环境监测有限公司检测。

废气监测主要污染物有颗粒物、氨、氟化物。委托××××环境监测有限公司检测。

通过对现场生产设备进行梳理，根据设备在厂区的布置情况，在厂区的东、西、北 3 个边界监测点位，每季度 1 次，昼夜各一次。

三、监测方案

本部分是排污单位自行监测方案的核心部分，是自行监测内容的具体化、细化。按照废水、废气、噪声等不同污染类型以不同监测点位分别列出各监测指标的监测频次、监测方法、执行标准等监测要求。

（一）有组织废气监测方案

1. 有组织废气监测点位、监测项目及监测频次见表1。

表1　有组织废气监测内容一览表

类型	排放源	监测项目	监测点位	监测频次	监测方式	自动监测是否联网
废气有组织排放	磷铵厂系统干燥尾气排放口	颗粒物	排气筒	月	手工	—
		氨	排气筒	季度	手工	—
		氟化物	排气筒	季度	手工	—
	工业磷铵干燥尾气	二氧化硫	排气筒	月	手工	—
		颗粒物	排气筒	自动监测	手工	—
……						

注：同步监测烟气参数（动压、静压、烟温、氧含量及湿度）。

2. 有组织废气排放监测方法及依据见表2。

表2　有组织废气排放监测方法及依据一览表

序号	监测项目	监测方法及依据	分析仪器
1	颗粒物	《固定污染源排气中颗粒物测定与气态污染物采样方法》（GB/T 16157—1996）《固定污染源废气中低浓度颗粒物的测定　重量法》（HJ 836—2017）	智能烟尘平行采样仪电子分析天平
2	氨	《环境空气和废气　氨的测定　纳氏试剂分光光度法》（HJ 533—2009）	分光光度计
3	氟化物	《离子选择电极法》（HJ/T 67—2001）	微电脑烟尘平行采样仪、氟选择电极
4	二氧化硫	《固定污染源排气　二氧化硫的测定　非分散红外吸收法》（HJ 692—2011）	微电脑烟尘平行采样仪
……			

3．废气有组织排放监测结果执行标准见表3。

表3 有组织废气排放监测结果执行标准 单位：mg/m³

序号	监测点位	监测项目	执行标准限值	执行标准
1	磷铵厂系统干燥尾气排放口	颗粒物	120	氟化物、颗粒物、二氧化硫执行地方标准《大气污染物综合排放标准》（DB 50/418—2016）中表1"其他区域"标准，氨执行《恶臭污染物排放标准》（GB 14554—93）
1	磷铵厂系统干燥尾气排放口	氨	—	
1	磷铵厂系统干燥尾气排放口	氟化物	9	
2	工业磷铵干燥尾气	二氧化硫	550	
2	工业磷铵干燥尾气	颗粒物	120	
……				

（二）无组织废气排放监测方案

1．无组织废气监测项目及监测频次见表4，监测项目是在梳理有组织废气排放污染物的基础上确定的。

表4 无组织废气污染源监测内容一览表

类型	监测点位	监测项目	监测频次	监测方式	自主/委托
无组织废气排放	厂界	颗粒物	1 次/季度	手工	委托
无组织废气排放	厂界	氨	1 次/季度	手工	委托

2．无组织废气排放监测方法及依据见表5。

表5 无组织废气排放监测方法及依据一览表

序号	监测项目	监测方法及依据	分析仪器
1	颗粒物	《环境空气 总悬浮颗粒物的测定 重量法》（GB/T 15432—1995）	智能烟尘平行采样仪电子分析天平
2	氨	《环境空气和废气 氨的测定 纳氏试剂分光光度法》（HJ 533—2009）	分光光度计

3．无组织废气排放监测结果执行标准见表6。

表6　无组织废气排放监测结果执行标准　　　　　　单位：mg/m³

序号	监测项目	执行标准名称	标准限值
1	颗粒物	《大气污染物综合排放标准》（DB 50/418—2016）	1
2	氨	《恶臭污染物排放标准》（GB 14554—93）	1.5

（三）废水监测方案

1．废水监测项目及监测频次见表7。

表7　废水污染源监测内容一览表

序号	监测点位	监测项目	监测频次	监测方式	自主/委托
1	废水	pH、化学需氧量、氨氮、总磷	连续	自动	委托
2	总排放口	氟化物、悬浮物	1次/周/月	手工	委托
备注		pH、化学需氧量、氨氮、总磷为自动监测，当自动监测设备发生故障时改为手工监测，监测频率为每天不少于4次，间隔不得超过6小时。			

2．废水污染物监测方法及依据情况见表8。

表8　废水污染物监测方法及依据一览表

序号	监测项目	监测方法及依据	分析仪器
1	pH	《水质　pH的测定　电极法》（HJ 1147—2020）	pH计
2	化学需氧量（COD_{Cr}）	《水质　化学需氧量的测定　快速消解分光光度法》（HJ/T 399—2007）、《高氯废水　化学需氧量的测定　碘化钾碱性高锰酸钾法》（HJ/T 132—2003）、《高氯废水　化学需氧量的测定　氯气校正法》（HJ/T 70—2001）、《水质　化学需氧量的测定　重铬酸盐法》（HJ 828—2017）	消解器、分光光度计哈希 CODMax II
3	氨氮（NH_3-N）	《水质　氨氮的测定　纳氏试剂分光光度法》（HJ 535—2009）、《水质　氨氮的测定　水杨酸分光光度法》（HJ 536—2009）、《水质　氨氮的测定　连续流动-水杨酸分光光度法》（HJ 665—2013）	分光光度计哈希 AmtaxCompact II

序号	监测项目	监测方法及依据	分析仪器
4	悬浮物	《水质 悬浮物的测定 重量法》（GB 11901—1989）	电子天平
5	总磷（以 P 计）	《水质 总磷的测定 流动注射-钼酸铵分光光度法》（HJ 671—2013）、《水质 磷酸盐和总磷的测定 连续流动-钼酸铵分光光度法》（HJ 670—2013）、《水质 总磷的测定 钼酸铵分光光度法》（GB 11893—1989）	分光光度计
6	氟化物	《水质 氟化物的测定 离子选择电极法》（GB/T 7484—1987）	离子计
……			

3. 废水污染物监测结果评价标准见表 9。

表 9　废水污染物排放执行标准　　　　单位：mg/L（pH 除外）

序号	监测点位	污染物种类	执行标准	标准限值
1	废水总排放口	pH	《污水综合排放标准》（GB 8978—1996）一类	6～9
2		化学需氧量		100
3		氨氮		15
4		氟化物		14
5		悬浮物		35
6		总磷	《污水综合排放标准》（GB 8978—1996）一类和磷肥工业水污染物排放标准（GB 15580—2011）	8.8

（四）厂界环境噪声监测方案

1. 厂界环境噪声监测内容见表 10。

表 10　厂界环境噪声监测内容表（L_{eq}）　　　　单位：dB（A）

监测点位	主要噪声源	监测频次	执行标准	标准限值
东侧厂界	破碎设备等	1 次/季	《工业企业厂界环境噪声排放标准》（GB 12348—2008）三类	昼间：65 dB（A）；夜间：55 dB（A）
西侧厂界	物料粉碎机等	1 次/季		
北侧厂界	破碎设备等	1 次/季		

2. 厂界环境噪声监测方法见表 11。

表 11　厂界环境噪声监测方法

监测项目	监测方法	分析仪器	备注
厂界环境噪声（L_{eq}）	《工业企业厂界环境噪声排放标准》（GB 12348—2008）	AWA6228 噪声统计分析仪	昼间：6：00—22：00；夜间：22：00—06：00，昼夜各测一次

四、监测点位示意图

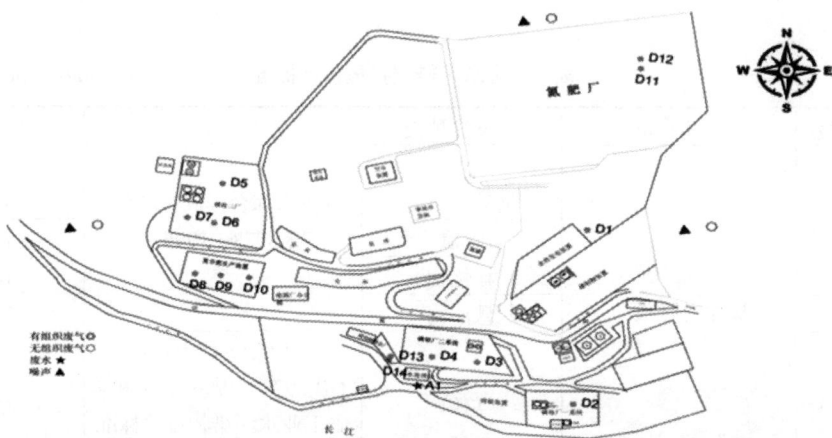

注：D1：磷制酸尾气（排放口）；D2：磷铵厂 1 系统干燥尾气排放口；D3：磷铵厂 2 系统萃取尾气排放口；D4：磷铵厂 2 系统干燥尾气（排放口）；D5：磷铵二厂萃取尾气排放口；D6：磷铵二厂干燥尾气排放口；D7：磷铵二厂冷却尾气排放口；D8、D9、D10：复合肥厂 1.2.3 系统尾气排放口；D11、D12：氮肥厂天然气加热炉、富氧加热炉尾气排放口；D13：工业磷铵干燥尾气排放口；D14：磷酸二氢钾干燥尾气排放口。

图 1　××××有限公司×××××生产区废水、废气、噪声监测点位示意图

五、质量控制措施

主要从内部、外部对监测人员、实验室能力、监测技术规范、仪器设备、记录等质控管理提出适合本单位的质控管理措施。如：

××××公司自配有环境监测中心，中心实验室依据 CNAS-CL01：2006《检测和校准实验室能力认可准则》及化学检测领域应用说明建立质量管理体系，与所从事的环境监测活动类型、范围和工作量相适应，规范环境监测人、机、物、料、环、法的管理，满足认可体系共计25类质量和技术要素，实现了监测数据的"五性"目标。

监测中心制定《质量手册》《质量保证工作制度》《质量监督（员）管理制度》《检测结果质量控制程序》《检测数据控制与管理程序》《检测报告管理程序》，并依据管理制度每年制订"年度实验室质量控制计划"，得到有效实施。

质控分内部和外部两种形式，外部是每年组织参加由CNAS及CNAS承认的能力验证提供者（如原环境保护部标准物质研究所）组织的能力验证、测量审核，并对结果分析和有效性评价，得出仪器设备的性能状况和人员水平的结论。

内部质控使用有证标样、加标回收、平行双样和空白值测试等方式，定期对结果进行统计分析，形成质量分析报告。

1. 人员持证上岗

××××环境监测中心现有监测岗位人员共计人员24名，其中管理人员1名、技术人员6名、检测人员15名、其他辅助人员2名。中心建立执行《人员培训管理程序》，对内部检测人员上岗资质执行上岗前的技术能力确认和上岗后技术能力持续评价。实行上岗证（中心发公司认可的上岗证）和国家环境保护监察员技能等级证（发证单位是人力资源和社会保障部）双证管理模式。

运维单位负责污染源在线监控系统运行和维护的人员均取得了"污染源在线监测设备运行维护"资格证书，分为废水和废气项目，并按照相关法规要求，定期安排运维人员进行运维知识和技能培训。每年与运维单位签订污染源在线监控系统运维委托协议，明确运行维护工作内容、职责及考核细则。

2. 实验室能力认定

××××有限公司监测分自行监测和委托第三方检测机构检测两种模式。

委外检测的主要指标有：废水中的悬浮物和氟化物等；废气中的氟化物和氨等。

中心实验室按照国家实验室认可准则开展监测，对资质认定许可范围内的监测项目进行监测。

委外检测的××××工业技术服务有限公司也是通过国家计量认定的实验室，取得 CMA 检测资质证书，编号为 170912341506。所委托检测项目，该公司均具备检测能力，如有方法出现变更等检测能力发生变化时，该公司应及时向我单位提供最新检测能力表。

3. 监测技术规范性

××××环境监测中心建立执行《检测方法及方法确认程序》。自行监测遵守国家环境监测技术规范和方法，每年开展标准查新工作和编制《标准方法现行有效性核查报告》。检测项目依据的标准均为现行有效的国家标准和行业标准，不使用非标准。

4. 仪器要求

监测中心建立执行《仪器设备管理程序》《量值溯源程序》《期间核查程序》等制度用于仪器、环境监控设备的配置、使用、维护、标识、档案管理等。

中心配备了满足检测工作所需的重要仪器设备，有烟尘采样仪 8 台、定电位电解法烟气分析仪（3 台）、非分散红外烟气分析仪（1 台）、常规空气采样器（16台）、紫外/可见分光光度计 4 台、离子色谱仪 1 台、吹扫捕集-气相色谱仪（1 台）、原子吸收光谱仪（火焰、石墨炉）各 1 台、红外油分仪 3 台、pH 计 3 台，以及其他若干实验室辅助设备等，性能状况良好，都能够满足现有检测能力的要求。

所有主要仪器均单建设备档案并信息完整，均能按照量值溯源要求制定仪器设备计量检定/校准计划并实施，并在有效期内使用。中心对主要检测设备开展检定/校准结果技术确认工作，并定期实施关键参数性能期间核查，以确保仪器的技术性能处于稳定状态。

委外检测中，××××工业技术服务有限公司测量仪器有智能烟尘平行采样仪、电子分析天平、高分辨率气质谱联用仪、气相色谱/质谱联用仪，所有仪器设备也均应经过计量检定。

5．记录要求

监测中心建立执行《记录控制程序》《检测物品管理程序》《检测数据控制与管理程序》《检测报告管理程序》。对监测记录进行全过程控制，确保所有记录客观、及时、真实、准确、清晰、完整、可溯源，为监测活动提供客观证据。

中心记录分管理和技术两大类，其中主要技术类包括原始记录、采样单、样品接收单、分析记录、仪器检定/校准、期间核查、数据审核、质量统计分析、检测报告等。

尤其对原始记录的填写、修改方式、保存、用笔规定、记录人员（采样、检测分析、复核、审核）标识作了明确规定。

自动监测设备应保存仪器校验记录。校验记录根据××××市环保局在线监测科要求，按照规范进行，记录内容需完整准确，各类原始记录内容应完整，不得随意涂改，并有相关人员签字。

手工监测记录必须提供原始采样记录，采样记录的内容须准确完整，至少 2 人共同采样和签字，规范修改；采样必须按照《固定源废气监测技术规范》（HJ/T 397—2007）和《固定污染源监测质量保证与质量控制技术规范》（HJ/T 373—2007）中的要求进行；样品交接记录内容需完整、规范。

6．环境管理体系

公司建立了完善的环境管理体系，2007 年 1 月，通过了 ISO 14001 环境管理体系认证，每年由 BSI 对环境管理体系进行监督审核。

公司制定了《环保设施运行管理办法》《环境监测管理办法》等一系列的环保管理制度，明确了各部门环保管理职责和管理要求。多年来，公司按照体系化要求开展环保管理及环境监测工作，日常工作贯彻"体系工作日常化，日常工作体系化"的原则。

公司设立环境监测中心，全面负责污染治理设施、污染物排放监测，实验室通过 CNAS 认可。年初，公司制订、下发的环境监测计划，其中包括对废水、废气等污染源的监测要求，监测中心按照计划确定监测点位和监测时间，并组织环境监测采样、分析，对监测结果进行审核，为环保管理提供依据。

监测中心以《检测和校准实验室能力认可准则》（CNAS-CL-01-2006）为依据，建立和运行实验室质量管理体系，建立了质量手册和程序文件等体系文件，规范环境监测人、机、物、料、环、法等一系列质量和技术要素的日常管理，强化了环境监测的质量管理。

根据 CNAS 质量管理体系要求，围绕人员、设施和环境条件、检测和校准方法及方法的确认、设备、测量溯源性、抽样、检测和校准物品的处置、检测和校准结果质量的保证、结果报告等技术要素编制的程序文件；制定了监测流程、质量保证管理制度，规范了环境监测从采样、分析到报告的流程，编制了质量控制计划及控制指标，通过平行测定、加标回收、标准物质验证、仪器期间核查等手段使用质控图对质量数据进行把关，确保监测过程可控、监测结果及时、准确。采样和样品保存方法按照每个项目相应标准方法进行。

自动监控系统的运行过程中，对日常巡检、维护保养以及设备的校准和校验都作出了明确的规定，对于系统运行中出现的故障，做到了及时现场检查、处理，并按要求快速修复设备，确保了系统持续正常运行。

六、信息记录和报告

（一）信息记录

1. 监测和运维记录

手工监测和自动监测的记录均按照《排污单位自行监测技术指南　磷肥、钾肥、复混肥料、有机肥料和微生物肥料》（HJ 1088—2020）要求执行。

（1）现场采样时，记录采样点位、采样日期、监测指标、采样方法、采样人姓名、保存方式等采样信息，并记录废水水温、流量、色嗅等感官指标。

（2）实验室分析时，记录分析日期、样品点位、监测指标、样品处理方式、分析方法、测定结果、质控措施、分析人员等。

（3）自动设备运行台账应记录自动监控设备名称、运维单位、巡检、校验日期、校验结果、标准样品浓度、有效期、运维人员等信息。

2．生产和污染治理设施运行状况记录

（1）生产设施运行状况：记录各生产单元主要生产设施的启停机时间、累计生产时间、生产负荷、主要产品产量、原辅料及燃料使用情况、溶剂使用量等数据；按各产品生产批次记录溶剂名称、回收量、补充量，以及溶剂回收设备能源、耗材使用量。

（2）污染治理设施运行状况：记录污水处理量、回水用量、回用率、污水排放量、污泥产生量（记录含水率）、污水处理使用的药剂名称及用量、鼓风机电量、污水处理设施运行、故障及维护情况等；记录废气处理使用的吸附剂、过滤材料等耗材的名称及用量、废气处理设施运行参数、故障及维护情况。

3．固体废物信息记录

按照一般工业固体废物和危险废物的分类情况分别进行记录。记录一般工业固体废物的产生量、综合利用量、处置量和贮存量；记录危险废物的产生量、综合利用量、处置量、贮存量及其具体去向。

所有记录均保存完整，以备检查。台账保存期限三年以上。

（二）信息报告

每年年底编写第二年的自行监测方案。自行监测方案包含以下内容：

1．监测方案的调整变化情况及变更原因；

2．企业及各主要生产设施（至少涵盖废气主要污染源相关生产设施）全年运行天数，各监测点、各监测指标全年监测次数、超标情况、浓度分布情况；

3．自行监测开展的其他情况说明；

4．实现达标排放所采取的主要措施。

（三）应急报告

1. 当监测结果超标时，我公司对超标的项目增加监测频次，并检查超标原因。

2. 若短期内无法实现稳定达标排放的，公司应向环境保护局提交事故分析报告，说明事故发生的原因，采取减轻或防止污染的措施，以及今后的预防及改进措施。

七、自行监测信息公布

（一）公布方式

自动监测和手动监测分别在××××省重点监控企业自行监测信息发布平台（网址：××××）、进行信息公开。

（二）公布内容

1. 基础信息包括单位名称、组织机构代码、法定代表人、生产地址、联系方式，以及生产经营和管理服务的主要内容、产品及规模；

2. 排污信息包括主要污染物及特征污染物的名称、排放方式、排放口数量和分布情况、排放浓度和总量、超标情况，以及执行的污染物排放标准、核定的排放总量；

3. 防治污染设施的建设和运行情况；

4. 建设项目环境影响评价及其他环境保护行政许可情况；

5. 公司自行监测方案；

6. 未开展自行监测的原因；

7. 自行监测年度报告；

8. 突发环境事件应急预案。

（三）公布时限

1. 企业基础信息随监测数据一并公布，基础信息、自行监测方案一经审核备案，一年内不得更改；

2. 手动监测数据根据监测频次按时公布；

3. 自动监测数据实时公布，废气自动监测设备产生的数据为时均值；

4. 每年1月底前公布上年度自行监测年度报告。

参考文献

[1] 中华人民共和国环境保护行业标准. 排污单位自行监测技术指南 化肥工业-氮肥: HJ 948.1—2018[S]. 北京：生态环境部，2018.

[2] 中华人民共和国环境保护部. 排污单位自行监测技术指南 化肥工业-氮肥编制说明[R]. 北京，2017.

[3] 中华人民共和国环境保护行业标准. 排污单位自行监测技术指南 磷肥、钾肥、复混肥料、有机肥料和微生物肥料：HJ 1088—2020[S]. 北京：生态环境部，2020.

[4] 中华人民共和国环境保护部. 排污单位自行监测技术指南 化肥工业-磷肥、钾肥、复混肥料、有机肥料和微生物肥料编制说明[R]. 北京，2019.

[5] 顾宗勤. 2017 年我国氮肥行业运行现状及 2018 年发展重点[J]. 中国石油和化工经济分析，2018（7）.

[6] 常杪，冯雁，郭培坤，等. 环境大数据概念、特征及在环境管理中的应用[J]. 中国环境管理，2015，7（6）：26-30.

[7] 刘淑兰. 中国氮肥工业现状及发展趋势[J]. 中国石油和化工经济分析，2013（11）.

[8] 环境保护部. 关于印发《国家监控企业污染源自动监测数据有效性审核办法》和《国家重点监控企业污染源自动监测设备监督考核规程》的通知[EB/OL]. [2018-02-12]. http://www.zhb.gov.cn/gkml/hbb/bwj/200910/t20091022_174629.htm.

[9] 环境保护部大气污染防治欧洲考察团，刘炳江，吴险峰，等. 借鉴欧洲经验加快我国大气污染防治工作步伐——保护部大气污染防治欧洲考察报告之一[J]. 环境与可持续发展，

2013（5）：5-7.

[10] 徐效民. 企业自行监测开展现状及对策建议[J]. 节能与环保，2020（5）.

[11] 罗毅. 环境监测能力建设与仪器支撑[J]. 中国环境监测，2012，28（2）：1-4.

[12] 罗毅. 推进企业自行监测 加强监测信息公开[J]. 环境保护，2013，41（17）：13-15.

[13] 钱文涛. 中国大气固定源排污许可证制度设计研究[D]. 北京：中国人民大学，2014.

[14] 曲格平. 中国环境保护四十年回顾及思考（回顾篇）[J]. 环境保护，2013（10）：10-17.

[15] 宋国君，赵英煦. 美国空气固定源排污许可证中关于监测的规定及启示[J]. 中国环境监测，
     2015，31（6）：15-21.

[16] 孙强，王越，于爱敏，等. 国控企业开展环境自行监测存在的问题与建议[J]. 环境与发展，
     2016，28（5）：68-71.

[17] 谭斌，王丛霞. 多元共治的环境治理体系探析[J]. 宁夏社会科学，2017（6）：101-103.

[18] 唐桂刚，景立新，万婷婷，等. 堰槽式明渠废水流量监测数据有效性判别技术研究[J]. 中
     国环境监测，2013，29（6）：175-178.

[19] 王军霞，陈敏敏，穆合塔尔•古丽娜孜，等. 美国废水污染源自行监测制度及对我国的借
     鉴[J]. 环境监测管理与技术，2016，28（2）：1-5.

[20] 王军霞，陈敏敏，唐桂刚，等. 我国污染源监测制度改革探讨[J]. 环境保护，2014，42（21）：
     24-27.

[21] 王军霞，陈敏敏，唐桂刚，等. 污染源监测与监管如何衔接？——国际排污许可证制度及
     污染源监测管理八大经验[J]. 环境经济，2015（Z7）：24.

[22] 王军霞，唐桂刚，景立新，等. 水污染源五级监测管理体制机制研究[J]. 生态经济，2014，
     30（1）：162-164，167.

[23] 王军霞，唐桂刚. 解决自行监测"测""查""用"三大核心问题[J]. 环境经济，2017（8）：
     32-33.

[24] 薛澜，张慧勇. 第四次工业革命对环境治理体系建设的影响与挑战[J]. 中国人口•资源与
     环境，2017，27（9）：1-5.

[25] 张紧跟，庄文嘉. 从行政性治理到多元共治：当代中国环境治理的转型思考[J]. 中共宁波

市委党校学报，2008，30（6）：93-99.

[26]　景绍慧，何东升. 磷肥行业发展现状及前景[J]. 现代化工，2018，38（9）.

[27]　薄瀛，袁铭，刘安强，等. 我国磷肥产业现状、问题及发展建议[J]. 磷肥与复肥，2016，31（4）：16-19.

[28]　张秀荣. 企业的环境责任研究[D]. 北京：中国地质大学，2006.

[29]　赵吉睿，刘佳泓，张莹，等. 污染源 COD 水质自动监测仪干扰因素研究[J]. 环境科学与技术，2016，39（S1）：299-301，314.

[30]　左航，杨勇，贺鹏，等. 颗粒物对污染源 COD 水质在线监测仪比对监测的影响[J]. 中国环境监测，2014，30（5）：141-144.

[31]　王军霞，唐桂刚，赵春丽. 企业污染物排放自行监测方案设计研究——以造纸行业为例[J]. 环境保护，2016，44（23）：45-48.

[32]　张静，王华. 火电厂自行监测关键问题研究[J]. 环境监测管理与技术，2017，29（3）：5-7.

[33]　王娟，余勇，张洋，等. 精细化工固定源废气采样时机的选择探讨[J]. 环境监测管理与技术，2017，29（6）：58-60.

[34]　尹卫萍. 浅谈加强环境现场监测规范化建设[J]. 环境监测管理与技术，2013，25（2）：1-3.

[35]　成钢. 重点工业行业建设项目环境监理技术指南[M]. 北京：化学工业出版社，2016：442-443.

[36]　杨驰宇，滕洪辉，于凯，等. 浅论企业自行监测方案中执行排放标准的审核[J]. 环境监测管理与技术，2017，29（4）：5-8.

[37]　王亘，耿静，冯本利，等. 天津市恶臭投诉现状与对策建议[J]. 环境科学与管理，2008，33（9）：49-52.

[38]　邬坚平，钱华. 上海市恶臭污染投诉的调查分析[J]. 海市环境科学，2003（增刊）：85-189.

[39]　张旭东. 工业有机废气污染治理技术及其进展探讨[J]. 环境研究与监测，2005，18（1）：24-26.

[40]　郭宝娇. 青海钾肥产业发展现状分析[J]. 青海统计，2015（6）：12-18.

[41]　刘文忠. 复混肥料研究现状及发展趋势分析[J]. 牡丹江师范学院学报（自然科学版），2013

（3）：39-40.

[42] 周璇，沈欣，辛景树. 我国微生物肥料行业发展状况[J]. 中国土壤与肥料，2020（6）.

[43] 郑茗月，李海梅，赵金山，等. 微生物肥料的研究现状及发展趋势[J]. 江西农业学报，2018

（11）：52-56.